城市规划理论·设计译丛

60年获奖实例回顾

解读日本城市规划

[日] 公益社团法人

日本都市计划学会

编

翟国方　何仲禹　高晓路　顾福妹

译

中国建筑工业出版社

著作权合同登记图字：01-2013-8036号

图书在版编目（CIP）数据

解读日本城市规划——60年获奖实例回顾／［日］公益社团法人　日本都市计划学会编；翟国方等译. —北京：中国建筑工业出版社，2017.1
（城市规划理论·设计译丛）
ISBN 978-7-112-20017-7

Ⅰ.① 解… Ⅱ.① 公…②翟… Ⅲ.① 城市规划–研究–日本 Ⅳ.①TU984.313

中国版本图书馆CIP数据核字（2016）第254245号

60 PROJECT NIYOMU NIHON NO TOSHIDUKURI
© The City Planning Institue of Japan 2011
Originally published in Japan in 2011 by ASAKURA PUBLISHING CO., LTD.
Chinese (in simplified character only) translation rights arranged
through TOHAN CORPORATION, TOKYO.
本书由日本朝仓书店授权我社翻译出版发行

责任编辑：李玲洁　杜　洁　刘文昕
责任校对：焦　乐　张　颖

城市规划理论·设计译丛
解读日本城市规划——60年获奖实例回顾
［日］公益社团法人　日本都市计划学会　编
翟国方　何仲禹　高晓路　顾福妹　译
*
中国建筑工业出版社出版、发行（北京海淀三里河路9号）
各地新华书店、建筑书店经销
北京锋尚制版有限公司制版
北京方嘉彩色印刷有限责任公司印刷
*
开本：787×1092毫米　1/16　印张：15　字数：387千字
2017年3月第一版　　2017年3月第一次印刷
定价：108.00元
ISBN 978-7-112-20017-7
　　（29493）

译者序

（一）

《解读日本城市规划——60年获奖实例回顾》是日本都市计划学会为庆祝学会成立60周年（1951年10月创设）而出版的一本精选案例集。由日本都市计划学会主编，通过汇集过去60年间日本城市规划的优秀代表作和成果，回顾了学会对社会发展作出的重要贡献。书中选编的60个优秀案例全部是日本都市计划学会奖的历年获奖作品，而它们之所以能够获得日本都市计划学会奖，不仅是因为在实践中产生了巨大影响，而且更重要的是在学术研究层面也对解决所处时代的重大课题，对促进社会发展与进步产生了重要的积极意义。本书在强调这些学术贡献的同时，也客观地反思和评价了这些项目对于未来城市规划产生的深远影响。

全书按照不同的年代进行整理，分别强调了自20世纪60年代起每隔10年的社会经济背景和需求以及城市规划面临的特定课题。60个实例的介绍都包含时代背景和意义、项目的特征以及实施效果和后续评价等三个方面的内容。全书最后，以《论说：实现"城市营造"之梦》一文对日本60年的城市规划实践及所有选编的实例进行了综述。文章从城市规划的价值观、社会观，规划技术、项目主体，乃至参与、协调和组织方式的变化等视角出发，对各个历史时期城市规划的特点、难点、主要贡献和经验教训进行了评述。

在本书涵盖的60年中，20世纪60年代是日本经济高速增长、人口集聚和大规模开发建设的时期；70年代对高速经济增长时期的城市建设的不足进行了反思，更加强调土地利用、居住环境和灾害安全性等方面；80年代，随着经济增速放缓，城市建设开始由扩张转向质量的提升，同时，由于政治上的分权和地方自治，地方政府成为城市建设的主导者，一些雄心勃勃的城市通过城市环境和基础设施的战略性整备及城市设计，使得知名度和竞争力大大提高，在这个过程中，地方的学术咨询机构和事务所发挥了活跃的作用；90年代以来，城市和区域可持续发展成为新的关注热点，城市规划活动不再局限于规划设计和项目的实施，而是更加关注城市空间的可持续管理，在这一思想的引导下，由不同主体组成的地区性组织更加活跃，成为城市规划和空间管理中新的主体。基于此，地区和主体之间的调整、协同与合作成为规划的主题；最后，本书介绍了2000年以来，以提升地域价值为目标的可持续发展和城市经营的丰富案例。

（二）

2011年，我国城镇化水平已超过50%，跨入了城市社会，但城镇化进程仍然漫长而艰巨。在这样一个高速城镇化、工业化和信息化的关键时期，社会、经济、政治、文化以及环境等各个方面的冲突和矛盾不论在时间上还是空间上正集中显现，给城市和区域发展带来了巨大影响。如何应对这些问题，确保城市有序、稳定和可持续发展，是城市管理者、城市规划师和市民共同面临的问题，为此必须以睿智、富有前瞻性和创新性的规划理念和手段才能应对。

他山之石，可以攻玉。日本在人口、社会、经济、文化等方面与我国有许多相似之处。在20世纪50年代初期城市人口超过农村人口，先于我国约50年。然后经历了60~70年代的高速经济增长期以及80年代以后的人口、经济和社会调整的现代化进程。60年来，从大规模城市开发建设，到陆续引起社会关注的区域环境、城市防灾、城市竞争力、社区可持续发展等问题，各种新的课题不断涌现，在应对这些挑战的过程中积累了大量的实践经验。无疑，总结和回顾这些经验和教训对我国具有重要借鉴作用。

从这个意义上说，《解读日本城市规划——60年获奖实例回顾》具有重要的参考价值。这是一本十分优秀的图书，书中介绍的案例展示了日本城市规划界为应对各个时期实际问题而做的先驱性工作，体现了对科学、人文和艺术的追求，传达了丰富的思想。不仅如此，日本都市计划学会从历史的视角对这些实例进行了后效评估和综合评述，这种解读方式对我们客观地汲取日本的经验，或进行比较研究具有宝贵的价值。书中选录的60个案例均是日本城市规划学会成立60年来的历年获奖作品，因此保证了它们具有很高的完成度和学术价值。

该书内容丰富，结构明朗，语言精练，附有大量规划设计图和照片。与其他的城市规划案例集相比，既有规划理论和思想（对城市规划的意义和贡献）的介绍，也有对规划要点的提炼，还有对项目的客观评价，因此特色十分突出，对城市规划专业工作者、高校师生以及区域经济、人文地理等相关专业的人员来说是一本非常优秀的参考书。

（三）

与该书的第一次相遇，是在东京大学空间情报科学研究中心主任浅见泰山司教授2012年5月到南京大学来进行学术交流之际，也是该书正式出版后刚刚半年，当时给我们留下了深刻的印象，并立即与浅见教授商定由我们组织人员翻译成中文出版，并由当时同在南京大学参加学术交流的浅见教授的高足，现为中国科学院地理科学与资源研究所城市地理与城市发展研究室副主任的高晓路研究员，联系我国城市规划领域最专业的出版社——中国建筑工业出版社出版该书中文版。中国建筑工业出版社高度重视，积极跟进，很快就完成了出版社之间的版权交涉。

参与该书翻译的人员主要来自南京大学建筑与城市规划学院翟国方教授团队和中国科学院地理科学与资源研究所城市地理与城市发展研究室高晓路研究员团队，湖南大学的汪洋（现在日本千叶大学深造）也参与了部分工作，具体分工见表1。翻译工作分成四个阶段，首先是按项目主题分工到人进行初译。然后是第一次（团队）译校，翟国方教授和何仲禹博士负责南京大学人员翻译部分的译校工作，高晓路研究员负责中科院地理所人员翻译部分的译校工作。第二次译校是对全书进行统稿校阅，由何仲禹博士负责。最后翟国方教授统稿校阅。

翻译和校阅人员及其分工表　　　　　　　　　　　　　　　　　　表1

姓名	项目主题	初译项目号	第一次译校者	第二次译校者	第三次译校者
高晓路、马妍	住宅相关	1、3、8、13、50	高晓路	何仲禹	翟国方
汪洋	景观相关	4、11、17、26、38、55、59	翟国方、何仲禹		
吴婧	车站及周边地区改造	9、20、25、29、33、34、40、41、43、58、51			
顾福妹	新城建设	10、15、19、22、32、46、52			
陈静	旧街区改造与再开发	2、7、14、24、44、47、48、49、56、57、60			
季辰烨	旧街区改造与再开发	6、21、28、30、36			
阮梦乔	城市防灾、交通相关	12、16、18、23、42、53、54			
何仲禹	论说、其他	5、27、31、35、37、39、45			
翟国方	序言、目的和构成、概说及各章序言				

　　几位主译者均在国内著名大学完成城市规划专业的本硕学习，并拥有在日本著名大学城市规划专业的留学经历，有的还有较长的留日工作经历，不仅对中国，而且对日本文化、日本城市规划均有较为深刻的认识和感受。通过三个来回的校对，我们认为应该基本上能使读者满意了。翻译是一个再生产、再创新的活动。在本书的翻译和校对过程中，尽管我们竭尽全力力求"信、达、雅"，但由于我们日文、中文和城市规划专业方面的学识和水平的局限，可能还会有不当或错误之处，欢迎亲爱的读者不吝指教，以便我们今后改正。

　　最后在本书翻译过程中给予无限帮助的中国建筑工业出版社李玲洁编辑、杜洁编辑和刘文昕编辑，以及其他关心和支持本书翻译出版的所有人员表示衷心的感谢。

翟国方

于南京大学

2016年12月1日

序——写在60周年庆典之际

日本现代都市计划^①的特征是什么？

如果问这样问题的话，就会有各种各样的回答。回答者头脑中浮现的如果是国家或制度的话，那么可以认为日本的都市计划特征会有不同的表征。

我是这样回答的：

"日本的都市计划特征，不仅仅是'计划'，而在于强烈地意识到要'实现计划'。在日本'实现计划'就是'都市计划的灵魂'本身。"

日本都市计划学会迎来了60周年庆典，特别从过去获得日本都市计划学会奖的作品中精选60个规划案例编辑出版了这部纪念文集。60个获奖案例在各自的时代都是引人注目的项目，从这个意义上可以说是我们从事的"都市计划"的某种路标。通过总览这些规划项目，可以再一次重温学会和都市计划实践工作者一起走过的路程。当然，回顾过去的目的不是陶醉于怀旧。

在成立60周年这个具有纪念意义的时刻，作为学会，我想首先要冷静地反思过去走过的历程，坦率地告诉今后想从事都市计划的年轻人，先辈们的苦恼和汗水给他们留下了什么。其次，对一起奋斗的研究人员、政府官员、咨询师、民营企业和市民，学会要提供继续一起思考的素材，也就是日本的都市计划今后应该走向何方。

关于这里提到的规划项目，它们的实现得到了众多同仁的参与和支持。全部归纳总结所有参与者的观点和想法是不可能的。为了编辑出版本书，学会专门成立了编辑委员会，并遴选了执笔者。本书今天得以出版，同样还得到了众多同仁的支持和合作。

在感谢各位执笔者的同时，也向为本书出版作出贡献的所有参与者表示衷心的谢意。

在第二次世界大战后混乱还没完全结束之时（1951年10月6日）诞生的日本都市计划学会，于2011年10月3日转型为新的"公益社团法人"，这意味着将进入一个新时代，今后将和各位同仁一起继续探索能够开拓下一个新时代的"都市计划的灵魂"。

公益社团法人 日本都市计划学会

会长 岸井隆幸

2011年10月

---

① 日文中的都市计划即我国的城市规划——译者注。

附　记

本书的筹划启动于2009年的秋天。2010年3月在确定了入选规划项目之后开始了执笔者的遴选。第60个项目选了2007年的获奖作品，是由于2008年获奖作品空缺。另外2009年度及2010年度获奖作品的颁布是分别在2010年5月和2011年5月，由于本书的工作已经展开，所以没能收录。

本书的内容，是日本都市计划学会设置的"从都市计划获奖作品的变迁看都市计划的历史和现在"专题研究会的成果，该研究会同时也得到公益财团法人鹿岛学术振兴会2009年和2010年度的研究资助。财团的支持使本书得以出版，在此深表感谢。

在本书撰写过程中，得到了日本众多同仁的资料和信息的提供。在书中只写了一部分人的名字，但本书是众多同仁共同努力的结晶，在此深表感谢。

60周年纪念出版事业小委员会　委员长

高见泽实

目　录

21世纪　着眼于地区价值提升的可持续城市建设和城市经营 147

● 本书的目的和构成 ●

1 编辑本书的时代背景和本书内容的时代特征

2011年3月11日14时46分，大地震袭击了东日本。地震引发了大海啸和核电站事故，之后的灾害形势时时刻刻都在不断变化。对这个灾害，很多评论家认为"完全就像战后"。第二次世界大战影响了当时日本215个城市，其中115个城市被认定为灾害城市，受灾面积为63153 hm²。[1]这个数据比2011年东日本大地震后因海啸造成的受灾面积56100 hm²稍稍多一点[2]。但如果只考虑离福岛第一核电站20 km的"警戒区域"面积圈，就有约60000 hm²，受灾程度用"完全就像战后"来表现也不为过。

这次灾害的特征，不仅仅受灾面积大，而且东京首都圈的计划性停电对全球汽车零部件供应链的深刻影响规模也是至今为止均未经历过的。如果系统地来看的话，日本已经进入了人口减少阶段，这次灾害也是截至今天以增长和量的扩大为前提的城市规划从根本上进行改革的一个大事件。

本书就在这样的时代背景下出版了。

本书的选题范围，从二战后复兴项目成果得以实现的时代（即战后规划的缩小，到1959年战后复兴项目的国库补助结束这段时间），经历日本社会经济从低谷开始回升阶段，进而经济高速增长先兆开始显现的20世纪50年代中期，到今天为止，基本上是60年。60年间积累的城市规划项目就成为本书的素材。

1950年日本全国人口大约8400万，到2010年为1.27亿。尽管近年人口开始减少，可以认为目前的人口规模还是其峰值。60年间增加了4300万人，扩大为1.5倍，这是一个剧烈变化的过程。可以说，接受这个人口剧变事实也是城市规划的使命。

另外，作为参考，根据人口预测，今后60年，即2070年前后的日本人口可能会回落到8000万左右，我们真的是站在十字路口。

2 称之为"都市计划"的运动

那么，称之为"都市计划"的社会活动从何时开始在日本扎根并萌芽发展起来的呢？

根据渡边的说法[3]，"都市计划"一词，是从1913年关一等人在当时快速工业化、城市化的背景下首先在日本建筑界开始使用，同时在从事城市经营发展管理的内务省官员之间扩散传播，后者又以吸纳前者的形式采纳了"都市计划"这个用语。换言之，二战之前的都市计划，主要是由官员主导的实务性的、都市经营性的活动。

但是，二战后，当都市计划专家回到日本的时候，"尽管他们的工作在政府的战后复兴院都能得到很好安排"[4]，但是很多人"不想当官，想培养规划师"，"也就是，他们认为：都市计划学会，不是土木学会和建筑学会的一部分，都市计划本身就是一项独立的、具有巨大价值的工程"[5]，在这个大背景下，1951年10月都市计划学会正式诞生。当然，当时还有一个都市计划协会，但它主要延续二战前以行政官员为主的城市规划活动。学会与协会的关系当时是这样说明的，"不管怎么说，（学会）被称为都市计划协会的学术部是非常必要的"[6]。

3 "解读项目"的都市计划的意义和案例遴选方法

1951年10月成立的都市计划学会在2011年迎来了60周年华诞。本书诞生的直接契机，就是如果用人的一生来作比喻的话，学会正好是花甲之年。借此机会，回顾学会过去走过的60年，思考今后怎样为社会作出更大的贡献。

基于以上所述的都市计划学会设立的背景，本书就是站在学术的角度研究城市规划，给社会提供研究成果的立场，对迄今为止60年间实施的城市规划项目进行实践上的反省和思考。

那么，从这60年间众多的城市规划实践项目中，如何选定项目才能满足以上要求呢？

这里关注的是都市计划学会的获奖作品。把创建城市规划学科作为目标的都市计划学会自己评选的获奖作品，应该包含了学会的期待和目标等内容。都市计划学会是站在学术立场上想为社会作贡献的学术组织，绝不怀疑一般城市规划项目的历史意义，这里通过解读学会选定的优秀作品，明确各个时代的城市规划价值和意义，同时对后世的波及影响尽可能客观地介绍把握，然后着眼未来，特别是向今后想从事城市规划工作的年轻人传递信息，这些就是本书编辑出版的主要目的。

"二战后的复兴终于开始走上正轨。"[7]1951年10月6日成立了都市计划学会，但评奖制度始于1959年。奖项的分类和名称随着时代的变迁也在变化，本书原则上把获得学会好评的城市规划项目全部作为解读对象。这里讲的项目，是指实际的项目，具有空间的形态并得以实现的项目。仅仅是规划图纸或者条例本身，没有直接伴随形态的项目，本书不作为对象。同样，相应研究成果所获得的奖也不在此列。

本书的主题——"项目解读"的城市规划的内涵和意义，这里归纳为3点。

第一，对于一般市民及国民的实际感受。伴随实体空间的城市规划对于一般市民来说是具有实际感受的。与此相对应，作为城市规划的主要要素的"规划"、"愿景"，不可能不伴随着实际感受，但在某种意义上又仅仅是"画中之饼"，规划只有变成实际的东西人们才开始有印象。像这样观察思考具体的城市规划变迁，就很容易理解什么叫城市规划。

第二，由于城市规划项目伴随着较多的土地、建筑物的改变和买卖，所以是极具社会经济性的行为，要实现规划就需要特别的意志和努力。从获奖作品应该可以感受到特别的意志和努力。第一要素当然重要，但通过揭示规划项目实施方的意图和行动，可以为今后从事城市规划的同仁提供各种各样的知识或启示。

完成的城市规划项目一般以土地、建筑物的形式附着在地面留给后代，所以不管好坏，有可能进行事后评估。同时，随着时间的迁移也有可能带来别的问题和视角。当时认为是好的，现在怎么样？反过来，当时是新潮的，没有多少人理解，但之后迅速被大家接受，受到高度评价的项目，是什么样的项目？还有，可持续发展愈来愈变为重要的社会规范，也是当代社会的召唤，通过尽可能客观地把握这些项目，能否得到一些呼应社会召唤的线索？

4　本书的构成

在序言之后，是遴选的60个获奖案例的概述，之后就是本书的主体。

在主体部分，60个获奖案例按年代进行了整理。序的概述部分对本书进行了俯瞰式的梳理，可以依次阅读，也可以选择性阅读。另外，从书后的附录可以检索想确认的条目。

各个案例的介绍采用了2页或4页的对开形式，并由3个共同的内容构成。

第一部分是项目的时代背景、意义，第二部分是项目的特点，第三部分是项目后续。

第一部分是介绍项目产生的背景及其长处。第二部分是在第一部分的基础上具体梳理了项目的特征，是特别值得一提的地方。内容本身如果有价值的话，那么规划过程等其他方面也有可能有不错的地方。对这些尽可能客观把握的同时，通过对项目有关人员的访谈，有些案例对项目实施过程的艰辛和花絮也进行了补充描述。最后的第三部分如字面所示，就是项目后续。初期案例的项目后续工作延续了几十年，但近年的案例，不少竣工后很快就结束了，当然延续期长短不一。即使这样，设定第三部分的理由，就是我们想在此提供一些有关项目的基础信息和资料，不仅有项目获奖时的，也有关于项目的后续效果和可持续发展方面的。

本篇之后，是对整个60个获奖项目进行整体的概述。鉴于仅靠单个案例难以理解每个案例的内涵和意义，所以以独特的视角对60个获奖案例背后所隐藏的意义进行概要性的解读。毫无疑问，先读该篇，然后从案例中提取相关部分阅读可能是不错的方法。

考虑到现场考察的方便，在书后提供了获奖作品一览表以及60个获奖案例的概要。

在执笔过程中尽可能邀请了众多全国城市规划相关人员的参与。基于从城市规划的角度尽可能客观、具体地描述项目，并注意案例之间的描述整体上差异不要过大的原则，我们对文字进行了最后的编辑工作。因此，文责在学会。

本书不能仅停留于学会内部，要面向大学生、研究生、城市及建筑相关的教师、政府、民营咨询师、开发商、非营利组织（NPO）、一般市民等社会各界，宣传呼吁对城市规划事业的认识、理解和支持。

诚请广大读者、同行及专家指正，特驰慧意。

注释

1. 石田赖房（1987）：《日本近代都市计划100年》，自治体研究社。
2. 国土地理院分析结果。
3. 渡边俊一（1993）：《"都市计划"的诞生》，柏书房。
4. 《都市计划》100期，p.7。
5. 同上。
6. 同，p.8。
7. 同上，来自p.4中的土木学会会长祝辞。

● 概述 ●

1　60年获奖实例概况

　　本书精选的60个获奖实例反映到日本地图上的话，就如图1所示。可以发现，尽管从北部的北海道到南部的冲绳都有案例，但大多分布在首都圈和京阪神地区。

　　为了更好地把握这60个规划项目的整个发展过程，本书对项目的主题和实施主体进行了梳理（图3），可以发现大约每隔10年，规划项目的主题和实施主体就会出现新的特征，不断演化。

　　本书对每个规划项目的实施时间（从城市规划批准开始到实施完毕为止）也进行了整理（图2）。本书是以规划项目获得都市计划学会奖的年份作为分析的起点，所以规划项目的实施时间是以此为中心的一个时间带。最后的图4是用一张图展示了60个获奖实例的空间规模。大多数项目由于范围是确定

的，所以其形态在此也进行了展示，但剔除了遍及全行政区域的城市设计或边界展示困难的规划项目。

　　另外，各个规划项目的基本概况在本书最后将作统一描述。

2　解读60年获奖实例的7个视角

　　为了更好地理解并解读规划项目，60个获奖实例总体上在规划要点和发展趋势上可以归纳为7个视角。

2.1　时代的召唤

　　城市规划项目能被实施的最大要因是来自时代的召唤。有需求，相应地就要有供给。"根据需求提供供给"，看起来很简单，但"需求"本身是未知的，"供给"方的想法和方法本身在那个时间节点也是过去并不存在的首次经历。所以，可以想象，要

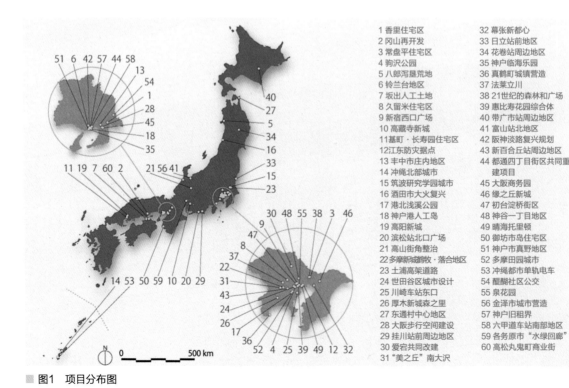

1 香里住宅区
2 冈山再开发
3 常盘平住宅区
4 驹沢公园
5 八郎泻垦荒地
6 铃兰台地区
7 坂出人工土地
8 久留米住宅区
9 新宿西口广场
10 高藏寺新城
11 基町・长寿园住宅区
12 江东防灾据点
13 丰中市庄内地区
14 冲绳北部城市
15 筑波研究学园城市
16 酒田市大火复兴
17 港北新溪公园
18 神户港人工岛
19 高阳新城
20 滨松站北口广场
21 高山街角整治
22 多摩新城鹤牧・落合地区
23 土浦高架道路
24 世田谷区城市设计
25 川崎车站东口
26 厚木新城森之里
27 东通村中心地区
28 大阪步行空间建设
29 挂川站周边地区
30 爱宕共同改建
31 "美之丘"南大沢
32 幕张新都心
33 日立站前地区
34 花卷站周边地区
35 神户临海乐园
36 真鹤町城镇营造
37 法莱立川
38 21世纪的森林和广场
39 惠比寿花园综合体
40 带广市站周边地区
41 富山站北地区
42 阪神淡路复兴规划
43 新百合丘站周边地区
44 都通四丁目街区共同重建项目
45 大阪商务园
46 缘之丘新城
47 初台淀桥街区
48 神谷一丁目地区
49 晴海托里顿
50 御坊市岛住宅区
51 神户市真野地区
52 多摩田园城市
53 冲绳都市单轨电车
54 醍醐社区公交
55 泉花园
56 金泽市城市营造
57 神户旧租界
58 六甲道车站南部地区
59 各务原市"水绿回廊"
60 高松丸龟町商业街

■ 图1　项目分布图

解决这个问题，就需要与众不同的策略、更多的努力和反复的推敲。

本书贯穿时代的第一需求，就是继续由二战前延续至今的"城市防火"课题，把低层建筑和木结构建筑占据的当时城市中心部更新改造为多样的城市功能区。另外，有必要重新并且迅速准备能够应对急剧增加的城市人口的城市空间。同时，经济快速发展，城市功能向大都市圈集中，必须建设以新城为主体的大规模设施。

第二，从城市规划应对城镇化的"量"之后，城镇化的"质"，也就是建成区居住环境的改善愈来愈变得必需，其背景就是居民愈来愈富裕。比方说，不仅仅住宅需要确保，而且"居住水准"指标也在1976年由国家首次设定，要求相应改善。

第三，进入20世纪80年代，也即被称之为"地方的时代"，各地编制了具有地方特色的城市规划。换言之，以前的城市规划可以说是由国家或一部分专家主导编制而成的。

这些是各个时代的一般特征，之后尽管有各种新的需求出现，但均作为特殊的需求，像有标志二战后复兴结束的项目（广岛基町①【参见案例11】），还有最大规模的城市灾后重建规划——阪神淡路大地震后的灾后复兴项目（复兴基本规划【参见案例12】、都通四丁目②项目【参见案例44】、六甲道站南地区再开发【参见案例58】）。

2.2 人才、技术和案例的积累

日本都市计划学会创立之时，人才非常缺乏。所以，初期的项目是依靠特定的专家实施的，之后进行新的城市规划项目时就采用现场培养人才的办法。

还有，某个时代的项目能够作为下个时代的案例参考，所以人才本身也在不断成长。比如说，住宅公团③（成立于1955年）基于1960年前后的

100 hm²规模的住宅区规划，积累了规划知识和人才，并根据这些知识和人才进行了下一个时代的新城开发等项目。从"防灾"、"再开发"、"城市设计"等关键词也能解读出项目在规划人才的培养方面的演化特征。

为支撑每个项目实施而产生的制度和技术，尽管本书并没有作详细介绍，但同样在下一个时代得到继承和发展。

2.3 由特殊到一般

即使时代的需求在某个时期是共同的、普适的，但在"某个地方"实施的项目也是特殊的、仅限一次的。然而，要普及城市规划理论和知识，就必须把这些特殊的、仅限一次的项目加以总结提炼，形成一般的、普适的理论，指导更多的城市规划实践。

特别是随着地方分权的不断推进，城市规划的编制由以前的少数专家主导，转变为愈来愈广泛的利益相关者共同参与的活动，相关的信息甚至不经过中央政府就可以水平传递交流，城市规划相关的人才和实践也变得愈来愈多，越来越多样。本书收录的获奖作品大多数不仅是其中的先驱，也是之后众多项目的范本。把个案归纳总结，上升为城市规划的一般理论后，这个就作为"完全正确"的事实被大家所接受，又指导规划实践。

2.4 共性与地方的个性

但是如果城市规划的一般化不自觉地走过头的话，全国各地到哪个地方都是同样的风景。20世纪70年代后期兴起了重视地方固有文化和特色的思潮，城市规划项目在重视保护历史街区和城市肌理等方面的同时，尤其强调城市的附加魅力，特别是在中小城市得到了广泛实践。像名护的市政厅等项目【参见案例14】、高山的街角改造【参见案例21】等等，都是城市规划领域以此为契机的很好案例。

2.5 开发与保护的均衡以及功能的整合

最初对地方特色的重视主要是以保护为主，但不久就出现各类积极的创新挑战，如既有开发和保

---

① 町相当于我国的镇——译者注。
② 町在日本一般分为几个基本的单元，即为丁目，通常按顺序命名，即一丁目、二丁目等——译者注。
③ 1955年设立的为低收入劳动者提供住宅的特殊法人，1981年改为住宅、都市整备公团，1999年10月改称都市基盘整备公团（日文中的都市基盘包含中文的基础设施和生活服务设施），2004年7月调整为都市再生机构——译者注。

	1950	'60	'70	'80	'90	'00

1 香里住宅区
2 冈山再开发
3 常盘平住宅区
4 驹沢公园
5 八郎泻垦荒地
6 铃兰台地区
7 坂出人工土地
8 久留米住宅区
9 新宿西口广场
10 高藏寺新城
11 基町・长寿园住宅区
12 江东防灾据点
13 丰中市庄内地区
14 冲绳北部城市
15 筑波研究学园城市
16 酒田市大火复兴
17 港北浅溪公园
18 神户港人工岛
19 高阳新城
20 滨松站北口广场
21 高山街角整治
22 多摩新城鹤牧・落合地区
23 土浦高架道路
24 世田谷区城市设计
25 川崎车站东口
26 厚木新城森之里
27 东通村中心地区
28 大阪步行空间建设
29 挂川站前周边地区
30 爱宕共同改建
31 "美之丘"南大沢
32 幕张新都心
33 日立站前地区
34 花卷站周边地区
35 神户临海乐园
36 真鹤町城镇营造
37 法莱立川
38 21世纪的森林和广场
39 惠比寿花园综合体
40 带广市站周边地区
41 富山站北地区
42 阪神淡路复兴规划
43 新百合丘站周边地区
44 都焉四丁街区共同重建项目
45 大阪商务园
46 缘之丘新城
47 初台淀桥街区
48 神谷一丁目地区
49 晴海托里顿
50 御坊市岛住宅区
51 神户市真野地区
52 多摩田园都市
53 冲绳都市单轨电车
54 醍醐社区公交
55 泉花园
56 金泽市城市营造
57 神户旧租界
58 六甲道车站南部地区
59 各务原市"水绿回廊"
60 高松丸龟町商业街

■ 起点：[14（名护市土地利用基本计划），22（施行计划的申报年份），30（爱托宕合作社开工年份），40（都市计划确定年份）]；终点：[2（正文中表1建筑的最后竣工年份），13（新计划完成年份），14（名护市政厅竣工年份），22（首次入住开始年份），30（绿町馆竣工年份），40（公交设施整备完成年份），42（基本计划目标年份），50（第5期住宅计划完成年份），57（旧租界联络协议会重新组织的年份），60（A街区竣工年份）]

■ 图2　项目开发建设周期图
　　　　起点：象征项目开始的城市规划制定时间等
　　　　终点：象征项目完成的竣工年份等

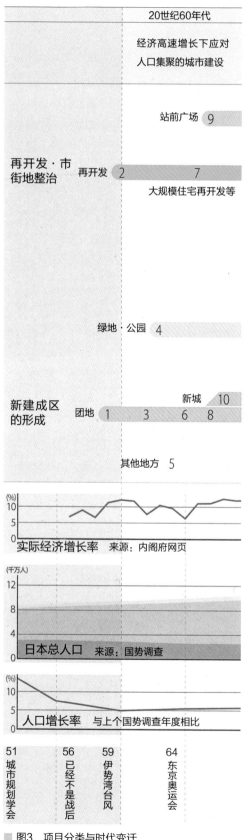

■ 图3　项目分类与时代变迁

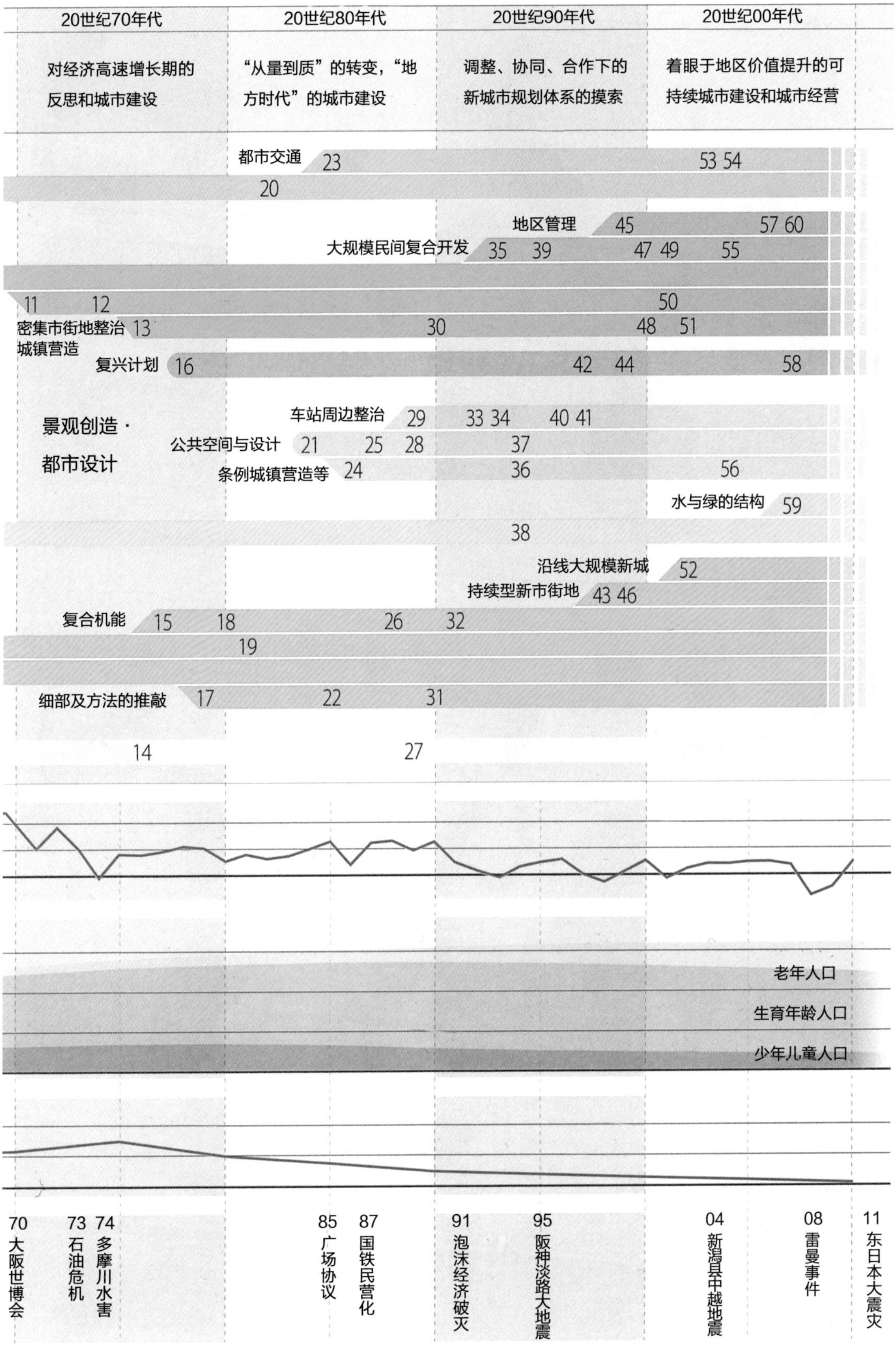

20世纪70年代	20世纪80年代	20世纪90年代	20世纪00年代
对经济高速增长期的反思和城市建设	"从量到质"的转变，"地方时代"的城市建设	调整、协同、合作下的新城市规划体系的摸索	着眼于地区价值提升的可持续城市建设和城市经营

都市交通　23　　　　　　　　　53 54

20

地区管理　45　　　　　57 60

大规模民间复合开发　35　39　　　47 49　　55

11　　12　　　　　　　　　　　50

密集市街地整治 13　　　　　　30　　　　48 51

城镇营造

复兴计划　16　　　　　　42　44　　　　58

景观创造·
都市设计

车站周边整治　29　　33 34　　40 41

公共空间与设计　21　　25 28　　37

条例城镇营造等　24　　　36　　　56

水与绿的结构　59

38

沿线大规模新城　52

持续型新市街地　43 46

复合机能　15　18　　　26　32

19

细部及方法的推敲　17　　22　　31

14　　　　　27

老年人口

生育年龄人口

少年儿童人口

70
大阪世博会

73
石油危机

74
多摩川水害

85
广场协议

87
国铁民营化

91
泡沫经济破灭

95
阪神淡路大地震

04
新潟县中越地震

08
雷曼事件

11
东日本大震灾

60 年代→70 年代→80 年代→90 年代→00 年代

9 新宿西口广场

14 冲绳北部城市

33 日立站前地区

7 坂出人工土地

20 滨松站北口广场　25 川崎车站东口

12 江东防灾据点

11 基町·长寿园住宅区

16 酒田市大火复兴

29 挂川站前周边地区

2 冈山再开发

30 爱宕共同改建

21 高山街角整治

23 土浦高架道路

13 丰中市庄内地区

4 驹沢公园

17 港北浅溪公园

27 东通村中心地区

8 久留米住宅区

1 香里住宅区

15 筑波研究学园城市

6 铃兰台地区

26 厚木新城森之里

3 常盘平住宅区

22 多摩新城鹤牧·落合地区

10 高藏寺新城

19 高阳新城

18 神户港人工岛

5 八郎泻垦荒地

■图4　各项目的尺度
图中有3种网格，每个网格的尺度均为1 km×1 km

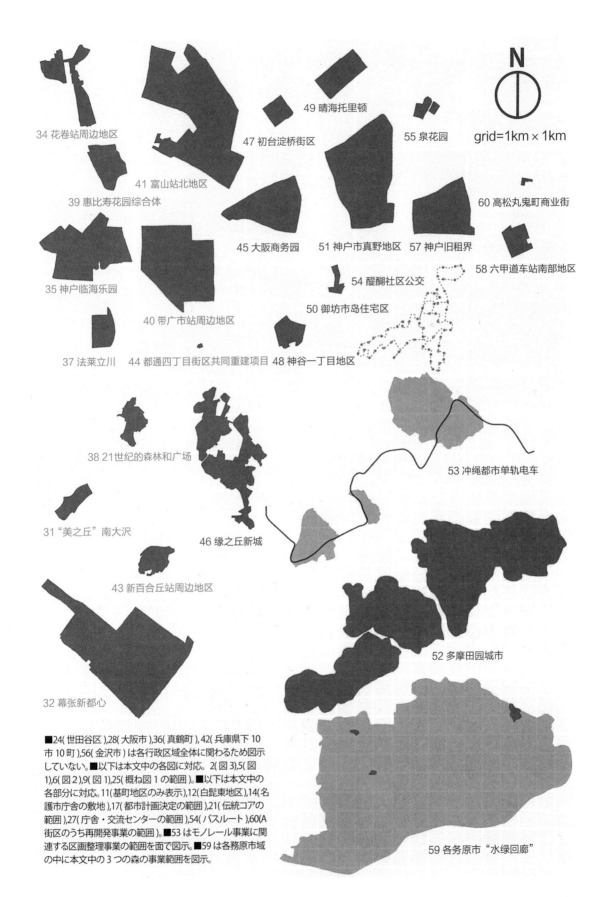

34 花巻站周边地区

49 晴海托里顿

47 初台淀桥街区

55 泉花园

N

grid=1km × 1km

41 富山站北地区

39 惠比寿花园综合体

60 高松丸鬼町商业街

45 大阪商务园

51 神户市真野地区

57 神户旧租界

58 六甲道车站南部地区

35 神户临海乐园

54 醍醐社区公交

50 御坊市岛住宅区

37 法莱立川　44 都通四丁目街区共同重建项目　48 神谷一丁目地区

40 带广市站周边地区

38 21世纪的森林和广场

53 冲绳都市单轨电车

31 "美之丘"南大沢

46 缘之丘新城

43 新百合丘站周边地区

52 多摩田园城市

32 幕张新都心

59 各务原市"水绿回廊"

■24(世田谷区),28(大阪市),36(真鶴町),42(兵庫県下10市10町),56(金沢市)は各行政区域全体に関わるため図示していない。■以下は本文中の各図に対応。2(図3),5(図1),6(図2),9(図1),25(概ね図1の範囲)。■以下は本文中の各部分に対応。11(基町地区のみ表示),12(白髭東地区),14(名護市庁舎の敷地),17(都市計画決定の範囲),21(伝統コアの範囲),27(庁舎・交流センターの範囲),54(バスルート),60(A街区のうち再開発事業の範囲)。■53はモノレール事業に関連する区画整理事業の範囲を面で図示。■59は各務原市域の中に本文中の3つの森の事業範囲を図示。

护并重的规划项目，也有通过创新地方管理条例，保障地方固有文化持续发展的案例（金泽市的一系列条例【参见案例56】等）。

另外也出现了很多复合功能的规划项目，这个也是试图解决单功能城市应对环境变化能力较弱的问题。如果从更大的视角来看，现代城市规划带来的单功能化、均质化的问题，已经严重到不能忽视，必须立即采取行动。

2.6 规划项目的管理

城市规划项目的特征也在变化，某个时期提供"供给"但并没彻底"完成"，所以其特征已演变为通过长期管理实现规划目标的系列行动。这个趋势从20世纪90年代末期开始出现，从地区层面的"地区管理"到城市整体层面的"概念管理"，都进行了多种多样的尝试和创新。

2.7 可持续发展

2.6小节所说的特征变化，意味着在城市规划项目中对时间的重视。最初在规划项目的时间节点必须考虑到将来的变化。这个意味着日本已经成为一个不能像以前一样能够准确地"预测将来"的社会。

说得再具体一点，就是变成了不确定的社会，无解的复杂社会，将来的事情预先不能决定的社会。

如果看初期"完成"的案例，可以发现"完成"后新的问题不断出现。本书最初的案例——香里团地【参见案例1】就是其中一例，并不限于此例，阅读各个案例介绍的"项目后续"，可以了解更多关于项目可持续性的各种问题。

3 本书的使用

在案例篇，每隔10年把60个获奖实例分为20世纪60年代、70年代等几个年代，并单独成章，各章的开头对各个时代的案例特征进行了概述。选读本章和每10年的概述，就能基本把握本书的整体脉络。

尽管如此，从城市规划的60年能够发现什么，就像上一部分"解读60年获奖实例的7个视角"中整理的那样，是多样的。包括图2~图4，这里论述的内容仅仅是解读日本城市规划60年的线索之一。也希望读者根据自己的兴趣、目的，通过本书的60个获奖案例对日本城市规划的60年进行自己的解读。

20世纪60年代

经济高速增长下应对人口集聚的城市建设

从一片废墟中再次出发的二战后的城市，很多在制定二战后复兴城市规划之后，对其规模和内容也进行了缩减，所以很难说是进行了完整的城市建设。

就这样到了20世纪50年代中期开始的经济高速增长期，以三大都市圈为代表，日本遭遇了前所未有的城市人口集聚。结果在20世纪60年代开始，出现城市人口过密、住宅不足、城市扩张蔓延、交通问题、公害等种种"城市病"，而且日趋严重。作为基本法的《新城市规划法》（新法）到1968年都未制定，该时期反而干脆采用大规模开发项目的方式应对各类问题。有不得已采用项目应对这些问题的一方面，也有因此积极主动大规模进行尝试的一面，这两点是这个时代的特征。

其中最引人注目的是住宅区和称之为"新城"的三大都市圈郊外部分的住宅开发。如作为住宅公团大阪分所的第一个大规模住宅区规划的香里住宅区规划【参见案例1】，公团东京分所最初的大规模住宅区开发之一的松户常盘平住宅小区【参见案例3】，对建成区进行一体化改造的铃兰台地区开发总体规划【参见案例6】，实现步行者专用道的久留米住宅区【参见案例8】，与千里、多摩并列的三大卫星城之一，且以"一个中心系统"为特征的高藏寺卫星城规划【参见案例10】。当时，如何保证住宅数量上的供给受到高度关注，不过有些也选择性地建设了一些高品质的城市空间。与此相比，随着住宅区规划技术的显著进步，此后的住宅区规划设计得以标准化，但这个时代为应对易产生的均质化空间还是作出了各种各样的尝试。

另一方面，建成区中也能看到通过改造建成区形成新城市结构的尝试。如从线状再开发转到面状再开发的冈山市市中心部分的再开发规划【参见案例2】，意在解决地价高涨和复杂土地权属关系等土地问题的坂出市人工土地规划【参见案例7】，这些项目示范了地方城市如何独自尝试城市再开发建设。而新宿站西口广场【参见案例9】形成了前所未有的多层的城市空间。当时，到底是将增加的城市人口集中配置在郊外，还是对现有市中心进行建筑的中高层化再开发以配置人口，这种城市景象曾被广泛讨论，以上项目都与这一点有直接联系。

此外，伴随举行东京奥林匹克运动会，促进了集土木、建筑和造园技术大成的驹泽公园【参见案例4】项目，以及旨在形成日本模范农村建设规划的八郎潟干拓地【参见案例5】项目的建设，这些都也是举全国之力进行建设的项目。

这时期的项目都由意味深远的方案而产生，但由于是探索性的，因而也有部分项目到现在仍不能为人所接受。在现有的城市规划技术遇到各种各样壁垒的当今，需要重新着眼于这个时代的尝试。另外，这时期的项目从建设到现在经历了约半个世纪，很多项目存在着城市更新的问题。

1 香里住宅区开发规划项目
利用自然环境实现新城建设的规划伊始

1959

■ 照片1　香里住宅区夏收节（笔者摄影）
由于住宅区中心的超市改造，夏收节最后一次在此举行

■ 1　时代背景与项目意义

1960年6月"香川住宅区开发规划项目"被授予了第一届旧石川奖（设计与规划部门）。

在战争以及经济快速发展时期住宅短缺的背景下，当时的鸠山内阁于1955年提出，将住宅供给与制定相关住宅政策视为一项重要的课题，并设立了日本住宅公团这一机构（现为独立行政法人都市再生机构）。香里住宅区是由当时管辖大阪都市圈的住宅公团大阪支所开展的第一个大规模的计划性住宅区开发项目。

香里住宅区对大阪和京都有良好的空间可达性，住宅区占地总面积155 hm²，规划人口22000人，规划户数5000户，是生活基础设施配给完善的大规模住宅区。住宅区用地中，包含战时陆军用地在内的国有土地占比80%，开发前该区域多为松树以及其他杂木丛生的树林。该住宅区自1955年开始着手土地区划整理，到1962年最终完成了土地利用

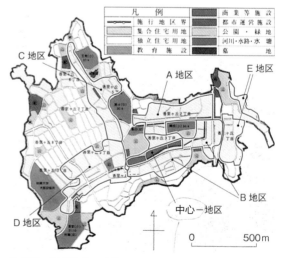

■ 图1　香里住宅区土地利用规划图

的转变和住宅区开发。1958年11月，从图1所示的B区开始入住居民，到1968年，住宅供给结束。在大致10年时间内，该住宅区的开发完成了全部的居民入住工作，这是至今都令人难以置信的。当时，该住宅区被称为"东洋第一新城"，至此日本出现了前所未见的新居住空间。这一崭新性，使得它成为关西乃至全日本都有名的规划开发项目。

就该住宅区的开发构想，住宅公团曾委托当时的京都大学西山研究室进行调查研究，根据研究成果制定的《开发规划基本方针》几乎全部在实践中得以实现。香里住宅区开发不仅考虑了住宅的供应，住宅区内还规划配置了幼儿园、托儿所、3所小学、1所中学、1个中央公园以及数量众多的儿童公园。同时，在已绿化的住宅区的中间，还领先设计规划了可供购物的超市。另外，还颇有先见之明地规划设计了近畿地区最初的老人护理中心。与千里地区其他的新城相比，香里住宅区规模虽小，但是它却不光单纯考虑住宅的开发供给，还考虑了完整的基础设施配套，因此与其说是一个住宅区，还不如说它是一个新城。香里住宅区开发成了之后许多住宅区与新城开发的先驱。

该住宅区的先进性和代表性表现为：①利用自然地形而尽量保留富饶的自然环境的基础设施建设；②独户住宅的选取与设计，采用低层的阳台型、多层的星形、走廊型和楼梯型等多种住宅组合方式；③住宅区内考虑到新都市生活的需要，规划配套各种城市生活基础设施。香里住宅区这些具有创造性的规划与设计构想和实践，最终为其赢得了学会奖励。

■ 2 项目特点

香里住宅区，如上所述，在当时体现出了设计与规划方面的先进性，最终建成的住宅区居住空间也获得了高度评价。然而，当时的住宅区开发所面对的困难还不仅如此。在这近半个世纪的住宅区居住历史中，为了营造宜居的环境，该住宅区通过开展社区活动，组织居民协会及各类文化活动来改善住宅区环境等方面，也展现出很大的先进性。

尽管在1958年11月住宅区开始入住，但当时的相关生活配套基础设施并不完备。

香里住宅区居民协会、社区活动变迁 表1

年代	居民协会的组成	居民协会及社区活动	生活设施配套
20世纪50年代	1958年：B地区入住 1959年：香里住宅区居民协会成立		1958年：香里丘公立市场 1959年：开成小学，爱之像
20世纪60年代	1961年：居民协会报纸《香里住宅区报纸》发行 1965年：香里住宅区居民协会解散 1967年：香里住宅区地区联系协议会	1960年：围棋同好会，香里文化会议（"香里早晨新闻"） 1966年：老人会 1967年：早市 1968年：夏收节	1960年：孔雀商店 1961年：以乐苑、第四中学 1962年：香里住宅区托儿所 1965年：新香里医院 1966年：学童托儿所 1967年：敬德托儿所，圣德福利文化会馆 1969年：特殊养护，残障儿童托儿所，幼儿园
20世纪70年代	1972年：B地区居民协会划分为香阳协会和开成协会	1972年：亲子剧场 1972年：文化会议再开 1974年：闲置物品交换会 1977年：五常小老人俱乐部、互乐会 1979年：独居老人会	1970年：香阳小学 1971年：藤田川托儿所 1974年：市立图书馆香里丘分室 1975年：焚烧炉关闭，垃圾运出区外 1977年：商业中心
20世纪80年代	1988年：地区协会解散，之后又分别成立了6个地区协会 1989年：改建对策委员会，组织"喜爱香里住宅区"研讨会	1980年：围棋同好协会20周年 1980年：亲子剧场 1982年：互乐会 1983年：香会（独居老人会） 1984年：香阳好朋友会	1984年：圣德老人之家日护理中心开设
20世纪90年代	1992年：居民改建总集会 1996年：A、E地区脱离六地区会	1998年：夏收节	1991年：停车场使用率38%（1880台） 1992年：人工溪流 1995：百货超市
21世纪		2002年：互乐会第28届作品展	2004年：南部市民中心成立

注：本表摘录京阪住宅报纸1965年5月~2002年12月（493号）的报道。

正如有些居民所说，"结婚后抽签抽中了该住宅区便考虑要生小孩。刚住进来的时候，围绕居住环境的问题，开始与公团以及地方政府抗争，接下来是托儿所，紧接着便是为了幼儿园等生活配套设施而抗争。"[1] 开始入住后的10年，是以居民协会为中心，进行住宅区各种各样生活配套设施建设的居民运动历史（表1）。

1959年，香里住宅区居民协会以区全体自治协会的形式成立了。1962年左右，该居民协会迎来了其社区活动最早的高峰期，成为了当时颇受电视节目和报刊杂志等关注的"日本第一的居民协会"。然而，随着住宅区建设和入住，图1所示的A、B、C、D、E各地区推出了其他居民协会、妇女会等，香里住宅区居民协会虽然活跃，但是却暴露出缺乏团结核心的问题，最终于1965年解散了。可是原来的组织联系却保留了下来。到1967年，结合该住宅区的一些职工宿舍和预售土地所有人组成的社会居民协会，组建了香里住宅区地区联系协议会。10多年后，这个居民协会也解散了。之后，于1988年4月再次成立仅仅针对租赁住宅的联络会——六地区会（A、B、C、D、E地区以及香阳地区等6个地区）。

上述内容为该住宅区居民协会组织变更的梗概，在此期间，香里住宅区的各类社区活动也都广泛和活跃地开展起来。

该区曾多次组织开办各类文化和集会活动，参加人数5～7000人不等，其中包括夏收节、扑萤会、运动会、捞金鱼、时尚秀以及邀请大阪交响乐团来住宅区开办演奏会等。社区居民的广泛参与成为引人注目的特点。

同时，通过配套生活基础设施的市民活动，还在住宅区新建了综合医院，增加了京阪巴士的班次，靠近住宅区开设了新干线特快、快车停靠站点，另一方面解决了住宅区停水问题，展开了住宅区居民绿化等活动。在此背景下，住宅区出现了让住宅区全体居民可以参与其中的各类趣味活动小组和集会。紧接着，出现了以香里丘文化会议（以在此居住的已故法国文学家多田道太郎等为中心）为活动主体的香里住宅区托儿所的开设推进活动，该活动促成了1962年全日本第一个针对0岁幼儿开设的枚芳市立香里住宅区托儿所（萨特与波娃[①]也到过此处）。另外，1966年该区成立了老人会，之后的1969年，开设了残障幼儿托儿所以及老人护理中心

----

① 萨特是法国哲学家，波娃是法国存在主义作家——译者注。

（如前文所述）。以上内容展现出该居住区在生活和文化上，多方面地推进先进的社区活动。

进入20世纪70年代后，除与生活关联的基础设施建设外，受全国性的公害问题或石油危机的影响，对住宅区居住环境的关注加剧了，一些反对违规停车、焚烧炉、保龄球场等建设的运动，以及市民消费合作社和消费者协会等消费者运动也开始兴起。与此同时，70年代后期开始，在老龄化不断发展的背景下成立了老年人俱乐部——互乐会（1977年）。很快，1983年针对独居老人的老人会亦结成，此后诸如此类的老年活动逐渐活跃起来。

经过这段高涨的时期，20世纪80年代起，居民协会起航，和社区相关的各种活动协会开始向多样化、小规模化发展。总之，香里住宅区的居民协会总体上走向分散化时代，而不再是全体统一参与的形式。

在此后不久的1986年，该住宅区公布了住宅改建的方针。以此为契机，香里住宅区也将住宅改建作为居民协会的中心议题提了出来。之后，尽管以居民协会为中心的改建对策委员会成立了，但如果没有实现居民协会的一体化，各个居民协会就要单独应对住宅改建的问题。

近年来，住宅区全体参与的大规模居民活动为数不多，但有个别区域的居民协会与各种各样的团体合作配合，努力开办丰富多彩的居民活动，这其中逐渐常态化的活动包括敬老会、旅行、滑雪、夏收节等。同时，在一些小学所在地由防灾和福利委员会、社区委员会等组织的活动也被原原本本地继承了下来。

香里住宅区居民协会和社区活动的历史，伴随居住者老龄化等原因，虽然缺少动态性，但仍以小规模活动的形式延续生存下来。

3 项目后续

香里住宅区的租赁住宅区域内，因近20年都市再生机构的改造，居住空间的形象发生了很大的变化。经历了数十载的年月，虽然居住区变得成熟，但是拥有宽敞绿化的多层住宅区，逐渐变成无秩序的高层住宅密集区。

为什么即使经过改建，住宅区却没有获得再生，这是需要考虑的问题。

3.1 住宅改建现状

香里住宅区租赁房屋的改建工程从A区开始，一直到A、B、C区的回迁住户居住的出租房屋供给

■ 照片2　住宅迷所憧憬的星形多层住宅建筑（笔者摄影）

■ 照片3　耸立的民间高层商品房公寓（笔者摄影）

完成，各地区剩下的土地则向民间出售。主要建成了高层公寓、运动设施、饮食店或者养老设施。

根据2007年末公布的重建方针（公布于都市再生机构网站主页的"UR租赁住宅股权式重建再编方针"），剩余的D、E区域要停止之前类似在A、B、C区域所进行的重建，策划将住宅区以"集约"为方针进行居住区改造。"集约"的意思是，居住区内一部分的居民搬出，变成空房后拆掉，土地卖给民间开发者的开发方式。这种方式存在诸多问题，例如长年形成并已成熟的居住空间的继承和持续居住问题、社区和邻里的破坏问题等。

现在，D地区仍未着手，而E地区正缓慢进行着"集约"工程。

3.2 居住空间的改变

香里住宅区的改建，将公园、绿地以及街道等基础设施基本保留了下来，因此，地形上的适度起伏也得以保存。改建在尽可能继承环境资源的框架内实施，努力让环境资源的继承性可评价化。然而，在建成租赁住宅的网状（住宅地）部分A、B、

C三个区中，发生了全面改建，回迁住户的租赁房屋与民间的商品房公寓出现了高层、高密度的建设。

乘坐从京阪电车枚方市车站到香里住宅区的巴士，到桑谷站下车，就可以抵达香里住宅区的东北入口。从这里出发，向藤田川方向往南步行，很快在右侧就可以看到一座17层楼高的民间商品房公寓耸立于路边，对该地块造成一种拥挤压迫的感觉。从重建前的多层住宅空间仰望高层住宅尺度感差异巨大。

即便如此，今天的香里住宅区依然拥有自然的起伏和半自然的丰富绿地，虽然隐匿在绿化中不容易看到，但原来的低层住宅已经转变为容积率为3~4的高层住宅，这是更加严重的问题。容积率是由《土地再生规划[2]》的导则确定的，但在住宅区内一些民间开发的商品房公寓街区却不遵守导则确定的容积率。

关于景观，也是依据《土地再生规划》来确定住宅区的整体景观理念（1995年）[2]。该理念从长远的角度进行规划和实施，其中包括楼房的体积，楼房和设施的外壁，房顶的形状以及色彩使用等应该遵循的规则，但在规划实施阶段，都市再生机构似乎并未能严格进行控制。

香里住宅区，如上所述，因它最大程度上保存了自然环境的整体设计而被授予第一届石川奖。回顾该住宅区经历的50年历史，基础设施虽然保存了下来，但是却在不断演变成为违背人类尺度的高层高密度住宅区。

◆注

1．铃木沙雄（1966）：《新市民层的意识…观察住宅区的小集团…》。朝日日报 vol,p.40,1204,朝日新闻社。

2．在以原京大巽和夫教授为负责人的畅谈会上，1993年8月策划制定的整体基本计划，设定了基本构想与计划轮廓。另外，在这次的《土地再生规划》基础上，策划制定委员会在1995年12月策划制定了"香里住宅区景观形成基本概念（生活延续的街道香里——绿色环绕柔和风景的街道）"。

◆参考文献

1）增永理彦编（2008）：『団地再生 公団住宅に住み続ける』，クリエイツかもがわ.

2）住宅・都市整備公団関西支社（1985）：『まちづくり30年近畿圏における都市開発事業』，p.41.

2　冈山市城市中心再开发规划

挑战从线状再开发到面状再开发

■ 照片1　再开发项目对象地区（表町一丁目（上之町、中之町））现状①

针对1991年9月竣工的冈山市表町一丁目地区第一类市区再开发项目（冈山交响大厅），进行了拱顶商业街的再整修，使其与1960～1961年时期项目的街道排布迥异

■ 1　时代背景与项目意义及评价

冈山市有两个城市商业核心，分别为表町地区和冈山车站周边地区。1960年度石川奖（规划设计部门）的获奖项目"冈山市中央商业地区再开发规划"（获奖者：三宅俊治、川上秀光）[1]就是指上述的表町地区。

历史上的表町，战国大名宇喜多秀家于1590年重新整建冈山城，并开始发展城下町。之后冈山城下町在小早川氏、池田氏的掌权时期不断扩大，一直到明治维新时期。

现在的表町商业街，虽然用表町一丁目~表町三丁目的地址表示位置，但基本还是依照地区的历史情况通称为"表八町"：上之町、中之町、下之町、荣町、纸屋町、西大寺町、千日前，新西大寺町，这些町构成了商业街的基本单元。

冈山市在第二次世界大战末期的1945年6月29日凌晨受到了空袭，造成了1737人死亡，12万人受难的大灾难。市区大约73%被摧毁，表町几乎化为了灰烬。

二战后的冈山市在冈山车站前形成了黑市，表町商业街也开始复兴。特别是随着位于下之町的天满屋百货公司于1949年与巴士公司同时设置，商圈得以扩大，表町在县内②的商业核心地位得到了强化。此外，县政府也于1957年迁移到了表町附近的旭川近郊，商业街由此变得更加繁荣。

另一方面，当时的表八町中，地区的人气不足和建筑高层化是较大的课题。1959年左右，随着县政府振兴规划的推进和县南广域城市规划的具体化开始实施，表町一丁目地区（上之町、中之町）进行再开发项目的氛围高涨。于是，在由建设省到冈山县建筑课挂职的三宅俊治氏的强力推动下，该

---

① 表町、一丁目均为日本地名——译者注。

② 县，相当于我国的省级行政区——译者注。

地区的再开发得以推进。从构想到一期工程竣工只用了短短的一年零六个月。该项目在冈山市再开发项目正式开幕的同时启动了快速、大规模的实施工程，并受到了全国的关注。

此外，冈山县委托日本建筑学会成立了以东京大学高山英华教授为中心的都市再开发委员会，负责制定"冈山市都市再开发地区研究以及中央商业区和车站前商业地区再开发规划"（1960年3月委托）以及"关于冈山市都市再开发的总体规划研究"（1960年11月委托），目的是实现从线状再开发（线状防火、防火建筑带建设）向面状再开发转换，这些规划研究也给日本的都市规划项目带来新的发展。[2]

■ 2 项目特点

2.1 再开发项目的经过[3][4]

再开发项目的对象地区是图1中所示的表町一丁目地区（上之町、中之町）。从1959年9月到年末形成了基本构想，并举行了建设省、大藏省的听证会。

其后，于1960年1月15日将上之町、中之町的相关人员全体召集到表町的上之町药业会馆中，进行规划具体化的协议。协议结果，总体规划由冈山县及冈山市负责制定，项目实施由冈山县开发公社建筑部防火项目科承担。日本建筑学会受到委托进行总体规划的调查研究，同时，冈山县都市再开发技术委员会作为项目计划立案以及设计、施工、订货咨询的机构成立。并且地区再开发促进会和市直部门成立以商工会议所为主体的联合会等，进行规划、项目实施、宣传报道等与项目实施相关的各方面准备工作。

再开发项目从1960年开始进行了5年的规划，同年为了使第一期工程完成，制定了7月开工，年末第一部分完工的方针。为此，在开工前半年的短时间内，必须制定基本构想，处理租地、租赁房屋的权利调整等众多问题，需要频繁地与相关人员会面讨论。

计划也遭到了一部分反对派的强烈反对，中之町的天满屋百货店以南地区居民基本同意并提供项目参与协助。然而，北半部分则意见不一致，延迟至第二年，对全町实施项目的设想被迫取消。

特别需要说明的是，前面街[①]路宽是最大的问题。经过再三地慎重讨论，最终结果如图2所示。将现状宽度由6.5 m拓宽到8 m。二层以上的墙面距离定为11 m。并且对中央的排水沟、电话、燃气等进行了统一集中规划。

[①] 前面街路是指接入建筑物用地的街面道路。

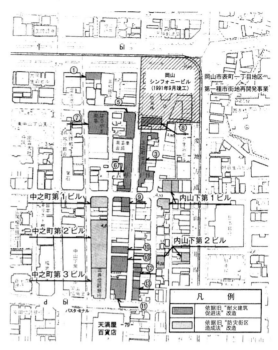

■ 图1 表町一丁目地区中的再开发项目
（文献2）转载、补充记录）

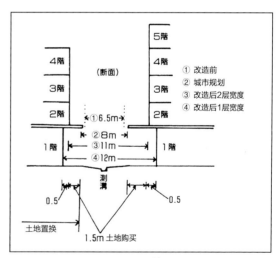

■ 图2 再开发项目的横断面图[1]

此后项目全过程如下：

· 1960年6~7月：设计规划期。最多的时候由超过100名的技术人员在20多天完成。

· 7月：土地收购基本完成。制定分售规则等。

· 第一期工程的防灾建筑街区面积7.5 hm²。地区540户店铺中有上之町54户，中之町30户得以参与。设计结束→工程投标→店铺向临时店铺转移→拆除木建筑店铺。

· 7月23日：动工仪式，直接开工。

· 12月10日：一部分工程（1、2层）竣工，落成仪式。

· 1961年3月末：其余工程完工（3层以上）。

· 11月末：第二期工程竣工（7、8号大楼）。

照片2是再开发前后的情况对比。在冈山县立图书馆官网主页的数字冈山大百科中，也收录了记录再开发后的新闻图片。

2.2 再开发的进展状况

上之町、中之町的再开发根据耐火建筑促进法实施，建设了11栋建筑。表1是各个建筑的概要情况，表中的建筑序号和图1中1~13号相对应。

包括以上的项目，1961年11月表町一丁目及中山下的约6.5 hm²地区根据防灾建筑街区建设法被指定为防灾建筑街区，到1962年10月末，表2及图1所示的建筑建设完成。

2.3 日本建筑学会城市再开发委员会的规划方案

冈山县在表町一丁目地区（上之町、中之町）项目进行中的1960年3月期间，委托日本建筑学会进行"冈山市都市再开发地区研究以及中央商业区和车站前商业地区再开发规划"课题的研究。以东京大学高山英华教授和川上秀光助手为核心的都市再开发委员会担当规划设计。根据森村[5]道美记载，规划方案内容如下：

1）为了进行面状再开发，尽可能将同样的用途转移集中，强力促成集中的商业竞争。

2）地上4 m高度作为分界线进行功能分离，商店和居住、人和车以此高度分界进行分离，并进行生活环境和功能的整理。

3）在防火建筑建设落后地区的建设过程中，适当进行建筑立面线的后退，地上4 m高以内设计购物广场。

4）商业街的西侧作为住宅（单层住宅形式），东侧作为办公楼（点式）进行布局。

5）确保商店、办公、批发店等需要的道路和停车场建设。

6）规划容积率为2，是既有容积率1的2倍。

再开发前

再开发后

■ 照片2 再开发前后商业街的情况[1]

上之町、中之町再开发中的建筑情况
（根据参考文献2）整理） 表1

建筑序号	总面积（m²）	工程费（千日元）	开工年月	竣工年月	层数
1	798.78	23492	1960.7	1961.1	4
3	4737.37	203337	1960.7	1961.4	4
5	1103.50	34560	1960.7	1961.1	3
6	1914.03	61712	1960.7	1961.1	3
7	4615.21	112936	1960.12	1961.9	地下1~5
8	1317.98	59918	1961.7	1962.3	地下1~4
9	1208.83	36240	1960.7	1961.2	4
10	1705.99	48801	1960.7	1961.1	3
11	3220.09	134458	1960.7	1961.3	地下1~5
12	634.18	19182	1960.7	1961.1	3
13	1013.82	31070	1960.7	1961.1	3

内山下、中之町中的防灾建筑街区建成项目中的建筑概况（根据参考文献2）整理） 表2

合作社名称	合作社人数	施工区域面积（m²）	项目费（万日元）	开工年月	竣工年月	层数
内山下第1	6	924	7650	1966.3	1966.10	地上3 地上4
内山下第2	5	489	5600	1966.12	1967.8	地下1、地上4 地上3
中之町第1	6	427	8300	1968.3	1969.10	地上4
中之町第2	12	1728	67500	1972.3	1974.1	地下2、地上4
中之町第3	9	980	46600	1971.7	1972.10	地下2、地上6

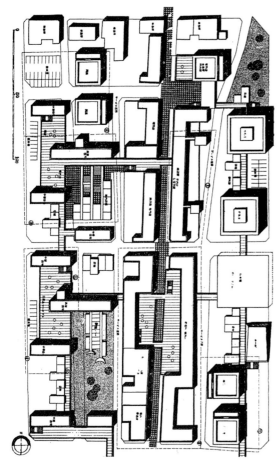

■ 图3　上之町、中之町地区再开发规划（设置图）[3]
图1中的天满屋百货店北侧的街区

冈山县在表町一丁目地区项目竣工后的1960年11月，委托日本建筑学会以冈山市区全体为研究对象进行"关于冈山市都市再开发的总体规划研究"。在1961年9月提交的报告中，根据总体规划制定了"各地区的动向预测及再开发计划"及"市区中心部分开发的基本设想"。报告显示了将表町中的研究对象向南延长1km到商业街南段的扩大规划。详见参考文献6）。

■ 3　项目后续

日本建筑学会都市再开发委员会建议的表町一丁目地区的再开发规划，目标是实现从线状再开发（线状防火、防火建筑带的建设）到面状再开发的飞跃。再开发项目的实际实施和规划的方案并不一致。而且根据报告，冈山市都市再开发总体规划在制定以后也没得到充分有效的使用[7, 8]。

之后，表町商业街的"天满屋冈山店再开发项目"（1967年4月～1969年9月），"中之町地下道项目"（1972年7月～1973年11月）等得以实施，其作为商业街的核心地位得以强化。

然而，随着1972年3月到冈山的山阳新干线开通，冈山车站前不断有大型商业设施入驻，城市中心的冈山车站周边和表町周边的两极化发展，使得表町的地位渐渐下降。

冈山市，1985年3月制定"冈山市都市再开发基本构想"，明确了都市再开发的方针。表町地区根据"冈山市表町一丁目地区第一类市区再开发项目"，于1991年9月冈山交响大厅竣工的同时，对作为"阿姆斯邮件上之町"的上之町商业街进行更新（参见照片1）。此外进行的再开发项目还有优秀再开发建筑物改造促进项目中的"冈山市表町三丁目14番地区（圆弧广场表町）"（1998年6月竣工），民间NTT信条冈山大楼建设（1999年2月竣工），但表町商业街地位下降的状况却没有得到遏制。

冈山市把"居民多样化的、生机蓬勃的生活交流都市"作为"复兴中心市区基本规划"（1999年3月制定）的基本理念，提出了强化冈山车站周边和表町周边的两个地区互通性的方案。以2009年4月冈山市升格为政令指定都市为契机，强化表町和冈山车站的合作，形成功能多样的城市中心。

◆参考文献
1）川上秀光（1960）：「岡山市中央商業地区再開発計画」，都市計画33，21-34.
2）（社）全国市街地再開発協会編（1991）：『日本の都市再開発史』，p.88-91.
3）岡山都市整備株式会社（1885）：『岡山都市再開発事業のあゆみ』.
4）岡山市都市整備局（2010）『生まれ変わる街・岡山市の都市開発』.
5）森村道美（1998）：『マスタープランと地区環境整備』，学芸出版社，p.25-26.
6）前掲5），p.26-30.
7）前掲2），p.89-90.
8）前掲5），p.31-32.

3　松户常盘平住宅区规划

依靠对土地区划整理项目的热情而诞生的住宅区 *1962*

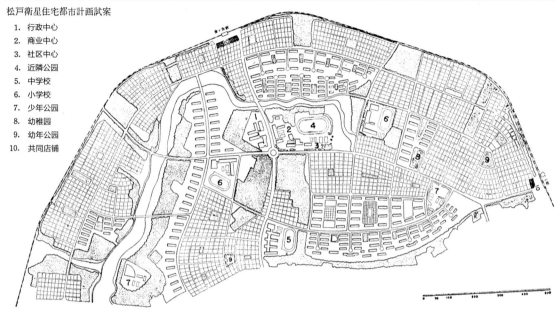

松戸衛星住宅都市計画試案

1. 行政中心
2. 商业中心
3. 社区中心
4. 近隣公园
5. 中学校
6. 小学校
7. 少年公园
8. 幼稚园
9. 幼年公园
10. 共同店铺

■ 图1　松户卫星住宅都市规划试行方案
由秀岛乾规划的初期研究方案[1]

■ 1　初期的住宅公团与居住用地开发项目

常盘平地区的居住用地可划分为两类，即日本住宅公团的出租房屋用地和用于开发按户出售房屋的分售土地。公团刚成立的时候主要负责两项工作，一是住宅建设（即住宅区建设），二是居住用地的开发（即新城开发）。具体的实施组织，无论是公团本部还是东京支部，都设有各种各样的建筑部和居住用地部。1955年中期成立了住宅公团，当年7月制定的公团住宅的年度建设配额为2万户住宅，东京支部承担其中1/2，即1万户。实际上，在一个年度内完成所有的工程是不可能的，这只是年度内完成投资的目标。为此，正在发展期的公团紧锣密鼓地开展了住宅区开发用地的购买、设计、签订合同等事务。

与此同时，居住用地的开发方面，首都圈整理委员会已经经过讨论和研究，从适宜大规模开发的地区中选定了松户—金作地区（常盘平住宅区）、日野—丰田地区（多摩平住宅区）、川崎—生田地区（百合丘住宅区）3个地区。1955年11月，松户地区召开了现场介绍会。次年1月，在东京支部居住用地部以下设立了松户居住用地开发事务所。

事务所的业务是通过先行购买土地的方式实施土地区划整理的项目，这一业务后来也成为公团的特长。这一工作有以下4个要求[2]：①不能使用土地收购法；②收购均价为每坪1000日元的低价；③购买的农地需要居住用地的转用审批手续；④不经过中间商的土地直接购买方式。

在松户开发事务所成立的同时，当地民众成立了一个名为"金作地区街区改造规划反对同盟"的组织，反对事务所在这个地区收购土地。有观点认为反对同盟其实是出于政治目的而成立的，上述的4个要求是其间接原因。有人还记得当年公团总裁加纳久明亲自骑马到现场鼓励受反对运动困扰而屡屡受挫的公团职员的场面，这在显示出作为英国绅士的加纳总裁的人格魅力的同时，也彰显出初期的公团完全是自上到下团结一致并以饱满的热情对待工作。

■ 2　以近邻为基础的居住社区

就这样，公团常盘平居住区在1959年首次对外出售。"常盘平"的名字是通过公开征集确定的，其隐含的意思为：地处松户市，地名中有个"松"字，而"常盘松"是非常有名的雄伟之松[2]。在住宅区

■ 照片1　住宅区中心地区
中心十字路口旁的店面，南面平行的多层楼梯式住宅，坡地的星形住宅

■ 照片2　中心前写着"星形住宅"的公交站
出色的配置使人们能够意识到黄色的强调色

土地区划整理完成的第二年，即1962年，日本都市计划学会将石川奖授予秀岛乾、竹重贞藏、渡边孝夫、田住满作等四名规划设计师。

这一规划中，首先由公团本部居住用地部的部长竹重贞藏带领团队完成常盘平居住区的总体规划。与此同时，他们与来自民间的著名规划师秀岛乾合作，完成了概念方案的设计（图4），并依据概念设计进一步确立了实施方案[4]。

秀岛在第二次世界大战前，曾倡导将伪"满洲国"的集团住区制理论应用于新京都城市规划，"近邻社区"①这一名称据说便是由他提出的[3]。在秀岛的概念方案中，用于出售的住宅区引入了战前的近邻住区，但在规划实施的过程中概念方案有颇多调整，尽管建成了星形住宅，但社区中心、主要街道等都大体保留了下来（照片1）。

公团本部居住用地部的部长竹重，曾参与了战前和战后广岛、名古屋的土地区划整理，公团的土地预购方式就曾受其影响。另外，东京支部开发部部长渡边，也曾在战前和战后都在东京从事一线的土地整理项目。东京支部居住用地部工程课工程师田住，从战前便一直是绿地派的城市规划技术人员，之后又就任福冈区划整理学会理事长，当时作为年轻人的他一直奋战在松户现场的最前线。

就是这些在战前、战后都一直为土地区划整理项目呕心沥血的人，在克服重重困难和阻力建造的居住区中引入战前的近邻住区理念，奠定了常盘平住宅区的基础。

■ **3　改建、关注与再生**

2011年，常盘平住宅区迎来了50周年纪念日，成为晚于都市规划学会10年的后辈。难能可贵的是，居住区至今仍基本保存了建设当初的形态。

依据国策昭和30年代（即1955～1964年）的住宅区，曾一度全部被列为修建和改建对象。为了解决居住区改建过程中的临时安置问题，实行了暂停出租的措施。因此，一些相对有能力的家庭先后搬离了该地。

另一方面，改建反对运动的兴起使得相关政策变更，从而导致居住区的改建工作被迫终止，居住区的经营方针转变为股权式经营。在此期间，居住区成了大量高龄者聚居的地方，孤独老死的情况屡屡发生。因此，社区和当地政府必须全力防止和解决孤独老死的问题。常盘平居住区是日本最早着手解决孤独老死问题的地区，他们的努力通过广播电视等媒介广为人知。

然而近年来，居住区通过使用黄色的强调色，使年轻化的迹象再度回到这个地区。不仅如此，地块出售的禁令也取消了，逐渐有一些年轻人入住该居住区。与此同时，公交车站的命名也基于再现这个有着丰富历史的居住区的价值（照片2）。

◆参考文献
1）秀岛　乾（1957）：「松户卫星都市计画试案」．都市计画18，29．
2）『創業時代―日本住宅公団東京支所』同刊行会，1985年5月．
3）関　研二（2006）：「都市計画コンサルタント第一号」，都市計画263，2．
4）渡辺孝夫（1961）：「松戸市金ヶ作地区の宅地開発事業の全貌」『新都市』．

―――――――――
① 即美国规划师佩里提出的邻里单位概念——译者注。

4 驹泽公园规划

20世纪60年代运用土木、建筑及造园技术的昭和时期的历史遗产

■ 照片1 第18届东京奥运会时的驹泽奥林匹克公园（提供：驹泽奥林匹克公园综合运动场）
以正中间的中央广场为中心，周围布置的设施形成了栅格般的格局。为了形成良好的视觉效果，管制塔避开了中轴线布置

■ 1 时代背景与项目的意义及评价要点

　　20世纪60年代的东京，人口剧增，随着市区不断向郊区扩张，作为首都，高速公路、铁路、河流、公园等公共基础设施的修建工作也日显必要。基于《首都圈修整法》，1958年，第一次首都圈改造规划公示了原有主城区，提出完成街区改造和10年项目规划；第二年，东京获得1964年奥运会举办权，为迎接奥运，东京的城市建设迫在眉睫。

　　东京都世田谷区的驹泽公园规划，与新宿城市副中心规划、首都高速公路建设、葛西冲填海造地工程等大型项目同属于首都圈改造规划，均是为了应对奥运会的举办。

　　1914年，日本银行职员租用了驹泽的私有农田开设高尔夫球场，开始了当地被开发的历史。1942年的城市规划把此地作为防空绿地。1943年，驹泽绿地被全面收购。自那以后，驹泽成为了第四届国民体育大会（1949）、第三届亚运会（1958）、第14届国民体育大会（1959）的举办会场，每逢举办这些大会时，当地的设施都得到进一步完善[1]。

　　随着东京确定举办第18届奥运会，驹泽将作为第二会场投入使用。因此，作为城市规划项目对驹泽实施了新一轮的全面改建。经过了3年多的投资建设，耗费了46亿日元的工程费用，建成了陆上竞技场、体育馆、屋内球技场、第一球技场、第二球技场、辅助球技场等6座设施。1964年12月1日，驹泽奥林匹克公园开园营业（驹泽公园是城市规划中使用的名称）。

　　截至2010年，驹泽公园总开放面积41.4 hm^2，大约是日比谷公园的3倍，占地位置横跨世田谷、目黑两个区，成为了深受这两个区居民青睐的市立公园。

　　这个公园项目的意义有以下三点。

　　第一，制定了详尽的基本规划方案，考虑了公园内外的交通活动流线而建造的设施和道路规划，为了增强空间感而活用了视觉效果的入口空间等，都运用了当时最新的规划以及设计手法。

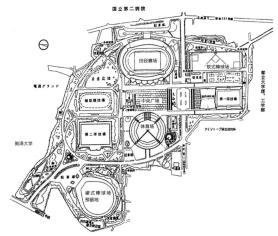

■ 图1 当初的驹泽奥林匹克公园设施配置图（（财）东京都公园协会所藏）
贯穿驹泽路（辅助49号线），两座联络桥从公交车停靠站延伸向中央广场的入口，贯通场地南北

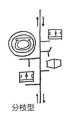

环岛型　　　分枝型　　　折中型

■ 图2　公园设施与交通流线示意图[3]
采用了围合型与分支型流线折中的方案

第二，由于从数年前就开始了对于植被种植的慎重规划，并运用了日本的造园技术进行修景与植物栽培，使得在项目竣工的同时所提供的绿化量与建筑物完美结合，关系协调。

第三，项目集成了当时最新的土木、建筑及园林技术，并于短期内同时施工，最终出色地营造了一个和谐的空间。

由于这三点，使得驹泽公园与明治时期的日比谷公园、大正时期的明治神宫内外苑和关东大地震后的帝都复兴3大公园齐名，被称为昭和时期的造园杰作之一，竣工之时，因其很好地协调了绿地和设施的关系，得到了各国的高度称赞。[2]

■ 2　项目的操盘手与特征

2.1　项目的操盘手

公园的总体规划，是以东京大学的高山英华教授为中心，东京农业大学的横山光雄教授、八十岛义之助教授，早稻田大学的秀岛乾讲师共同合作完成的。

中央广场和陆上竞技场由村田政真建筑设计事务所设计，管制塔和体育馆的部分由芦原义信建筑设计事务所进行基本设计。除此以外的屋内球技场，第一、第二球技场等建筑和设施的工程，道路、广场、桥梁等土木工程，种植、园路设计、儿童游园等园林工程，都是由新成立的东京都奥林匹克设施建设事务所担任设计。土木、建筑、园林等各个职业的技术人员都常驻于一个事务所，分工细致入微，精确到各个规划、工程之间的调度及设

计、工程监理等工作。[2]

2.2　项目的四个特征

本公园设计的初衷是为了给东京奥运会提供场地，向国际社会展示日本的复兴。它的特征有以下四点。

（1）引入贯通道路理念的流动线路规划　改建前，场地周边有放射3号线、4号线、辅助154号线、辅助127号线等市政道路通过，放射4号线之上运行着东京特快玉川线。基地面积虽然大，但是周边道路与之相接的部分很短。因此另外收购了大约2 hm²的土地，为了全面改良贯通场地东西的辅助49号线（驹泽路）而种植了林带，露天采挖场地上建造了东西两座天桥，连接了南北分开的两片公园场地。人行天桥的桥桁梁与桥墩数量尽可能地少而精，使其视野开阔，构造合理。

另外，贯通道路的中间作为主入口设有公交车停靠站。为了使公园中央略偏南的方位有纵贯的交通路线，贯通道路与绕园一周的宽8～12 m的园路的流线相结合，并在这两条流线围合的空间内建造公园设施。为了能够同时享有围合型和分支型两种线路的优势，采用了折中型的方案。[3]

（2）活用视觉效果　游人穿过贯通道路，进入下沉式公交车站，在地面视线被阻隔的情况下登上公园正面的台阶开始接近公园。爬台阶时，管制塔塔顶渐渐映入眼帘。爬完台阶到达中央广场，在这里游客能首次一览公园设施的全貌，增加了来访游人对于公园期待感的效果。

这种"接近空间"，与中央广场相结合的设计手法，实现了建筑家芦原义信的外部空间的理念。[4]也就是说，这是在日本鲜有的意大利式广场，对没有树木只有硬质铺地的空间进行精心设计，并积极运用各种各样的视觉手法。例如，以公园正面入口为参照系，右侧的陆上竞技场和左边的体育馆相比，由于陆上竞技场体量巨大，所以管制塔的位置并不处于场地中轴线上，而是在中心偏左的地方。广场

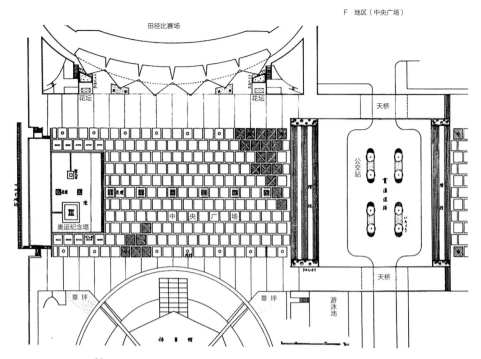

■ 图3　中央广场[2]

利用了东京都电车的铺路石，花坛之间的间距为21.6 m。为了创造良好的视觉效果，连台阶休息平台的尺度也进行了规划

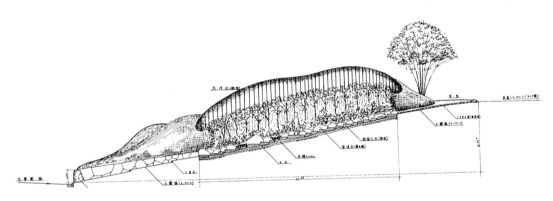

■ 图4　大刈込地（（财）东京都公园协会所藏）

运用了日本庭园中假山的设计手法

尺寸是100 m×200 m，为了贯彻芦原义信所提倡的延续的外部空间单元模数（20~25 m）的定义，有意识地每隔21.6 m就设置一组花坛和相应的照明设施，共同构成了既不喧闹又不单调的空间。

另外，结合了中轴线，以中央广场为中心，周围围绕各种设施，以中央广场所在地面高度为基准，只有陆上竞技场、体育馆、管制塔以及排球场所在的地面超过这个高度，其他设施所在的地面高程都低于这个基准，避免了巨大的设施建筑群在视觉上造成的压迫感。

（3）强调绿化的数量　在植物种植方面，共使用胸径60 cm以上的大树约1000株，灌木类53种，114293株，地被类92195 m²。为了结合大体量竞技设施的景观修缮工作，使得建筑建成之时与树木成长后的景观状态保持平衡，预先在关东各个县进行了巨大树木的培育与管理。然后移植树木使其成为公园种植栽培的骨骼。为了削弱大体量陆上竞技所产生的巨大混凝土质感，部分地块密集种植，为使得在视觉上强调绿化的质感，创造了面积达4000 m²的大刈込[1]草地。这里参考了日本庭园中布

① 刈込：日本庭园技术中一种树木整形修剪的方法——译者注。

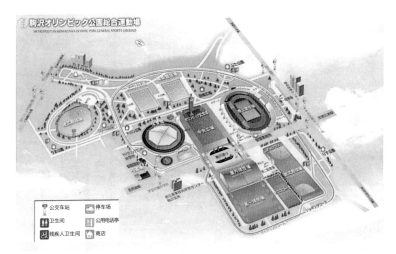

■ 图5　现在的驹泽奥林匹克公园设施配置图
（提供：驹泽奥林匹克公园综合运动场）

■ 照片2　现在的漫步道与大刈込

■ 照片3　管制塔与中央广场

置假山的手法，树的种类更达到了21种，以便营造四季景观变化的效果。

在1964年8月23日的朝日期刊中，建筑评论家川添登对于竣工后的公园进行了如下描述[2]：“驹泽奥林匹克公园最大的功臣是东京都的公园绿地部门与造园科。（略）在那片广阔的基地上出色而合理地种满了树木，并跟园路等的规划和谐共进，完成了非常庞大的作业，而使得日本的庭园技术享誉世界。”

（4）具有和风韵味的设计　中央广场管制塔的设计概念来自五重塔，将东京都电车的铺路石再利用，铺设后的纹路类似和服纹样。行道树用了银杏、榉树、柳树，密植林使用了樟树、椎木、梅树、樱花等，种植主要用了日本固有的乡土植物，并且融入了日本庭园中草坪和石景的趣味。这些和风元素受到了当时来观看奥运会的外国人的好评。

■ 3　项目后续

1966年，财团法人日本奥林匹克委员会（JOC）捐建了新游泳场；1988年开设了训练中心；之后的1993年对体育馆和管制塔、1998年对第二球技场、2008年对中央广场分别进行了大规模改造修缮工作。

最近几年对中央广场的修缮工作主要着眼于以下几个方面：①铺装面的凹凸感强烈而产生的残疾人无障碍通行方面的问题；②由于广场的非透水及非保水性导致的热岛现象的对策，缺少合理的广场积水排水对策等无法适应现代的排水功能。因此是否要全面改建成草地广场曾一度被提上了议案。然而，最终它不仅成为了在日本很少见的硬质广场空间，还实体化了建筑家芦原义信的外部空间理念，兼顾了公园的历史性与设计性两方面。修建过程中所使用的来自东京都电车的铺路石，对其进行了抛光打磨，降低了石材表面原本的凹凸感，并且为了确保石材的透水性与保水性，在其表面浇筑了混凝土，最后才进行铺装工作。[5]于是，这样既保留了广场原本的设计性，又附加了一些必要的现代功能，成功地完成了修缮工作。

现如今，每逢风和日丽的假期，许多市民争相涌进驹泽奥林匹克公园。即使距离开始修建已历经了半个世纪，它的周游园路也经常被用作慢跑与骑车运动。登上正对着中央广场的台阶时的那种兴奋感与期待感也没有丝毫改变。茂密的绿化与无机质的中央广场之间的反差感已经消失，历经岁月，终于呈现出了它独有的魅力。遛狗场与训练中心等也随着时代的需求而改变着它们原有的功能。以其超越时代的设计性与绿化之间的平衡，驹泽公园作为一个被市民所喜爱的昭和时期的造园遗产而流传千古。

◆参考文献

1）（财）東京都スポーツ文化事業団（2007）：『駒沢オリンピック公園総合運動場要覧（平成19年度）』．

2）東京都公園協会（1967）：「東京都駒沢オリンピック公園造園施設について」，都市公園42．

3）三橋一也（1981）：『駒沢オリンピック公園（東京都公園文庫10）』．

4）芦原義信（1975）：『外部空間の設計』，彰国社．

5）細岡　晃（2010）：都市公園188，38-41．

5 八郎潟垦荒地新农村村庄规划

成为未来农业典范的农业经营模式的创设及新农村建设 *1964*

■ 照片1　贯穿垦荒地的干线排水路
两侧的树木兼具与其并行的干线道路的防雪功能

■1　时代背景与项目的意义

　　八郎潟垦荒地作为二战后解决粮食短缺问题的紧要工程，于1957年开工。1959年，设置了由学者专家组成的八郎潟垦荒项目企划委员会，并从务农、农村建设、行政财政等3个方面推进项目的实施。然而，由于出现粮食不足问题的可能性不断减弱，本项目的新农村建设规划历经长达16年的论证，并先后6次变更。

　　1957年的最初务农计划中，规划了4700户农家，每户的耕作规模达到2.5 hm^2。尽管委员会对当初的规划并没有给予很大的重视，但是对于当时的秋田县及周边的市町村来说，2.5 hm^2的务农规模相当之大，因为此时这一地区耕种面积超过这种规模的农户不足10%。这一新农村规划伴随着社会环境的变化而不断被赋予新的认识，这个过程不只停留在经营内容的层面，在社会生活层面和生产基础设施层面都力求按照适应未来日本农村的指标来建设，同时对务农方法和村落形态进行了探讨。

　　1961年对最初的方案进行了变更，规划农家数减少为2400户，务农规模增大到5 hm^2，并采用机

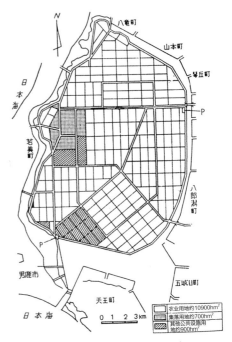

■ 图1　八郎潟垦荒地的村落位置图[1]

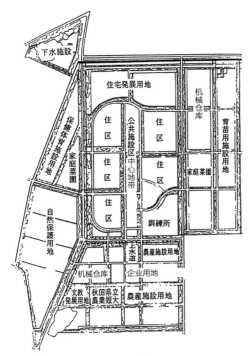

■图2　中心村落规划概念图[2]

动车作业。最终在1973年将农户数变更为580户，务农规模扩大到15 hm²。在务农方法上，也从个别务农、水稻单作的方式变更为水稻直接播种与农业协同作业，其后又改变为共同利用大型机械进行水旱田的复合经营。

与务农规模的扩大和农家数的削减相应，村落规划也进行了变更。1957年的规划中，将村落沿道路排列，村庄由6个村落和2个位于中心的综合中心地组团构成。之后调整为3个村落与1个综合中心地的4村落方案。最终采纳了1个村落（并综合中心地）的方案。

■ 2　项目评价

1964年，基于垦荒项目诞生了大潟村这个新的村落。作为新的农村村落，一个显著的特征就是生活场所和农业活动的场所完全分离。也就是说，随着务农规模的扩大和农户数的减少，居住用地的使用变得更加集约，而作为务农活动场所的机械仓库等设施布置在生活场所外侧。另一个特征是规划了徒步可达的生活圈。在综合中心地的中央设置了南北长1.6 km、宽200 m，被称为"中心带"的公共设施地带，其中集中配置了村委会、学校、农村合作社、商店、邮局、诊所等设施。同时，为了使住宅也能够满足徒步的日常生活要求，居住空间采用了紧凑的设计方案，每户的宅地面积为500 m²，

这比当时的普通农家住宅要狭小很多。这也导致了住宅的厨房狭小，缺少车库及供来访亲友居住的客房，因此很多农户在入住后进行了各种增建。

大潟村的农村规划着眼于与现有农村不同的未来农村发展模式。20世纪60年代的日本，战后的复兴刚刚完成，城市中开始出现承载新的居住模式与生活方式的住宅区。纽约郊外拉多班引入的步车分离思想、职住分离和农家的小规模住宅区化等，当时地区规划的思潮都对大潟村的规划产生了一定影响。从这个层面上说，这一新农村规划的理念，不仅停留在农村，也成为日本今后郊外住宅发展的模式之一。

另一方面，由于排除了通过性交通，也造成了地区内的交流性低下。同时，住宅地内并未对可以为新居民提供集中活动的公园之类的用地进行改造，在项目终了，新农村建设项目团解散后，最先建成的是一座神社。

■ 3　项目后续

包括大潟村在内的日本农业，受到日本国内外粮食产量、农业形势和农业政策的较大影响，今后将一直面临比较严峻的形势。然而在大潟村这片12000 hm²的广袤土地上，开拓者秉持着以建设新型农业为目标的传统精神，力求打造一个安全安心的食品生产基地，推进环境创造型农业和风力发电等新能源在生产中的应用；同时，全力促进都市与农村的交流，促进将农业生产、加工、流通和贩卖融为一体的第六次产业[①]的发展等等，这些都将为今后地域建设的推进提供很大的可能性。

◆参考文献
1）農林省構造改革局・農業土木学会（1977）：『八郎潟新農村建設事業誌』.
2）日本建築学会農村計画委員会（1965）：『八郎潟干拓地建設計画』.
3）日本都市計画学会集落計画委員会（1963）：『八郎潟干拓地新農村計画』.
4）石田頼房・井出久登・浦　良一（1978）：「八郎潟干拓地新農村集落計画の計画意図と事後評価」，都市計画100.
5）谷野　陽（2004）：『国土と農村の計画』，（財）農林統計協会.

---

① 　第六次产业是指农业，水产业等第一次产业向食品加工、流通销售领域延伸的业态。由东京大学今村奈良臣教授最先提出——译者注。

6 铃兰台地区开发总体规划

依据土地区划整理项目形成的街区和基于地域交通网方案的城市营造 *1965*

公团住宅

公团住宅

西鈴蘭台駅

長田箕谷線

■ **照片1 目前的铃兰台地区及其周边**（2010年8月摄影）
周围是官方与民间进行的住宅开发工作，眼前的建筑是日本住宅公团的集合住宅

1955年起，住宅开发向都市近郊开始蔓延，位于六甲山北侧，在拥有富饶自然绿化和广阔山林农地的铃兰台地区，日本住宅公团开始了住宅区开发。建成了面积达136 hm²的新住宅小区（土地区划整理的实施主体是神户市）。

获奖作品以开创这一项目的大阪市立大学城市规划研究室为中心，制定了新开发用地在内的整体开发总体规划。

■ 1 地区开发规划的重点与时代背景

1.1 与现有街区一体化改造的建议

在规划地区已经形成了以神户电力铁道铃兰台站为中心的既存街区，因此并不是单纯的全新开发，而是面临如何使现有市区与都市规划道路一体化的课题。另外，站前广场和道路的改造并不充分。随着开发的进行也对未来的课题进行了设想。

于是在开发规划中，不仅仅包含地区内的道路规划，还提出了形成包含现有街道在内的铃兰台地区的道路网方案。具体来说，是把地区内的干线道路连接到铃兰台站前，作为地域环形道路（被称为集成性道路）发挥作用。

另外，通过地区内新车站（西铃兰台站）的设置，可以缓和铃兰台车站的人流过度集中。

1.2 区划整理的手法促生了街区的形成

为了确保用地，也为了让居民容易接受，并没有对土地进行全面收购，而是进行了土地的区划整理。此外，将进行飞换地①的土地集中起来，进行换地。这样一来，能够迅速且有计划性地在公共用地上进行公团的住宅建设。另一方面，其他的换地地区，尽管费了不少时间但是推进了设施与住宅的建设，从而形成适度开发的市区，形成了与短期建设项目（民间开发和新住宅开发等）相异的城市形态，避免了土地使用

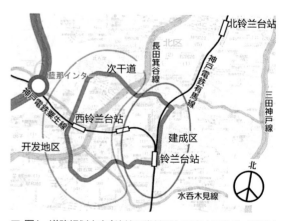

■ **图1 道路规划方案**（连接开发地区与现有市区的集成道路）

① 飞换地是指无法在原有土地的位置上或者接近的位置上，而必须在离原位置很远的地方换地，日本土地调整规划工程专业用语——译者注。

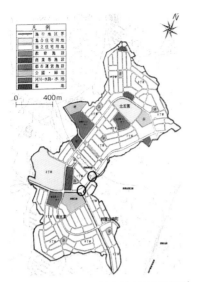

■ 图2 新开发地区的土地利用规划图[2]

○部分是T字路口，再者，在开发基本规划的阶段，这个规划还未确定下来

功能单一，从人口构造上也预期会实现人口的增加。

1.3 城市规划道路的T形交叉

地区内南北方向的城市规划道路长田箕谷线与横贯东西的城市规划道路水吞木见线相交，其交叉形式参考国外案例设计为T字形。进行综合分析和判断土地利用规划及地形情况得出的研究结果认为，这种方式可以减少交通事故的发生。

1.4 土地复垦不改变分水岭

因开发引起市内街区屡次受到河水泛滥影响，因此本次开发将不变更分水岭作为地区开发的条件之一。

■ 2 城市形态形成的现状和期望

2.1 次干路（地区环状路）的作用

按照规划，在铃兰台车站前建设城市道路铃兰台干线，但改造工作进展迟缓。站北到站南的周边地尽管建设了次干路，但与车站前无法有效衔接，因此改造工作非常紧迫。

这条次干路连接着新站（西铃兰台站）与铃兰台车站，可以缓和铃兰台车站的人流，对地区起到重要作用。

2.2 根据区划整理手法形成街区

按照规划兴建公团的住宅区，能够将人口聚集起来，因此在新车站周围建设了生活基本设施。长田箕谷线沿线现在也因为大型店铺等生活设施的集聚而变得活跃起来，持续发挥其地域中心的作用。

2.3 对T形交叉规划道路的评价

据兵库县神户北派出所交通事故的相关统计，虽然无法与十字路口发生的交通事故相比较，但是T形交叉口因交通流相对单一有可能会导致事故减少。此外，由于这种设计的视野良好，所以有人认为它与防止事故的条件密切相关。

当时虽没有规划高速公路，但却改造了从中国道[①]的西宫到阪神高速7号的北神户线。地区的西部设置了高速道路的出入口，与水吞木见线连接。它能够与长田箕谷线在T形交叉处连接。规划在这一点上也获得了好评。

■ 3 项目后续

从上文可以看出，此开发规划实施了与土地全面收购型的新城完全不同的区划整理手法，由于高度重视与建成区相邻关系，能够在更广泛的空间范围内进行应对，这是铃兰台地区综合规划的特征。这样一种方式在当时也在某种程度上获得了成功。

然而，回顾当时，在自然环境与社会环境的构造变化的对应上还不够充分，作为这个规划工程的合作者之一，笔者也作出了反省。

当再次步行在铃兰台地区，比较当时的想法和现在的想法，会发现有很多不一致的地方。当时被认为是最好的建议却带来了新的课题。现在和年轻的朋友一起走在铃兰台，他们的第一感觉往往是"环境被破坏了"，似乎也的确如此。

本规划未能充分运用新城市规划法（1968年）提出的划分街区化地区和街区化调整地区这一制度。当时吸引工厂注资，推进住房建设等公共和私营部门的开发彼此竞争。并且，特定者的利益追求和当地居民开发热情成为计划被扭曲的主要原因。彼时，为了满足未来的发展需要应该制定总量规划，切实区分保护与开发的关系。

未来在应对自然环境和社会结构变化的同时，需要制定更为周密的规划和行政指导。

◆参考文献

1）住宅・都市整備公団関西支社（1985）：『まちづくり30年：近畿圏における都市開発事業』.

2）神戸市企画局調査部（1968）：『神戸市の建設事業』.

① "中国道"是日本中国地区的高速公路"中国自动车道"的简称，始于大阪府吹田市，经兵库县、冈山县、广岛县、岛根县，终于山口县下关市——译者注。

7 坂出市利用人工土地方式进行再开发规划

为有效解决城市问题、地价高涨问题而探索的人工造地方式

■ 照片1　人工土地再开发西侧的商业街街道

■ 1　时代背景与项目的意义及评价要点

　　泡沫经济（1986~1991年）破裂后，地方城市的中心商业街都变得非常萧条，众多关闭的商店百叶窗和闲置的停车场让人不由得感觉寂寥。1955年（昭和30年）开始的日本高速发展期中充满活力的中心商业街已经成为过去，坂出市的中心商业街也不例外。然而，该地区位于商业街北端，靠近坂出车站，属于仍然拥有一定潜力的地区。即使现在临街面的一楼店铺也有部分没有关闭（图1）。

　　坂出市在1960年初迎来了工业城市的变革期，从二战前开始繁荣的盐田业已衰退。于是，产业引进和街区改造成为当务之急。该地区位于车站北面200 m处，当时坂出车站周边正处于城市化进程中，很多从事盐田业的工人们居住车站周边而形成"不良住宅区"。坂出市通过将这个居住地和沿着主要街道边的商业街连接，制定了以实现土地立体使用为目的的规划——"利用人工土地方式进行再开

■ 图1　对象地区的位置

发规划项目"（下称"坂出人工土地"）。"人工土地"的说法从20世纪70年代后半期转变为"人工地面"，后者逐渐成为主流。但是当时"人工土地"还是主流说法。坂出人工土地的正式名称叫作清滨、龟岛住宅地区改造项目。

　　坂出人工土地的规划和项目经过见表1。项目从

1963年开始，1971～1973年进行了屋顶权等所有权的较为艰难的调整过程。1975～1979年受石油危机冲击影响项目停滞。1980～1983年进行相关者的利益协调，收买和补偿等。经过上述长期化的过程，项目终于在1986年完成。

该再开发项目的意义借用当时市长之言，即"日本最早在人工地基上建设的居住区"。该项目可以说是用混凝土的人工地基建造实现了"立体利用土地，创造城市空间，并最大限度地有效利用这些空间"。

坂出市人工土地作为20世纪60年代由黑川纪章、大高正人等提倡的"新陈代谢"建筑理论的代表事例，在建筑史上得到了很高的评价。

此外，在1969年的城市再开发法制定之前，该规划已适用于非沿街住宅区的改造和主要道路两侧的防灾建筑街区建设，是全新的城市再开发的方法。可以说该项目是当前以城市再开发法为基准实施的城市再开发项目的先驱。

■ 2 项目特征和相关人员

2.1 项目特征

（1）**人工土地的构想背景** 城市现代化在机械化的进程中，地面道路逐渐被汽车占领。因此史密森夫妇提出了向空中建设无车辆安全生活空间的构

坂出市人工土地规划、项目经过　　　表1

年份	规划和项目工程	工期
1962	清滨龟岛地区居住区改造项目（单纯的贫民窟清理）通过审批	
1963	第1期收买用地开始	
1964	清滨龟岛地区居住区改造项目规划变更（人工土地提案），批准为防灾建筑街区建设项目街区	
1965	清滨龟岛地区居住区改造项目规划变更（市民大厅合并建设方案）	
1966	第1期工程：居住地的贫民窟清理，人工土地上部分住宅改造，地下部分停车场建设	1期
1967		
1968		
1971	第2期工程：人工土地上部分改良住宅的建设	2期
1972	第3期工程：市民大厅和地上部分的改良住宅的建设	3期
1974	坂出市市民大厅条例制定，开始使用	
1977	2期：店铺开始营业	
1984	第4期工程：地上部分的改良住宅的建设	4期
1985		
1986	坂出人工土地完成	

来源：文献[3]表1（笔者有修正）。

想，即黄金道路规划（1952年）。谢菲尔德大学扩建规划（1953年）即是上述构想的结果。约翰·弗里德曼也在1959年发表了"空中城市"理论。在"巴黎空中城市"（1959年）、"乔尼斯空中城市"（1960年）等规划中，不破坏地面上既存的广大城市，而提议在空中建设新的城市。

世界建筑界的年轻建筑师们讨论的空中城市设想，本规划的设计者大高正人充分意识到了这点，并在该项目中得以实现。

（2）**坂出市人工土地规划** 根据记载，项目实施前，该地区的建筑概况是：木造平房125栋，木造两层屋33栋，耐火构造屋1栋，总计159栋。其中不良住宅128栋，良好住宅27栋，非住宅4栋。

将这些全部清理后，用钢筋混凝土构筑人工土地。人工土地上面设有人行道、广场、儿童公园等集体住宅地（根据居住区改良法改良的住宅142户）。人工土地下设置了商业街、停车场、市民大厅（依据防灾建筑街区建设法）。市民大厅可以容纳800人，总面积2417 m²（照片2）。

人工土地总面积10111 m²。其中，改良住宅3015 m²，集会场所160 m²，儿童公园678 m²，住宅周边绿地1561 m²，广场人行道4697 m²。改良住宅的周边栽种植物，在人工土地下种植突出的树木，并且设计广场和公园，制定形成丰富的外部空间的建筑布局规划（照片3）。

人工土地的高度从最初规划的4 m提高到5.3 m和9 m。这是为当时在居住地经营商店的人们采取的改进措施：在人工地下建设市政府经营的改良店铺，1层的停车场将来需要的话可以改成2层利用，将商店建设成2层楼等等（图2、图3）。

（3）**道路和广场的规划** 将土地所有权人的土地汇集，进行道路红线的后退。南侧道路后退6 m，西侧道路后退3.5 m。东侧和北侧道路均拓宽成6 m的道路。将该项目按照普通道路进行建设，需花费1.5~2倍的项目费。临街面商业街的土地汇集使得在南侧拐弯处和北侧的市民大厅前建造广场变成了可能。

由此，在人行道上设置了水渠和林荫树、小型广场，创造出了丰富的步行空间（图4、照片4）。

2.2 相关人员体会

获奖者包括浅田孝（环境开发中心代表）、大高正人（大高正人建筑设计事务所所长）、北畠照躬（建设省住宅局）、番正辰雄（坂出市建设科长）、山本忠司（香川县建筑科长）（职务名称均为当时的职位）。

■ 照片2　从远处看人工土地上伫立的共同住宅

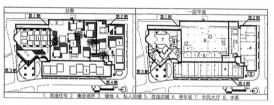

■ 图2　布局图、平面图[3]

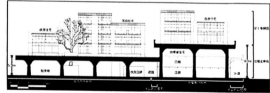

■ 图3　剖面图[3]

■ 照片3　人工土地上建设的共同住宅的胡同小巷，门口的盆栽等具有的生活感营造了低洼手工业地区的氛围

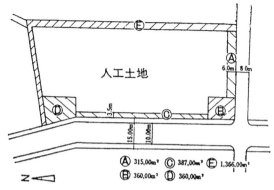

■ 图4　街道、广场的土地分类图

■ 照片4　市民大厅前的广场

浅田孝（1921～1990年），二战后作为当时活跃的丹下健三的得力助手，参与了众多的建筑设计。此外，还成立了"新陈代谢"设计团队。浅田作为专业的实际业务者，创立了环境开发中心，作为地域开发的专家从事了许多规划。特别是浅田出

生于香川县，亲自参与了大量的与四国关联的城市规划。因此，浅田也成了该规划的小组领导。川添登（1968年）评价浅田为"不建设的建筑师，不写书的评论家，不教书的大学教授"。

大高正人，在1960年召开的世界设计大会中，作为"新陈代谢小组"成员与槙文彦联名共同根据"人工土地"的想法，提出把"群体构造"（Group Form）作为理念进行立体再开发规划设想，可以说本项目使上述概念得以具体化。

北畠照躬，1962年在日本建筑学会组织成立人工土地部会，为将人工土地作为城市开发手段而实用化展开调查研究。

番正辰雄（1916～1989年），1948年进入坂出市政府。在该项目的制定和实施初期担当科长，1967年成为副市长，1973年成为市长。番正在给《城市计划——100号纪念特集》投稿论文《坂出市利用人工土地方式进行再开发规划》中，阐述了"对于从项目规划设想阶段就亲自参与的我来说，无

论如何对项目进行到此感到无比欣喜，同时感慨颇深"的心得。

该项目中建设的市民大厅前的广场上，矗立了番正辰雄的铜像，可见他对该项目的贡献（照片5）。

山本忠司，作为该项目中香川县的代表尽心尽力。一方面，在其为香川县建筑科长时期的1973年，"濑户内海历史民俗资料馆"获得了学会作品奖。1985年，山本忠司建筑事务所成立，除了濑户大桥纪念馆、小豆岛民俗资料馆等公共设施以外，还承担了许多的民间设施的设计。他还担任了日本建筑师协会的第一任四国支部长。

■3 项目后续

在人工土地上建设改良住宅（第1期，1966~1968年）至今已有约45年。当然，现在实施了设备和外墙等的修复。但每1户的住户规模，受当时的补助基准规定限制而非常小（2K——30 m²，3DK——42 m²）（备注：日语中用K、DK来表示房间的间数，K是厨房Kitchen的略写，DK是餐厅Dining Room和厨房Kitchen的略写），今后，进行住宅的修复时，需要采取把2户并1户的整改和进行适用于单身者住户等的改造。不过，阳台周围和玄关门口的自身改造等主要靠入住者自己处理，并且住户前的花木盆等，使人联想到低洼的手工业者居住区的胡同小巷情景而感到亲切。

从街道一眼望去，坂出人工土地上一层是商业设施，楼房的上一层是集体住宅。现在，随处可见重新开发的大楼。而坂出人工土地则和这些不同。

坂出人工土地，被认为是依靠含有技术性的架桥形式而设立的。在结构与设备上都是在土地上

■ 照片5　市民大厅前广场上的番正辰雄的铜像

的一种尝试。人工土地的结构上，独立建设上下建筑物，设置容许边界线，使得人工土地上的新建建筑、拆卸成为可能。另外，在设备方面，与相关的国营私营公司进行交涉，尽可能使人工土地与真实土地接近。此外，为了不限制人工土地地下的使用，避难层建在了人工土地以上。

然而，赋予人工土地第二土地的地位，必须有法律上的根据。由于没有法律专家等进行人工土地法律定位的探讨及项目长期化等原因，导致人工土地的法律依据缺失（备齐法律制度）。所以采用的是通常的所有权分类和立体换地的方法，而全新的再开发方法的理念和意义则模糊不清，这一点比较遗憾。

作为战后梦想出现的"新陈代谢"和"人工土地"的思想和方法，我们认为在当今这个时代非常值得再考虑、再评估。

该项目的人工土地和现在的周边街道毫无违和地融合，其景观价值、建筑价值也很高。从根本上来说，我们也需要果断采取措施，将其作为一个时代的纪念碑，作为"空间的履历"继承并努力。

衷心感谢野村瑠衣（高知工科大学2010年度毕业）对本文的帮助。

◆参考文献

1）川向正人：现代建筑ギャラリー．第43回坂出人工土地（http://www.noda.tus.ac.jp/masato/ca_g/index.htm）2010.05.08取得

2）番正辰雄（1978）：「坂出市における人工土地方式による再開発計画」，都市計画100号記念特集号，45-49．

3）近藤裕陽・木下　光（2008）：「坂出人工土地における開発手法に関する研究」，都市計画論文報告集，475-480．

4）川添　登（1968）：『建築家・人と作品（上）』．

8 久留米住宅区开发规划
最早的人行专用步道规划实践　　　　　1967

■ 照片1　与住宅区融为一体的人行专用步道空间

■1　时代背景与项目的意义及评价

久留米住宅区开发规划，是日本最早实现人行步道系统规划设计的项目。它凭借将人行道和机动车道分开设计的崭新道路建设理念，赢得了1967年日本都市计划学会颁发的石川奖（规划设计部门）。

1955～1965年，是日本经济高速发展和机动车大量普及的时期，城市结构因此发生了急剧的变化。面对日益增多的机动车，确保步行者安全成为了城市建设的一项重大课题。作为对策之一的人行步道系统的规划设计，对之后众多新城的区域空间规划产生了极大的影响。

■2　项目特征

日本最早的人行步道系统是在"久留米土地区划整理项目"中实现的，这个项目1966～1969年由日本住宅公团实施。项目所在地为东京都东久留米市滝山，面积156 hm²，计划开发6400户，由公共用地、基础设施用地和居住用地构成。以普通住宅区为规划目标建设的滝山居住区，是当时日本进行的郊区大规模住宅区规划开发项目之一。

该项目最主要的特点就是人行步道在规划区域内有5条线路，以公交道路为中心，从5个公交站开始，纵贯南北布设了5条人行步道。这些步道连接居

住地与公交站，同时也将商业设施、行政设施和学校连成空间网络。滝山居住区同时也规划与人行专用道路连接的住宅区内绿色通道，通过安全的步道构建了地区的空间结构。

人行专用道的路幅宽度为10 m，面对道路的门、栅栏和围墙均被设计成植被覆盖的墙体或具有一定通透性的绿篱，这作为一项特殊的建筑协定写入了住户签署的购地合同，以保证私家庭院的绿化和道路绿化形成一体化的绿色空间。

此项目规划设计的负责人今野博、吉田义明、村山吉男皆获得了石川奖。今野博提出了一系列关于人行步道的流线规划设计原则，如规划"人行步道应贯穿于整个集合住宅区"，"住宅区内要形成公共设施的网络"，"儿童公园与住宅区的植被和景观要进行整体设计以创造舒适的生活氛围"，"通过建筑协定使得设置篱笆墙、栅栏和植树具有义务性"，由此形成居住区的绿色轴线。"这些措施使得过境交通得以限制，降低了机动车的行驶速度。同时，比较封闭的集合住宅区与普通的住宅用地通过步道连成一体，有利于打造更加开放的地域社会。"自从久留米居住区建成以来，几乎所有的住宅区都开始采用上述人行步道规划的思想。

另外，这之后继续开发的新城，人行专用步道

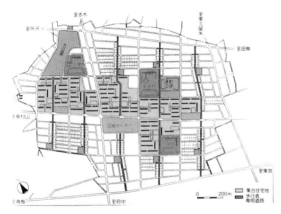

■ 图1　基本规划与人行空间构造（设定5条人行道路从公交站开始）[3]

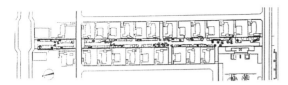

■ 图2　人行专用步道的构成（设计变化成植被带与通道部分，步行途上尝试形成愉悦景色）[3]

不仅作为安全流线，还作为塑造都市结构的基本生活轴，在多摩、筑波、港北等地区作为空间结构整体置入地区内，成为构成新城的要素。

■ 3　项目后续

（1）人行专用步道形成的街道景观　在人行专用步道沿路的土地上建设住宅，庭院和道路绿化的空间一体化逐渐成熟，并按照规划设想在室外形成了深邃的绿化轴线。人行专用步道作为连接公园和既存绿地的轴线，与人们的活动场地重叠，逐渐成为地区的环保长廊。而且，绿地成荫的居住空间对夏季的居住区纳凉去暑起到了宝贵的作用。

随着少子化、高龄化社会的到来，可以在步行圈内进行购物的必要性增强。人行步道系统具有保证老年人和儿童的空间活动及日常出行的安全性功能。作为安全的生活和活动空间网络，现在仍然在社区发挥着重要的作用。

不过，就景观层面而言，多数的住宅没有设置面向行人专用道路的出入口，因此人行步道空间显得比较封闭，景观较为单一。这可能是当初人行步道的想法刚刚提出，大部分居民对直接面向人行步道开门感到困惑的缘故。

■ 照片2　邻近中心与人行专用步道的连续

（2）1965~1974年的郊外开发区的居住情况　滝山居住区的入住初期，大量几乎同一年龄层、同一收入阶层的家庭一起入住，可以说是共同开始新的生活。这个时期新入住的居民很少有熟识当地情况的本地人，所以很多是通过孩子们之间的联系建立起邻里关系。

当地的生活服务设施基本上一应俱全，家庭主妇日常购物的空间活动半径基本上就通过人行道路绑定在居住区范围内。孩子们的空间活动，也多半就是在居住区周围的学校、周边小商店、公园之间。人们远一些的出行，则主要是去河边、神社、武藏野等地体会原始的自然风光，感受世界的新鲜广阔。人行专用步道极大地支撑着居住区内的居民的日常空间活动，同时又起到联系居住区域外界的重要作用。

（3）人行道开发建设的将来　每当想起日本未来即将迎来高龄少子社会以及环境友好型社会时，人行专用步道和绿地网络等不都成为了确保城市内居民生活舒适度、城市宜居性的重要基础吗？从这个角度来讲，久留米住宅区开发规划便成了在这一领域的先驱之举。

◆参考文献

1）今野　博（1980）：『まちづくりと歩行空間』，鹿島出版会.

2）公団まちづくり研究会（1992）：『まちをつくり　まちをはぐくむ』，鹿島出版会.

3）住宅・都市整備公団（1999）：『住都公団のまちづくり技術体系』.

4）原　武史（2007）：『滝山コミューン一九七四』，講談社.

9 新宿西口广场的规划
基于副中心规划的日本式站前城市设计的实践

■ 照片1　新宿西口站前地下广场[1]

■ 1 时代背景及项目的意义和评价

　　从高度经济增长时期1955年开始的10年间，东京人口实际增加300万人以上。为此，20世纪60年代针对快速城市化的发展相继进行了大规模的再开发项目，其中具有代表性的是新宿西口副中心的规划，作为其中的重要环节付诸实践的本案例获得了规划设计部门的石川奖。

　　新宿西口拥有超过33 hm^{2}的淀桥净水厂和工厂，本项目主要任务就成了转移工厂，将这块地作为市中心进行开发。1960年财团法人新宿副中心建设国营公司成立，制定了新宿西口副中心规划，与此同时，还计划国营铁路、小田急线、京王线、地铁等铁路今后的发展，都延伸到新宿西口，以便疏散集中的交通量。随着1966年对应的站前广场完工，为了高效利用有限的土地，提高交通处理功能，规划了地上地下两层的广场和地下停车场，诞生了当时世界上独一无二的立体站前广场。

　　项目获得好评的原因主要有三点。

　　第一，本项目是针对快速城市化，基于区域整体规划的副中心建设的典型案例，1958年为防止首都蔓延制定了首都圈修建规划，1963年在建设省组织的大城市再开发问题洽谈会上进行了中期报告，两者均强调打造多中心城市，将丸之内[①]附近过分集中的职能向新宿西口等地方分散。尤其鼓励应用应对过快增长的机动交通，普及城市高速公路和新容积率规定等新的城市规划技术。

　　第二，立体广场、地下和地上相连的双向旋转机动车道等设施可以被认为是当时城市设计的重大突破。纵观当时的城市设计，虽然建筑师和城市规划师提出了大量方案，但得以实现的很少，本案例是日本城市设计中少有的付诸实践的设计尝试，其中凝聚着参加规划的建筑师的心血。

　　第三，设立了名为新宿副中心建设国营公司的特殊法人，小田急公司得到特许参与施工的建设，这个方法在当时具有重大意义，前者负责副中心整体的基础设施建设、地上和地下的广场设计，后者负责广场周边商铺和地下二层的收费停车场的设计

---

① "丸之内"为东京有名的车站名称，位于皇居外苑与东京站之间——译者注。

以及整个项目的施工。当时东京都支付巨额的建设资金存在很大困难，国家也不可能直接承担这种城市再开发的费用，针对这个资金问题，东京都设立了有全额债务保证的特殊法人，引入民间资金的同时将施工的任务委托给社会声誉好的公司。在还未出现现在的"民间开发者"的当时，这个联合体承担着本项目的开发。

■2 项目特征

设计的特点首先是史无前例地解决了地下广场换气问题。理论上需要大楼一般巨大的换气塔，但是后来在中央设置了长轴60 m，最小直径50 m的开口部分，沿着它设计了两条螺旋形的机动车通道，这样车辆进出的同时，设在广场周边台阶上的吸气装置可以进行换气，使从开口处自然排气成为可能，并且产生了开放感，还减少了预算，达到了一石二鸟的效果。这样一来原有的站前广场成了三层，广场是地面层和地下一层，地下二层建成停车场，补充了不足的面积。从副中心地区开始连接广场的机动车道也设计成两层，大大增加了可以通过的车流量。

获奖者是山田正男和坂仓准三，这里可以通过他们解读本项目的特征。

继主张灾后复兴规划的石川荣耀之后，承担东京城市规划的山田正男在从业的15年间屡次担任首都改造局长和建设局长，有着"山田天皇"的外号。山田在包含本项目的新宿西口副中心规划中，有人这样评价他的作品"脱离了平面的规划，迈出空间

的、立体的城市规划的第一步"。二战后的东京在以区划整理项目为中心的战后复兴规划还未实现较好状态就进入高速经济成长，在重建遗迹的同时陆续开始尝试建设高层建筑，山田针对由于机动车增多而变得混乱的道路，推行以通过首都高速公路建

■ 照片2　竣工时的照片[6]

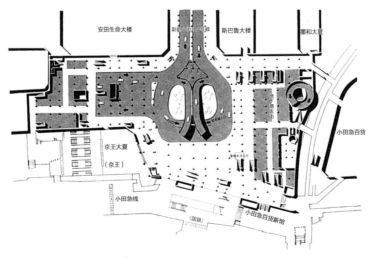

■ 图1　地下一层平面图[4]

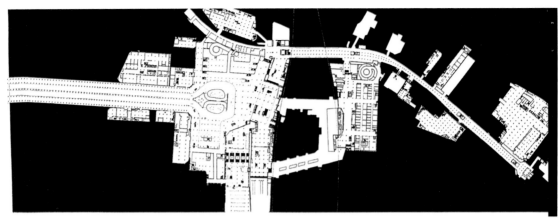

■ 图2　新宿站周边地下一层衔接平面图[6]

设，控制容积率试点，以地面建筑和道路建设为首的公共设施均等化等措施（作为副中心用地出售条件的建筑容积率，实际上是在当时还没有相应制度要求的情况下决定的，最后由于没有中标者，只能大幅降低这方面的要求）。

根据山田先生的意见，当时移走了淀桥净水厂后向东京市议会提交了在原先的用地上建立商业街的请求书。由于当时处于战后简易房的时代，并且有大量回国军人和家属，所以当时比起商业街更希望建设歌舞伎町那样的商业街。针对上述情况，山田认为土地区划整理会把原先的街区和用地细分，并产生大量狭小街区道路，从而最终决定了将副中心打造为大尺度商务街区的建设方针。

但是，当时的国家和地方团体都有公共项目必须由税金买单的观念，并认为200亿日元（当时）很难实现这一项目。针对这一情况，引入社会资金以快速企业化为目标，成立了新宿市中心建设国营公司。从某种意义上说，这是对国家城市政策缺失的一种应对，也可以算是对未制定城市再开发法的时代的一种示威。

山田先生将建筑和公共设施整合，意图使平面的规划成为立体的城市规划。

另一方面，坂仓准三师从于勒·柯布西耶，是实践现代建筑的建筑师，作为建筑师罕见地参与了涩谷和大阪·难波的重建规划的实践为人所熟知。据同事务所的东孝光等人陈述，针对错综复杂的新宿车站的行人活动线，在地下一层设置了国铁小田急、京王的检票口，连接现有地铁的中央广场，实现了从地上和地下一层车道安全分离的行人空间。如果看连接的平面图就可以发现一层和二层的东口

和西口之间被很多建筑分隔，对此在地下一层排除了汽车和铁道，作为步行者空间连接起来（图2）。针对东面的地下空间扩张过程，坂仓先生表明了自己的立场："在都市空间自行扩张的过程中，解决一个个复杂问题的同时，又与其他问题相联系，这才是推动集中城市空间发展的城市设计，这个实践方法就是我们设计师的课题。"以下是他总结的这个项目的关键词：

（1）**透明空间**　连接围合广场的周边空间，将其目标积极引入，将广场精神转变成空间形态。具体做法是重复使用同样的材料，提高广场的扩张感、连续感和一体感。例如使用体现微妙变化的渐变瓷砖，产生微妙的不同，同时也给人和谐的印象（照片3）。

（2）**作为地标的开口部分**　正因为说起地下空间就会联想起密闭空间且容易迷路，因此如何使步行者在其中辨别方位非常重要。这里通向地面的巨大开口部分能够给人以地下空间渗入地上空间的全新体验，作为地标成为给予人们丰富体验的空间。

（3）**混凝土化的地下空间**　由于设计了巨大的开口空间，人们虽然无法直接接触自然，但在有屋顶的半自然的混凝土环境中，获取太阳光和空气成为可能（开口部分周边天井的缝隙中可以吹出空调般的风，这种墙壁构造有效防止车道上排出的废气进入）（图3）。由于地下阳光的射入和喷水池的设计等，这个广场获得了"太阳和泉水广场"的称号。

■ 3　项目后续

1965年12月，建筑史学家伊藤郑二在新宿西口广场竣工前说过："相对于国铁、京王线、小田急

■ 照片3　贴有渐变瓷砖的空间

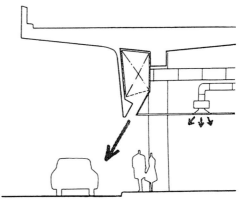

■ 图3　地下空间的空气流动

线、地铁线的驿站、民众站（笔者注：现在的新宿东口大厦）、京王公寓、小田急公寓，甚至目前正在施工的小田急地铁大厦，这个建筑复合体并没有多么杰出，但是它实现了原汁原味的日本式城市空间开发。""它们综合的功能是巨大的现代都市应有的特征，世界上未见到类似的例子。"见证了新宿车站新城市空间的诞生，确实在狭小的空间中被交通和空气环境处理问题所紧逼的本项目或许不能说有多么优秀，但是在即便是全世界也罕见的高度经济成长时代背景下，创造出大胆的造型，追求之前从未有过的大容量，从显著的社会基础的功能和建筑的复合型这卓越的一点看来，这是一个符合时代特征的项目。

此后，这个场所也一直作为公共空间的实践案例，1968年这里举行了吉他族的民俗集会，名字也从"新宿西口广场"改为"新宿西口通道"，集会成为了惯例。虽然20世纪90年代末占据地下通道的流浪汉成了主要矛盾，受到了来自各方的批评，但作为乘客数量最多的新宿站下的本项目，一直都是依赖大运量运输工业的日本城市的象征性空间（资料收集过程中，得到了石博督和（明治大学）的关照帮助）。

◆参考文献

1）坂倉準三建築研究所（1967）：「新宿西口広場・地下駐車場」，新建築42（3），157–164.

2）財団法人新宿副都心建設公社（1968）：『財団法人新宿副都心建設公社事業史』.

3）山田正男（1980）：「新宿副都心はこうしてできた」，『明日は今日より豊かか　都市よどこへ行く』，p.161–190，政策時法社.

4）山田正男（1973）：「新宿副都心の再開発計画」，『時の流れ都市の流れ』，p.365–371.

5）青井哲人（2009）：「難波・新宿・渋谷―戦後都市と坂倉準三のターミナルプロジェクト群」，『建築家坂倉準三　モダニズムを生きる　人間，都市，空間』，p.171–178，アーキメディア.

6）東孝光・田中一昭（1967）：「地下空間の発見」，建築79，62–67.

7）東孝光（1967）：「新宿西口広場造成にあたって」，商店建築12（3），101–103.

8）伊藤ていじ（1965）：「新しい伝統はこうして形成される―日本の建築複合体―」，国際建築32（12），19–44.

10 高藏寺新城规划

日本新城规划的先驱，提出未来城市意向的划时代城市形态   *1968*

■ 照片1　高藏寺新城鸟瞰图（2008年）

右下角的绿地是未竣工的第三工区（自卫队用地），干线道路基本是按照规划建成，而集体住宅大部分为公团式并行配置

■ 1　本规划的意义和时代背景

1.1　高藏寺新城规划的意义（城市真的能依照规划建造出来吗？）

"城市"能依照"新城规划"建造出来吗？《高藏寺新城规划》作为日本二战后的城市规划，正视这一问题，组建了以高山英华、津端修一为核心，由各领域众多人士参与，总结提出了面向未来的城市形态。

尽管在1968年荣获石川奖的时候，高藏寺新城的相关建设才刚起步，获奖的理由也不甚明了。但这些均被纳入考量：①提出的总体规划（城市形态）是划时代的；②制定过程兼具包容性与独特性，作为之后大规模新城开发的先例，其制定程序和技术方法也值得借鉴。

从1968年高藏寺新城入住开始，看到新城建设

开始按照总体规划扎实进行，憧憬着新城的未来，作为领衔该规划的津端先生后来回忆说："有一种'乘风破浪'的感觉。"[2]

1.2　时代背景（规划制定的过程1）

经济快速增长，并伴随大量人口涌入城市，为了接纳这些急剧增加的人口就需要建设新城，这是一般所说日本新城开发的背景。除此之外，日本新城建设最初的发展也与住宅公团制度的成立存在关联。

二战后的10年间，普遍认为日本的经济是靠重点生产实现了令人惊异的复兴，但实际上也有住宅市场对其的拉动效应。1955年，鸠山内阁提出的"住宅建设十年规划"中承诺的42万个住宅建设计划获批。为了完成这一指标，同年设立了住宅公团。由此各地相继建造"住宅区"，在像"2DK"、"团地族"这样的新词出现的同时，也形成了新的生活方式。

■ 图1 总体规划（空间构成）[1)]
使干线道路沿低谷线走行，山脊线上放置高层住宅，从中心向外延伸的城市空间，高楼下则是步行者的散步道

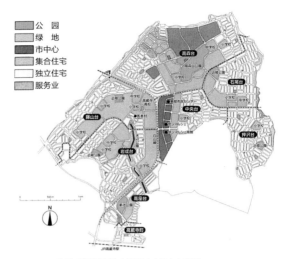

公 园
绿 地
市中心
集合住宅
独立住宅
服务业

■ 图2 土地利用规划（根据文献3）加工）
大致沿用当初的规划（总体规划），但城市规划的土地用途规划中有部分变更，空白部分是未完工区

另一方面，人口持续不断地向城市集聚，特别是向三大都市圈的人口聚集十分显著。作为日本最大的都市圈，首都圈首先以大伦敦规划为范本制定了首都圈建设规划（1958年），接着也筹划制定了近畿圈建设规划（1963年）和中部圈建设规划（1966年）。这些规划着眼于广域都市圈，将不同区域区分为"城市建成区"、"城市区域建成区"、"城市开发区域"等，再按不同区域分别制定开发建设（或是限制开发建设）的规划，来引导都市圈合理发展，控制都市圈无序膨胀，促进区域的协调发展。

在这一系列的动态下，1960年住宅公团的理事会中建设"高藏寺新城"的呼声越来越高。但为何选了名古屋（都市圈）呢？一方面名古屋圈20世纪50～60年代人口剧增了54%，作为项目推进的前提所提出的土地区划调整项目已经施行，战争灾害复兴项目也取得了实质成效；另一方面，也是对将"住宅建设"奉为使命而建立的住宅公团"城市规划"的挑战。为了达成目标，公团开创先河地成立了"特别项目组"，并特别选定了曾在阿佐佐谷住宅区与赤羽住宅区、高根台住宅区等规划中受到高度好评的津端修一作为领军成员。

■ 2 项目的特征
2.1 高藏寺新城规划的特征1
（规划制定的过程2）

如前文所说，高藏寺新城规划的意义除了其规划自身，还包括它的制定程序。也就是说，在制定过程中出现的各种问题以及它们的解决方法为之后类似建设规划积累了丰富的经验，而且参与到规划中的相关人士也得到了相当的锻炼。

住宅公团虽然有住宅或住宅地规划这样的大规模居住区规划经验，但从未进行过"城市"这一尺度的规划。当初，日本新城规划的范本是英国的新城，如千里新城就学习借鉴了20世纪40～50年代的哈罗（Harlow）等英国第一批新城的经验，多处采用了邻里规划理论等规划技术。

高藏寺新城总结了才刚发表不久的战后英国新城建设的经验。在"新城规划"中所指的新城不等于是卫星城。英国将伦敦周边的城市作为母城进行扩张融合，提出建设面向未来的新一代新城——"胡克新城"。

总体规划最初委托给了当时的城市规划研究重镇——东京大学的高山研究室。住宅公团为了推进项目建设，成立了如前面所说的超越了公团框架、公团与大学一体化的独特项目小组——"特别项目组"。项目组在现场设置据点，以极大的热情投入到持续的研究工作中，总体规划的纲要终于面世了。但该规划在实施阶段却出现了问题（事实上一开始就存在着几个问题，这里先暂且认为是这个阶段。详细请参阅文献1)）。

这些问题包括：作为规划手法的土地区划调整的相关问题；作为规划实施者的住宅公团内部组织与相关"规划师"的立场矛盾；与持有相关公共公益设施，以国家为首的各部门，特别是与春日井市的关系等问题。

为了应对这些与之纠缠不清的难题，项目组（规划组）不屈不挠地反复仔细修正，并且也增加参与项目的大学研究室，像东京大学吉武研究室参加了学校及医疗设施等住宅区公用设施领域的规划。城市管理方面，在东京工业大学石原舜介教授（当时）尽力协助下，春日井市进行了准确的财政预算，得到了以自治省（当时）为首的相关5省关联公共项目的预算支持，建立了5省协定等国家政策制定和合作机制，终于将规划推向到实施阶段。

2.2 高藏寺新城规划的特征2

高藏寺新城规划的特征用一句话概括，就是"单中心系统"，即集中于市中心的城市功能，即沿山谷延展的干线道路、在山脊预先规划的高层集合住宅以及立体人行道所表现出的明快的城市空间构造。

高藏寺新城的其他特征，可以通过与作为日本新城规划先例的"千里"、"高藏寺"、"多摩"等所谓三大新城的比较中看出。

"千里"是临近大阪世界博览会时的1960年开始建设，然后是"高藏寺"（1965年）和"多摩"（1966年）。相比临近世界博览会时突击建设的"千里"，"高藏寺"的建设则是循序渐进的，这是为了不使之前提到的春日井市财政负担过大。尽管这种"舒缓节奏"没得到试图尽快完成这一项目的公团内部的好评，但被认为对居民们有利。

无论规划人口还是规划面积，都是"多摩"（2984 hm²，30万人）最大，"千里"（1160 hm²，15万人）次之，"高藏寺"（702 hm²，8.1万人）由于第三工区中自卫队基地没有移出属于小型城市。

《高藏寺新城规划》的实施由住宅公团担当（这给项目结束后负责管理运营的春日井市留下了问题）。"千里"则是大阪府单独实施，"多摩"则是由东京都从行政角度参与到项目中。

作为开发手段，"千里"、"多摩"采用"新住宅街区开发项目"，土地收购相对容易，"高藏寺"则初次采用了土地区划整理方式，因此需要面对由此产生的问题（详情请参阅文献1）。

"高藏寺"与另外两个新城间最大的差异是前面所述"单中心"（规划了类似居住区服务中心这样的地区，但没有地区中心），而且铁道虽然与区域有些许相接，但市中心却没有铁路站点。

总体规划以汽车社会为预想，规划了六车道的主干道，最早规划还考虑了建设3个立体交叉口。停

车场不足的问题也被指出，规划团队预测1980年的汽车保有量达到2户1台，但住宅公团总部的审查却改成10户1台，并且由于住宅建设是单独预算，在停车场的预留地中也建设了住宅，使得停车空间短缺。事实上，谁都没有预料到汽车保有率会达到1户2台，甚至还有1人1台的情况。

没有大学恐怕也算是"高藏寺"的一个特征（附近还是有中部大学为主的几所大学）。当初的规划设置了推荐设施的区域，虽然有吸引大学、研究所、博物馆等文化设施的构想，但最终没能实现。之后这些区域的用途变更成为问题，现在用作物流仓库等。

"高藏寺"虽然以吸引能创造就业机会的设施，同时市中心具有高度复合城市功能的"新城"为建设目标，结果还是仅以环境良好的高级"卧城"终结。

■ 3 项目后续

3.1 高藏寺新城规划之后－1

高藏寺新城规划之后，日本经济继续增长，国家虽然倡导通过政策解决地区过疏过密问题，但向大城市（特别是首都圈）的人口集聚依旧没有衰减，在全国各地大城市中住宅开发持续盛行。虽然不能说它们直接受到了"高藏寺"等3大先行新城建设的影响，但不乏参照它们建设的经验、手法与人才培养，或者依照其制度与组织程序，新城开发从首都圈开始蔓延到全国各地。

即便是名古屋圈，也开发了例如"桃花台"和"菱野"等新城与大规模住宅区，进而越过县境波及多治见市与可儿市。同时，利用逐渐成熟的土地区划调整政策，无论名古屋市还是周边市町，都征占农地，开拓山林，建造宅基地，本该形成独立的高藏寺新城的，但这些郊外住宅地慢慢成片松散地连接在一起。

3.2 "规划"之后－2（高藏寺新城的建设与变迁）

第1期（1968～1978年）：初创期

随着5省协定等国家政策体制整合完毕，项目冻结得以解除，1967年开始住宅建设，次年开始入住，5月时最早的小学也开课了。此时新市民共同参与的"城市建设"开始了。以津端为首的项目组几个人仍留在名古屋分局，直接或间接地支持街区建设，意向转手于市民，但实质上还是跟进着"规划"。像著名的由小学生、PTA（Parent-Teacher Association，即家庭教师协会）、居民等以"市民参与"名义进行的高森山绿化运动"橡子作战"就

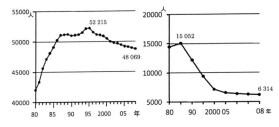

■ 图3 人口与14岁以下的儿童数量变化

人口总数在1995年达到顶峰52215人后逐渐减少，儿童数在1985年达到15052人顶峰后锐减，学校的整合也是如此

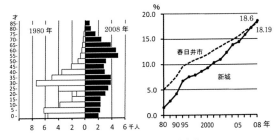

■ 图4 人口按年龄分布与高龄化率的变化

由于入住时期与"团块一代"来住时期重合，人口构成的部分集中显著，因此老龄化速度也很快

是这一时期的产物。以团块一代[①]为主的年轻居民，以世外桃源为目标积极地参与到活动中。这可以说是充满活力的初创期。

第2期（1978～1988年）：成长期

备受期待的城市中心开业了（1981年）。在建设推进的过程中，人口也逐渐增加，终于变得像城市了。1983年，文化设施东部市民中心完工，文化活动及其他市民活动变得频繁活跃。1985年，儿童数量达到顶峰（15502人），之后便急剧减少。

第3期（1988～1998年）：成熟期

人口增加，各项设施逐渐完备，绿化完善，城市乍看是顺利地向着成熟期发展，阴影却在暗中接近。

1995年（52225人）新城人口达到顶峰，但未能达到规划人口规模就转变为人口减少，特别是儿童数量锐减。"亡羊补牢，犹未为晚"。至少在这个时期，从城市管理的角度来看，也是必须出台些政策的。然而此时，公团已经结束其使命，而行政方却还在袖手旁观。

第4期（1998年～）：衰退期

进入21世纪，新城建立也过了40年，人口持续减少，2008年只剩48000人。"团块一代"也进入退休期，老龄化率超越了春日井市平均水平，达到18.6%（部分区域3人中就有1人是老年人）。福利服务方面的需求与日俱增，除了继承"橡子作战"的"新城绿色培育会"以外，其他市民活动也由于老龄

化陆续谢幕。"新城"转变成为了"老城"。对于设施高度完备且维持管理着的城市资产，居民们不忍这样抛弃闲置，开始纷纷呼吁新城"再生"。

3.3 新城的今后展望（"规划"之后－3）

泡沫经济破裂后，日本经济受到全球化的多重影响，丧失了曾经的优势。除了首都圈，流向城市的人口压力逐渐变小，预计2005年日本全国人口开始减少，少子老龄化逐年推进，目前已然临近超高龄社会。和初期其他新城一样，以面向未来的城市为目标的高藏寺新城也如此静静地衰退。高藏寺新城规划作为"规划"本身确实展示出了有魅力的未来城市形象。然而现实情况急速变化，新城缺失了使"规划"与时俱进、因时势而变的架构，不能不说是一个遗憾。

近代的城市规划，最初开始于应对被工业革命搅乱的英国城市。"城市规划能否使城市再生"，人们不禁提出了这个新的疑问。

◆参考文献

1）高山英华（1970）：『高蔵寺ニュータウン計画』，鹿岛出版会.

2）津端修一・津端英子（1997）：『高蔵寺ニュータウン夫婦物語』，ミネルヴァ书房.

3）住都公団中部支社（1998）：『topika winter 1998』.

4）中日新闻社（2009）：『40年目の再出発—高蔵寺ニュータウン』，中日新闻春日井支局.

---

① "团块一代"，一般是指二战后1947～1949年3年间出生的一代，每年出生人数超过250万，这3年也称第一次生育高峰期——译者注。

对经济高速增长期的反思和城市建设

伴随着1973年的石油危机，（日本）经济高速增长期结束，这也对都市计划学会奖的获奖作品产生了很大影响。20世纪70年代前半段的获奖作品延续了60年代以住宅供给为中心的大规模项目的特点，而之后的项目主要着眼于已有城区的改造。这是由于之前一直推行的城区高容积率、高密度建设，造成了一系列空间问题，对此伴随着居民运动的高涨和改革自治体的出现，量的问题开始向质的问题转变。

基町—长寿园住宅区规划【参见案例11】，防灾据点等防灾都市建设相关的一系列规划【参见案例12】都是大规模的公共高层住宅，前者根本性地改变了破旧违建住宅地区的土地利用，致力于住户、住栋、开敞空间等方面的改善，得到了很好的评价。后者不仅利用工业遗址提供住宅用地，还以建设成为周边大面积的木造建筑密集街区的防灾据点为目标。但是，从现在来看由于其过大的规模，如何维持和有效使用其超尺度的空间仍然是需要面对的难题。

针对以上情况，可以称之为现代城市营造活动的初期作品有：丰中市庄内地区居住环境改造规划【参见案例13】和冲绳北部城市、村落的再规划【参见案例14】。前者被誉为通过居民参加协议会的方式改善地区环境的典范，后者则通过对地区风土人情的细致调查，站在原居民的立场制定规划方案，得到了良好的评价。

筑波研究学园城市【参见案例15】和酒田市大火复兴规划【参见案例16】是应人口向首都圈集聚以及木结构城市频发火灾的时代需求。但是，前者一方面是基于首都都市圈建设规划的据点开发项目，另一方面也是勘查了地方情况后着手地方分权的尝试。后者不仅致力于建筑的耐火化建设，还以地区商业的再生和良好环境的营造为目标，因此与之前类似项目相比具有更加深刻的意义。同时北港新城浅溪公园作为首都圈大规模的开发项目，以最大程度保留了原始的绿色环境而得到好评。

20世纪70年代的既有街区改造建设也有现代城市建设活动的影子，即便是大规模建设项目也从侧面反映出这个特征。

基町—长寿园住宅区规划

从城郭地到公园指定用地再到都心型高层住宅区——土地利用急变过程

1970

11

■ **照片1**[1)]　城市中心附近的高层住宅和中央公园，进行了各种各样的创新性尝试

摄于1978年，长寿园地区位于照片上此处的北侧

■ 1　时代背景与项目的成立过程及意义

　　广岛城及其城下町形成后，在基町地区产生了压倒性的存在感。该地区于二战时被毁，经过了一段混乱期，最终得以再开发，以高层住宅街的姿态展现在世人面前（照片1）。虽说失去了往昔的辉煌，但是由于该项目的开发，现在基町地区及相邻的长寿园地区，仍旧凭借其屹立在广岛市中心四周的屏风状高层公寓，保持着引人注目的存在感。该地区的"广岛市基町—长寿园街区规划"曾获1970年度学会奖石川奖（规划设计部门），获奖者为原广岛市副市长长松太郎、原广岛县土木建筑部副部长广井正治。

　　在藩镇时代，基町以"广岛奠基之地"、"始源之地"的名义统治着整个广岛城。在这片城郭地之上，明治维新以后建造了广岛镇台、西练兵场等军事设施。1886年广岛镇台改名为第5师团，并经历了中日甲午战争、日俄战争，之后进入了太平洋战争时期。由此种种，使该地区蒙上了浓重的军事色彩，逐渐成为了战争中心，给市民生活造成了极大影响。

　　1945年8月，广岛遭受原子弹轰炸，战争结束。

　　项目地区距离当年的爆炸中心仅约1 km，所以毁坏程度严重，生灵涂炭，满目疮痍。战后由于日本军被解散，该地区瞬间变成了空白地带，开始了一段新的战后历史。原来的西练兵场等军事用地转变成了住宅用地，以应对被轰炸后战争难民以及从海外归国和退伍士兵剧增而导致的住宅不足。总之，该地区被确定为建造应急住宅供给场所的绝佳之地。1946年6月，作为应急住宅政策，首先在广岛市建设了480户应急住宅。10栋狭长形房屋大杂院被称为越冬住宅，虽然是用圆木打桩作为基础梁，薄草屋顶，没有顶棚的简陋住宅，但当时的居民却争相入住。政府又于1946年度提供了占地7坪被称为"套房"的267户预制装配式住宅。战争时期被委以重任的住宅营团在此期间又重新发挥起了作用。在那之后基町地区继续推进住宅建设，使其成为了一处重要的住宅区，给被轰炸后的城市带来了新的气息（图1）。

基町地区在战后复兴计划中被定为公园适宜用地，但1946年11月的城市规划决定划出70.48 hm²土地来建造中央公园这样的大公园。这样基町地区一方面继续进行着大规模的住宅建设，另一方面又划为城市规划中的公园用地，在后续的一系列再开发中，有必要对土地利用性质进行大调整。另外，从与公共住宅群西侧相邻的太田川的相生桥一直到三筱桥，延绵约1.5 km，在这个地带自1947年开始建起了很多没经规划的民间住宅，还有从其他地区搬

来的住户继续在周边建设，终于在1960年前后达到了900户，在被称作"相生街区"的同时，有时也称之为"原子弹爆炸贫民窟"，但这里是违法占据。这些地方由于频发火灾而成了问题严重的地带，同时公营住宅也显著老化（照片2～照片4）。

1965年前后，作为战后复兴工程而实施的土地区划整理项目即将结束，基町地区把如何合理规划作为最大的议题提出。对那些密度高，老朽化严重，卫生环境差等问题严重的住宅群如何处理呢？像这样的再开发成为战后复兴工程最后阶段的重大问题。

在此期间，作为基町地区重大的转换点，就是变更了中央公园预建场地，于1956年12月指定了"整体住区经营"地区。由此规划面积缩小为42.32 hm²。1956年度，公营住宅的改建工程开始着手进行；到1968年度，完成了市营630户，县营300户的中层住宅。虽然"整体住区开发"被广泛认可，但是在公园预建场地上仍旧有很多老朽住宅与违建住宅。也就是说，即使以中层住宅建设来推进公营住宅改建计划，也无法完全收容该地区的原有居民。于是，关于如何规划更高层更高密度的公寓住宅就变得尤为必要。

另外，虽说要对基町地区进行再开发，但在这之前还存在一些难题：如果强拆河岸等地的违章建筑，赶走他们，原住户最后还会搬回基町，如果把他们赶到其他地方，就必须要有一定的救济补偿，这一系列问题招来了各方激烈的争论，如何操作成了大问题。最终结果是，不局限于公营住宅建设的政策框架，而是运用"住宅地区改良法"进行项目建设。1968年5月县、市级政府成立了基町地区再开发促进协议会并立刻开始活动；为了促进协议，同时委托了大高正人建筑设计事务所进行基町地区总体规划以及后续的长寿园地区总体规划。基町地区总体规划较快完成于1968年5月，而长寿园总

市营住宅

住宅营团住宅　　（套宅）

〃　　　　　（竹板住宅）

〃　　　　　（其他住宅）

县营住宅

公园

新生学园

广岛城

和光园母子寮

本川

城前住宅

大手前住宅

男子单身公寓

女子单身公寓

儿童图书馆

儿童文化馆

0　　　100
m

■ 图1[3)]　基町地区建设的住宅分区图（1949年）

■ 照片2[3)]　战后不久建设的密集老朽化的市营木造住宅

■ 照片3[3)]　太田川堤塘用地违法建设的住宅街与"相生街区"

■ 照片4[3)]　堤塘周围的住宅屡屡遭受火灾

体规划则于1969年3月完成。如此一来，"基町改良地区指定"这样的划时代工程项目宣告成立。与基町—长寿园地区联动的项目计划，是如何把位于河漫滩的住宅迁移出去。这件事，不仅仅是市一级的基町地区，更上升到了县级事务，与长寿园地区的再开发项目一起，作为县级关联项目进行了立项。

■ 2 项目特征与评价

根据大高事务所的总体规划，为了确保日照、通风、私密性等要素要求，高层住宅朝南北向延伸，呈"く"字形平面布置，楼与楼之间存在一定间距，采用围合型布局，并使用人车分离的道路系统，配备了人工走廊、店铺、小学等一体化的设施（照片5）。另外，大部分住宅楼的一层做了架空层，形成对外开放的空间。住宅楼与楼之间用屋顶花园相联系，构成了独特的空间（照片6、照片7）。大高正人在基町项目上结合了由勒·柯布西耶所提倡的建筑底层架空和屋顶花园等近代建筑5项原则中的一些要素，以及在坂出市通过人工土地上的公营住宅地设计而实践的"新陈代谢运动"理论。由于建筑的使用形式会不断变化，对于长久不变的构造结构和可能进行替换更改的户型平面等进行了区别处理。

其他的特征还有，采用大架构方式的钢筋纯拉面构造，在平面构成上用9.9 m×9.9 m的正方形构成一个2层单元，每个单元分为2户，每户各1层。从8层一直到20层都是使用这种做法（长寿园是13层到15层），自南北延展开来。户型分为以下几种：走道层户型（A型）以及上楼梯后入户的上层户型（B型）。这两种户型形成了错层结构（图2）。基町地区相向布置的住宅楼中间设有商业街，而长寿园地区由于是东西向略显狭长的基地条件，基地旁有一条河相邻，沿河大约呈平行状态布置着住宅楼，从屋顶花园能够一直观赏河景。虽然基地情况与基町地区不同，但是依然延续了基本的设计方法。设计

负责人藤本昌也称，丹下健三在和平纪念公园设计中引入了和平纪念博物馆—慰灵碑（广岛和平城市纪念碑）—原子弹爆炸圆顶屋这条城市轴线。本次基町地区的设计延续了这条轴线，并融入了规划方案，让住宅楼布置刻意避开这条轴线，使之从楼间穿过。就这样，基町—长寿园高层住宅无论从规划层面上还是立体层面上，都使广岛城市中心具有明显的空间特征。

总结广岛战后复兴工程：基町地区于1968年度开始改建公营住宅，随后改良住宅，包含了建设一般的公营住宅，一直进展到1978年度；长寿园地区则是从1969~1973年，由县政府出面投资修缮2栋住宅，将1栋公营住宅和山阳本线建设于基地北侧，并配置了与公团赁贷住宅和公社分配住宅形式不同的新型住宅楼。最后落成了总计4566户（公团公社除外）的住宅和商业街以及其他一些小区设施与便民设施。特别是基町地区仅有的7.551 hm²的地皮却

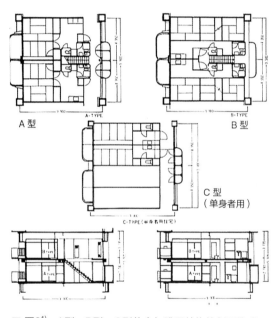

■ 图2¹⁾ A型、B型、C型住户与跳层结构的剖面构成

■ 照片5 从购物中心的屋顶仰视周围高层住宅群

■ 照片6 1层地面部分对外开放的架空层、过道与停车场

■ 照片7 屋顶花园连接不同楼层的住宅楼的屋顶

用来建造了小学、幼儿园等设施以及2964户住宅，形成了高密度的住宅地。

在1978年设立的基町地区再开发项目竣工纪念碑上，刻有如下字样："没有这个地区的重建，广岛的战后状态就永远无法结束。"这块碑铭记了为结束广岛的战后废墟状态而实施的再开发项目（照片8）。

像这样的再开发计划，就是将公园用地上的原有的住宅拆除，改回公园用地的土地利用转换工程。需要如此大规模的土地利用转换，与广岛受到的原子弹爆炸有很大的关系。如果当初没有在公园用地上建设应急住宅，大概就不会有之后的再开发计划。假如当时政府以违建为理由将堤坝水塘边的居民赶走的话，那广岛战后究竟会变成什么样子？原子弹受害人和贫民将何去何从？在远远眺望这个高层住宅街时，有必要带着这些问题思考。

■ 3 项目后续与评价

此项目获得日本都市计划学会奖时，尚在建设过程中，并于得奖之后不久竣工，至今依然发生着改变。由于靠近城市中心，所以需要建设很多公共设施。在这样的开发环境条件下，由于从改良住宅到公营住宅，住宅形式发生了转变，居民层次也随之改变。由于新居民阶层发展壮大，就如社会的缩影一般产生了大量的问题。正因如此，住宅管理不得不承担重大的责任。基町在原则上使用走廊来联系两侧的电梯井，使一定数量的住户在竖向集中起来。这种状态被称作核心。根据核心方式所构建的社区，日渐展现出了社区内各种各样的实际问题，例如在电梯与走廊的维护及管理等方面。商住非一体的独立店铺又回到了与再开发之前一样的状态，经营条件变得十分严酷；商业街的萧条状态也成为了必须解决的问题（照片9）；儿童减少，小学并校问题也日显突出。

架空层空间在一定程度上迫于无奈逐渐变成了停车场。这种现状使得"这个空间到底是否需要维持原来的功能"这样的疑问大量涌现。屋顶花园从1996年开始不对居住者以外的人开放。要实现规划师的初衷，也许只能等待社会的成熟。

最大的变化，要数正在进行的把原本比较统一的住宅改建为几种不同类型的工作了。广岛市将住户面积改善作为基町再改造项目的一环，从2005年开始着手进行将2户户型的整合为1户3DK，2DK的户型保持不变，3户3K的整合为2户3DK，2户1K的整合为1户2LDK。广岛县从1979年开始的住户改善计划，即把走廊层的单人用2户整合为1户的工程也正在进行。当初的计划有预先的标准设计规模，如果那个规模固定不变，之后就会产生问题。由于居民的不同阶层对住宅规模和类型的需求不同，怎样更好地构建居民的迁居体系，更好更长时间地利用基町—长寿园高层住宅区，这些是当下我们必须思考的问题。这个要比讨论当初规划和项目的缺点来得更为重要。

◆参考文献

1）基町地区再开発促進協議会編（1979）：『基町地区再開発事業記念』，広島県・広島市.

2）広島市公文書館編集（1989）：『図説広島市史』，広島市.

3）広島都市生活研究会編（1985）：『広島被爆40年史都市の復興』，広島市.

4）石丸紀興他（1983）：「基町相生通りの出現と消滅」，「基町高層住宅における空間と文化」，広島市編『広島新史都市文化編』，広島市.

5）千葉桂司・矢野正和・岩田悦次（1973）：「不法占拠」，都市住宅1973年6月号.

6）広島市・大高事務所（1973）：「高層団地」，都市住宅1973年7月号.

■ 照片8 基町地区再开发项目完成纪念碑与上面的碑文

■ 照片9 购物中心门可罗雀

12 关于防灾据点等防灾都市建设的系列规划

基于工科方法的规划理论：防灾都市规划的体系化及其实现

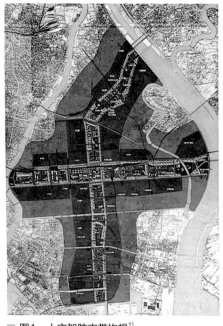

■ 图1 十字架防灾带构想[1]

■ 图2 白须东防灾住宅区（提供：东京都，1995年摄影）

■ 1 时代背景及防灾项目的意义与评价

战后复兴使日本进入了一个高速的经济成长期，并在1964年东京奥林匹克运动会开幕的时候迎来了顶峰。在此期间，城市急速地过密化发展，多种都市问题凸显，"都市防灾问题"就是其中之一。

由于城市的发展使得这一时期不能驾驭的自然灾害风险不断堆积，与现在的问题紧密相连的木造建筑密集的街区，大部分都是在这个时代形成的。

1964年6月发生了新潟地震，以同年7月发表的河角广氏的"关东南部地震69年周期说"为契机，东京的防灾问题受到了社会的高度关注。加之1967年7月公布的东京都受灾假想，描绘了由于地震火灾江东地区的摧毁化状态，都市防灾问题自此被当作社会课题来认识。

在这个过程中，防灾都市建设被视为后奥运时代都市营造主题，以江东再开发构想为首的一系列规划事业得到了推进。

这一系列规划的意义有以下4点：

第一，硬件方面确保地震火灾的避难场所，软件方面构筑避难系统规划理论等现代都市防灾规划理论体系。第二，通过以实验解读灾害现象的工科

和科学研究相结合，确立现代都市防灾研究的共同方法论。第三，以多种灾害为研究对象，如果考虑到当时有限的知识水平和计算机能力，可以称为是伟大的事业。针对大规模地震中的火灾对策是众所周知的，而此规划把地震可能导致的水灾也作为研究对象。江东地区由于地面沉降，存在海拔在0 m的地带。根据地震设想堤坝破损的情景，就需要对水灾带来的安全性问题进行考虑。第四，在过密化的趋势中，灵活应对开发压力，确保了开敞空间的实现。现在，防灾据点对于街区的市民来说是珍贵的开敞空间，提供了地域活动的据点空间。

■ 2 项目特征

防灾据点等一系列的规划理论，基于东京大学工学部都市工学科高山研究室[1]（高山英华教授）的十字架防灾带构想（1968年），在东京都的江东再开发基本构想（1969年）中得到实现。

当时，江东地区广阔的海拔为0 m的地区存在大范围的木造建筑密集的街区，这些地方暴露在地震火灾和地震水灾等大风险中。防灾据点是以在灾害中守护生命为目标来构想和建设的。为了防止因

地震火灾造成大量集中死亡，在地势较高的用地上建设了用来遮蔽地震火灾巨大火势的耐火建筑群，可供给数万人的避难空间。

这一构想中有六大防灾据点，其中白须东地区（白须东防灾住区）率先在1972年的城市规划中决定下来，并于1983年以后依次竣工。其他的防灾据点也适应时代地一边变更规划一边先后竣工。

■ 3 项目后续

白须东防灾住区竣工后经过20年，已经迎来了设备更新的时机。与规划编制的当时相比，腹地的木造密集街区的延烧危险性相对有所降低，考虑到难燃化推进的状况，即使发生地震火灾，演变成当时设想的那种巨大火灾的可能性也很小，因此当时的规划在现在稍稍显得有些小题大做了。加上近期的财政困难，设备更新的预算就冻结了，从某种意义上说，也可以理解为是历史使命的逐渐终结。

然而，2011年3月发生的东日本大地震，发生了远远超过想象的事态。重新审视大地震后的防灾规划，如何应对"预想之外"的状态成为了重大课题之一。作为都市内的防灾堡垒并能够确保空间安全的白须东住区建设思想，是今后应对"预想之外"事态的重要防灾思路，因此有必要加以重新审视。

防灾据点规划的其他方面在今天看来也具有先进性。例如，今后在受到气候变化影响时，很有可能会出现大规模洪灾，根据一系列规划已实施的防灾据点，为海拔为0 m的街区提供了在大规模水灾时防止淹没的宝贵的避难空间。现在针对多风险的防灾规划，一方面由于其较低的发生概率，另一方面由于对技术的迷信而造成对灾害的轻视或无视，这些都应作为这个时代应该考虑的一点特别记录下来。

最近的防灾都市建设中较为普遍的做法是，借口财政艰难而本末倒置，即忽视了硬件的改造而偏重软件的建设，而且这种现象不断普及。现在回顾

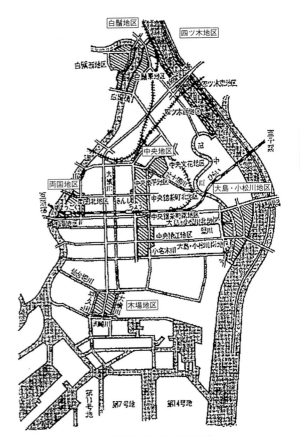

■ 图3 江东防灾据点构想（东京1969年）

那时的系列规划，也许能够敦促人们针对当前的防灾城市营造趋势作出新的考虑。

◆参考文献

1）東京大学工学部都市工学科高山研究室（1968）：『都市住宅』，pp.7-22，鹿島研究所出版会.

2）村上處直（1970）：日本建築学会大会学術講演梗概集計画系45，615-616.

3）村上處直（1970）：建築雑誌85（1028），669-673.

4）村上處直（1971）：建築雑誌86（1039），563-567.

13 丰中市庄内地区居住环境改造规划的制定

通过再开发协议会的方式推动居住环境的改造

1976

■ 照片1　召开居民恳谈会的情景（1986年1月）（丰中市《庄内再开发概略》）

■ 1　时代背景及项目的意义与评价

在战后的高速经济增长期（1955~1973年），由于人口从地方城市向大都市圈的集聚，造成了大都市圈内人们对出租房屋的大量需求。为适应这一需要，市场上出现了大量的木结构出租房屋。许多大城市周边的火车站步行圈内的农田和空地上，木结构的出租房屋如同蚊虫叮咬的痕迹一般，密密麻麻地蔓延开去。对入住其中的普通居民阶层来说，这些地区交通便利，租金低廉，生活成本不高。然而另一方面，这些地区的居住环境令人堪忧：住宅空间狭小，质量低劣；街道狭窄；公园绿地、道路等公共设施尚未配置，过度密集导致房屋通风和采光不足，地势偏低导致下雨天房屋有浸水危险等等。此外，建筑密度过高也加大了火灾隐患以及灾害避难和疏散（加上庄内地区职住混合的公害问题）难度。像这样的地区除关西圈外，以门真市北部地区、寝屋川市萱岛地区等最为典型。这些问题的产生，根本原因在于对急速增加的民间住宅开发缺乏建筑管理制度及城市规划方面的应对措施。

由于没有针对此类问题的相关立法，大阪府丰中市便独立组建了相应的地方组织。其中，1972年由府、市相关人员和学者组成"庄内地区再开发基本规划制定委员会"以及由地区各界代表组成的"庄内地区改造居民恳谈会"并制定了庄内地区425.5 hm²（图1）的"防灾避难林荫道与广场的庄内居住环境改造构想（基本规划）"（1985年目标）。

为了具体实施该规划，1974年成立了庄内再开发室。为了让规划工作更具可实践性和符合实际情况，又进一步从空间上将改造区域划分为东南西北四个分区，然后分别针对这四个区域的具体情况进一步制定更加详细和具体的规划实施方案。最终，从南区最先开始改造工作，并在规划实践过程中组织地方居民组成开发协议会，采用居民与学者、研究会、咨询公司、行政部门协作的方式，共同推进规划区域的再开发。

1976年的都市计划学会奖虽然是授予了参与"丰中市庄内地区居住环境改造规划制定"的团队，但实际上该规划的成果主要是来源于对南部地区协议会案的阶段性总结和归纳。这之后，其他三个区域的改造规划案逐渐形成后，才最终整合为"庄内地域居住环境整理规划"（1985年目标）。

学会奖的评价要点主要包括：①依据街区形成

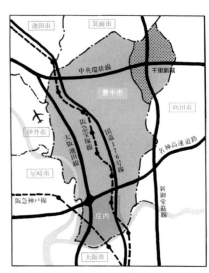

■ 图1　庄内地区的位置[1]

42

过程和居民生活制定规划；②综合各种手法获得使街区得以改善的途径；③职住混合的区域规划方向；④居民与规划师共同协作，让居民参与规划过程的确立，将居民对规划的要求反映在街区规划上。此外需要特别说明的是丰中市参与此规划的工作人员和协议会成员的支持，也就是说以协议会的形式制定规划的方式得到了肯定和好评。

■ 2 项目特征

本项目获得都市计划学会奖的内容是"地区居住环境改造规划的制定"（目标年限为1985年），但项目中也同时包含了改造规划实施方面的内容。

2.1 地区改造规划的思路和特点

居住环境整治基本规划的思路是：①通过居民参与来制定规划；②着重关注城市规划手段；③以修复式再开发而非大规模重建来实现居住环境整治；④通过充分探讨公共部门的责任、居民参与和责任分担等，制定可操作的规划方案。

规划制定的原则包含：①以土地利用的现状为基础进行居住区的整治；②保持并继续培育规划区原有的适宜居住的特性；③以现有居住人口为上限对人口增长进行控制；④充分尊重城市规划的道路。

地区整治规划在以上基本规划确定的方针和原则之下，结合规划区的特点和居民要求来因地制宜地制定。

另外，规划的性质是展示该地区未来发展的适宜目标和蓝图，而不是马上就要实施哪些具体的项目措施；重点是创造条件，为居住环境改造项目的实施打下基础。

2.2 协议会方式制定规划政策的方法

规划制定的流程如图2所示，主要包含从居民的角度出发提出居住环境问题，总结归纳改善要求，在规划方案协议过程中注重专家与协议会的意见反馈。南部地区规划构想方案的制定花了2年左右的时间，期间一共组织召开了30次以上的协议会。协议会的功能定位主要是参考居民的意愿来制定规划，就具体内容而言，包括针对居住环境规划以及居住规划整理的具体工程内容对居民进行意向调查，将居民的意见集

中化；组织协议会的委员进行学习和研修；发行协议会的新闻报纸等。协议会的行政事务则主要由协议会的事务局担任（协议会的委员数，南部地区为17人，北部地区30人，西部17人，东部22人）。

2.3 基本规划等的实践状况及相应评价

学会奖的评价要点主要是针对改善地区状况的方法，即规划方法论，但是本文主要从整个项目层面来评价。此处所说的项目包含从1972年基本规划案的形成到1985年区域的居住环境改造施工完成整个过程的实践状况和完成状况，如绿地、道路、公园、市政设施等公共设施的配备，公营住宅的重建（公租房占半数）等。整个项目的实施由庄内地区再开发中心对

■ 照片2a　宽度4～10 m的水道的改建工程，下水道干线整备后填埋并设置绿道[1)]
上：改造前，下：改造施工中（设分割缝）

■ 照片2b　与下水道工程相协调改造而成的庄内水道（干线绿道）

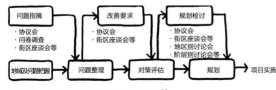

■ 图2　地区整备规划制定的流程[2)]

各个分项规划整理项目的负责机构进行调度安排。在项目实施过程中，必须要优先保障公共设施用地，因此公共设施的整治往往是和其他的相关分项规划联合实施，通过整合使得居住环境改善的效果得到了居民的认可。例如，在庄内地区供水线路综合整治的同时建设了步行专用道（林荫道）（照片2），在公营住宅建设的同时配备了幼儿园、保健中心以及林荫道的一体化设施（照片3），在工厂遗址上建设集体公寓，并统一配备了相关的公园、绿地和集会设施。

另一方面，作为住宅整顿重点地区的共同重建地区是唯一适应"木造出租住宅地区综合改造项目制度"的地区，这其中的阻碍主要是因随意规划造成的难以达成一致意见、协调力差的问题。

另外，关于在学会奖中赢得不少好评的"混合用地对策"，工厂集约地区则是值得一提的，它在混合用地改造对策中占据了举足轻重的地位。面对当时规划区域中小企业高度集中的问题，此次居住环境改造规划项目从集约建立工厂宿舍的角度，开展了大量的职住混合用地规划的研究。尽管理论设想上是好的，但实际上有很多课题最终却没能从实践层面上得以施工实施。

2.4 新规划的制定

截至规划目标年，实际产生的施工费用总计未

■ 照片3a　原来的土地利用（二手车中心）

■ 照片3b　岛江绿色城镇（大阪府营住宅，大阪府公社分户出售住宅，公益设施的复合化）[1]

达到预算的50%（预算为937亿日元，实际截止1985年，产生施工费424.8亿日元，仅为预算的45.3%)，并没有完全实现整治目标。在居住环境整体改善和居民对居住环境的要求不断上升的新时代，有必要对规划作出修正。在此背景下，通过继承基本规划的理念，同时又结合规划区的具体情况来制定具有庄内地区特色的新的居住区规划。修编规划工作沿袭协议会的方式，于1987年8月制定了"新庄内地区居住环境整治规划（规划期为2000年）"（新规划）。

3　项目后续

自新规划制定以后，庄内区域居住环境改造规划便开始使用新规划。因此，从此节开始后文中的规划案皆是指"新规划"（1987年8月）。

3.1　推进木造出租房屋的改建

新规划在改造木造出租房屋这一课题上花费了很大的力量，实践上为了应对和推进木造出租房屋改造政策的制定，大阪府以及大阪市外围地区在1990年专门成立了大阪府的社区营造推进机构（即现在大阪府的都市整理推进中心），来应对和集中精力推进该区域的密集木造出租房屋的改造。

3.2　推进新规划在灾后重建中的应用

在上述的规划施工实施过程中，1995年1月发生了阪神淡路大地震。在这次地震中，庄内地区受损严重的主要是木造出租房屋。在此背景下，当年10月份，制定出台了"庄内地区地震复兴和改造方针"，确定：①由行政主导全面推进项目；②推进作为防灾线的城市道路规划；③制定灾害受损及损毁的木造出租房屋的重建促进支援等基本方针。

为了尽早实现在地震发生以前就已经由新规划确定的整体改造，大阪府都市营造推进机构作为协调者，发挥了极大的作用。进入灾后重建阶段以后，又进一步为新规划的推进提供了契机。简单概括而言，其主要工程有：

（1）整体改造工作的开展　作为新规划确定的重点整理地区之一的野田地区，为了对机场周边的空置土地施行整理和集约化开发，于1994年12月确定施行土地区划整理开发工作。地震的发生反而加大了居民与政府合作推进土地区划整理的决心，于是土地区划整理、城市再开发地段、密集地等各种条件同时适用的狭小住宅用地内，一些小的分散土地得以集中换地。同时，独户住宅的重建、房屋租赁对策（共有住宅）等也得到了极为详细的探讨和

■ 照片4　木构租赁住宅密集的野田地区（1973年）

■ 照片5　城市规划道路的整备和再开发项目竣工后，正在建设社区住宅的野田地区（2003年末）

确定。在此背景下，缓和减步率①、负担调整等重建生活政策成为了推进居民意见与规划项目达成一致的要因（照片4、照片5）。

比如，在地震发生前，大黑町二丁目是否列为整理规划区一直悬而未决，无法达成共识，但是在灾后却很快地确定为区域改良开发项目的实施区（照片6）。

（2）推进都市规划道路的建设　都市规划道路的建设主要是根据基本规划确定的"防灾避难绿道和广场的庄内住宅环境开发构想"，灾后重建也是主要依据这一规划来推进这一工作的（照片4）。

3.3　新规划的实施评价

关于庄内地区居住环境改造规划的制定，从基本规划制定完成到新规划的制定经历了共28年（1972～1999年），这期间的居住环境整理开发成果的空间分布如图3所示。这期间的公共投资额达到了

---

① 土地区划整理中由私人土地转变为公共土地的用地面积比例——译者注。

■ 照片6　大黑町二丁目地区，地区改良项目
（左图为刚刚受灾后的地区，右图为项目实施后）

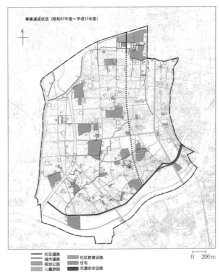

■ 图3　项目完成情况[3]（1972～1999年）（图中数字与项目名称清单的对应在此省略）

977亿日元，虽然不可以单纯地比较，但是这一投资额与最初规划中计划的938亿日元相比，开发整理规模有一定程度的上升。

庄内地区的人口峰值从1970年的约9.0万人迅速下降到2005年的4.8万人，人口密度降低到接近市平均人口密度的水平，自此该区域人口过度密集的状况在很大程度上得以缓解。

丰中市在总结新规划（规划期2000年）实施以来完成的规划区域居住环境整理开发工程后，确定进一步发展过去公众参与式规划在规划政策制定过程中的主导性地位，并在此基础上制定了"第三次庄内地区居住环境整理规划"（规划目标年为2020年）（最后，对为此文提供参考资料的大阪府都市整理推进中心和丰中市社区营造推进部致以诚挚的谢意）。

◆ 参考文献

1）豊中市（1991）:『庄内まちづくりのあらまし』.

2）豊中市企画部庄内再開発室（1981）:『庄内地域住環境整備計画のあらまし』.

3）豊中市（2000）:『第3次庄内地域住環境整備計画』.

14 名护市等冲绳北部城市、村落的改造规划

名护市市政府及今归仁公民馆设计对冲绳北部城市、村落改造的贡献 *1976*

■ 照片1 名护市市政府

多层asagi屋顶平台展开与广场相连接

■ 1 时代背景与项目的意义及评价

该规划是以大象设计集团为中心的团队，花费5年时间进行的与冲绳北部城市、村落改造相关联的一系列规划工作的成果。

该规划的特征是划分调查、规划、实施三个阶段。第一阶段调查，为了明确规划方案的基础条件，设计者不遗余力地走访，对当地人进行访谈，收集冲绳北部的历史、风土及城市、村落中人们的生活及设施方面的情况，并作详尽的记录和整理；第二阶段规划，从当地居民的立场出发，以确立日常生活的视角进行规划设计；第三阶段实施，不断推进实施规划的各部分，最终实现整个项目（摘自选考委员会评语）。

1970年随着1町4村的合并，名护市开始发展。由于合并后人口增长，市政府工作量增加，市政府建设成为悬而未决的项目。1976年8月名护市设立由各层市民代表组成的"名护市市政大楼建设委员会"，探讨了市政大楼选址、规模等问题。委员们认为市政大楼是市民的共有财产，因此在设计时应广泛征求群众的意见。该想法通过采用"两阶段公开设计竞赛"的方式得以实现。

设计竞赛于1987年8月开始，1979年3月结束。第一阶段从全国募集308个方案，从中选出5个方案进行第二阶段竞赛，最终选定Team Zoo（大象设计集团+Atelier Mobile）的设计方案。此后又从有效利用用地现场条件、气象条件等设计条件，考虑节约资源、节能，不依赖大规模的空调调温方式，使用当地材料和施工技术，给予社会弱势群体以关怀等要求出发，于1980年1月完成实施设计方案。

■ 2 项目特征

（1）**传承地域文脉** 设计者的意图在于大胆表现宽广展开的浅葱空间。所谓浅葱本是请神时举行祭祀的场所（广场空间），原型是冲绳的古村落中与作为信仰根据地的具有象征性的简易棚一起被配置在广场。浅葱的建造样式非常简单，只是使用柱子来支撑简易棚的深长屋顶。这是因为冲绳建筑的根本是保证通风和避免强阳光照射，由此制定了市政府的结构形态和平面。可以说在设计前深入各村落地区的体验性的实况调查抓住了"由村落到城市的象征意义来延续地域环境的文脉"。

（2）**展现开放性和集体性的市政大楼** 和浅

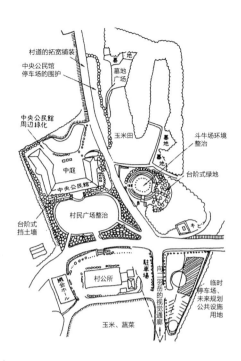

■ 图1 今归仁村的中心地区
（出处：森村道美编（1979）《地方自治团体的规划技术》p.106，鹿岛出版）

葱露台直接连接的市民沙龙会议室是市民的自主管理空间，浅葱露台并不是郑重严肃的会议室，而是一个气氛轻松愉快的社区场所。而且，在设计立意上，将浅葱露台作为连接名护山、嘉津宇山、名护湾和21世纪森林公园的4条轴线，和面向街道敞开的城市客厅，以及从公园向海湾展开的遮阳广场。为了使市政厅的体量与周边由住宅、小店铺和多层建筑组成的街道景观相和谐，浅葱露台采取了退台的建筑形式。另一方面，南侧是国道侧道，21世纪森林等大尺度的宽广环境。这些是市政府的象征也展现了其是由山脉到连接街道和海湾的城市群落的集合体。

（3）光和风的通道 外走廊下方是通向室内的风管，使高栏杆和地板上的通风孔交错建设制造通风道。两层混凝土板及土覆盖屋顶，以及浅葱露台的百叶窗隔断太阳热。浅葱的百叶窗缠绕着九重葛和木玫瑰，绿色覆盖着市政府大楼。建筑集合体为适应冲绳的风土气候特性建成了流通的构造。

■ 照片2 今归仁公民馆被爬山虎覆盖的连续屋顶下的回廊

3 项目后续

对名护市市政府大楼的评价褒贬不一。最初的理念"风的通道"，虽然通过引入冲绳的海风而给市民带来凉爽，同时也带来了高温多湿的湿气和结露问题，对大楼作为办公地点的文件管理造成障碍，结果除了走廊和露台空间外其余开口处全部关闭，成为了设置冷气的办公空间。

而且，正面外壁上设有许多装饰的狮像，虽然象征了冲绳的守护神，但也受到滥用神像的批判。而对于游客来说却作为照相地点取景受到好评。

4 作为社区中心的今归仁公民馆

象征了市政大楼和北部地区群落社区场所的今归仁公民馆，是大象设计集团基于在冲绳亲历的调查和生活情况建造的建筑和广场的结晶。获得1977年的艺术优推文部大臣奖。该公民馆在覆盖建筑物全体的大屋顶下建设面向广场的回廊空间，再现作为村落建筑特征的房檐下的半屋外空间"雨端"。大屋顶被爬山虎缠绕的藤架盖住以达到与自然融合的目标，众多居民通过埋入贝壳等行动参与到建设中。

5 对冲绳北部城市、村落的贡献

巧妙地在建筑构成要素加入地域风土元素，其引入、表现设计手法给冲绳建筑界造成了很大影响。此外，前期周密的村落调查应用于设计中确实展现了地域风土，并与同时期的本季公民馆的设计共同成为促进冲绳北部地区的社区中心，为地域改造规划的开展作出了较大的贡献。

15 **筑波研究学园城市的规划和建设**
以国际化大规模教育研究机构为核心功能而成功规划的独立新城

1977

■ 照片1　研究学园城市的变迁(1993年摄)

■ 1　时代背景及项目意义

　　1946年9月，为了推进战后灾害复兴项目，日本政府公布了特别城市规划法。在推进复兴项目的东京都计划科长石川荣耀的未来计划中，将东京地区人口从战前的约650万人控制到350万人，同时发展40~50 km圈内的10万人规模卫星城市以及50 km以外20万人规模的外围城市，以容纳此后流入的约400万人。虽然这一构想已经考虑到了如今的首都圈范围，但由于没有官方正式决定而没能实现。1955年23区人口便已达到了700万。

　　1958年，首都圈调整委员会（简称首都委）基于首都圈调整基本规划（后简称首都圈规划）公布的《关于首都圈建成区限制工业等的法律》（1959年）可以看作是石川构想的延续。

　　1960年，池田内阁的《国民收入倍增计划》中加入了"关于可否建成新首都的讨论"，1961年，首都委经过"首都改造畅谈会"的探讨，于同年4月提出了《学园都市方案》，5月提出了《行政机构都市方案》《首都圈卫星城市建设公团案》，同年9月1日内阁会议通过了《关于行政机构搬迁》的决议。

　　收到内阁会议决议后，相关7省厅事务副长官

会议召开，同年10月27日作出了《行政机构搬迁的选址方针》《伴随行政机构整体搬迁的改造方针》（①新城市位于首都外70~100 km；②人口规模10万~18万人）的决定。

　　同年11月，工业技术院决定以提升9个试验研究所的设施水平、改善科研环境为由实行集体搬迁。同时，行政管理厅向各省厅发出了《行政机构搬迁的选址方针》，并进行了可能搬迁单位的意向调查。根据当年12月10日的统计结果，可能搬迁的附属单位有39个，其中试验研究机构有22个。

　　1962年7月，科学技术厅的咨询机关"科学技术会议"向首相具体阐述了《国立试验研究机构的集中搬迁》方案。就这样，很大程度上提高了实现首都委构想的《行政机构都市方案》的可能性。

　　1963年，首都委设立"首都圈基本问题畅谈会"，将距离首都70~100 km处的富士山麓、赤城山麓、那须高原、筑波山麓作为候选地。

　　同年8月27日，首都委委员长在内阁会议上汇报了筑波地区的搬迁方案，并得到原则同意。

　　同年8月，成立了由茨城县与相关市町村组成的"筑波地区新城市吸引促进协议会"。

■ 图1　NVT案[2]　　　■ 图2　布局委员会案[2]

同年9月6日，在"首都圈基本问题畅谈会"上，指定日本住宅公团尽早着手收购用地，并将报告书汇编成册，同年10月4日，首都委在确定建设规划草案"筑波新城市"（规划区域面积5527 hm²，其中决定了记为绿地的"农地"1579 hm²，市区面积3668 hm²，地域外道路280 hm²）的基础上，向茨城县县事和当地镇村长提出了土地利用方针图（NVT案：Nouvelle Ville de Tsukuba）。

正值方案被提出之际，首都委常任委员友末常治向常阳报纸透露，"希望能够与县、村镇协商，达成包括农业振兴政策在内的为大家都能接受的方案。为此，方案可以从零开始考虑"。接到这样积极的建议后，茨城县提出了"新都市建设用地方案"。1964年5月28日，首都委召开了由相关省厅责任人组成的搬迁机构布局秘书处会议，全盘采用茨城县建设用地方案，发表了"首都委布局委员会方案"，即首都委的规划与茨城县规划一致的方案，作为首都圈规划制定实施。

首都圈规划制定之前，全国大规模开发项目主要集中在农业基础设施、资源开发、工业基础设施扩充、住宅供应等单一功能的大量供给方面，而首都圈规划的登场使筑波研究学园城市开发提上日程，这在日本的规划领域前所未有。这样的广域规划成了据点综合开发领域的切入口。

2　项目特征
2.1　开发场所的决定过程

1961年9月1日"官厅转移"内阁会议之前的筑波地区主要依赖观光产业，没有人想到过这样大规模的开发。查阅常阳报纸"筑波报道1954~1999年"

（以下记为"报道"）便可以弄清楚整个建设过程。

1954年11月23日：在筑波山上重修了索道，市区连续几天有1万观光客到访。

1955年9月16日：铫子、筑波山、大洗观光地被指定为国家公园的可能性较大（1959年3月被指定）。

1960年9月27日：设立筑波山开发畅谈会。

1961年2月26日：不要错过矢田部町议会吸引汽车高速试验场的机会。

"报道"在1961年9月1日"官厅搬迁"内阁会议决议之后内容为之一变。

1962年12月15日：岩上知事等迎接河野建设相视察现场，并提出招商引资申请书。

1963年8月16日：县会全体协议会决定，由9个市镇村结成筑波新城市促进委员会，推动中央政府的工作。

1963年10月4日茨城县知事及当地镇村长提出《筑波新都市》方案，下面让我们来看一下首都委对此事反应的报道。

1963年12月8日：岩上知事谈话"以新城开发为契机，希望能实现向近代农业地区的转型。为了实现总体规划，应该为需要搬迁的农家开辟新的土地"。

1963年12月10日：县政府向议会阐明了学园城市规划大纲，县会也设立了特别委员会，决定推进土地收购。

县镇村一致决定实施土地收购，并正式应对开发反对者，甚至出现了如下报道。

1964年3月13日：反对学园城市开发的领袖决定将项目转移海外。由县征收其土地，处理乳牛，并在巴西准备1000 hm²的土地。

如此，集合了市町村全部力量的茨城县终于获准了这项国家工程。

2.2　为实现总体规划的努力

在岩上知事对于NVT方案的谈话中"以新城市开发为契机，希望能实现向近代农业地区的转型"（1963年12月8日的报道）表明了知事的总体计划正是"向近代农业地区的转型"。不过，"布局委员会方案"只规划决定了机构搬迁的地点，并未包括农业振兴地区，也没有正式通过作为国家与县共同目标的农业振兴政策。1961年的"相关7省厅事务副长官会议"并没有农林省的参与，因为对茨城县选出的赤城农林大臣是有所期待，没参与的原因可能是由于工作失误，遗漏了。

另外试着思考一下1963年9月6日被"首都圈基本问题畅谈会"指定实施用地收购事务的日本住宅

公团的总体规划。

查阅"项目"的相关记录可以知晓，1964年久保田诚三就任学园城市开发办公室室长，石黑俊夫（从开始到最后一直执掌规划部门）进入公团任职，总体规划被委托给都市计划学会。1965年，负责高藏寺新城规划的土肥博至转职，与东京大学高山研究室共同推进这一项目。久保田室长后来回忆说："年轻人的方案，对交通量进行了过度预测，提出100 m的道路，我们费了很大功夫才将其缩小至50 m。"[2]另一方面土肥博至则说："因为'想尽可能成为接近于设计师的规划师'的想法而转职，继续进行项目。"[3]室长与室员之间也许曾有过莫大的争论。这个专家与新人的自由议论中诞生的空间规划，便是公团制定的总体规划。因此，公团的总体规划，作为项目的所有参加职员的理念结晶，带有像DNA一样传承的特征。这个"理念的结晶"在1966年1月，作为都市计划学会第1次和第2次总体规划进行了答辩。

第1次总体规划：在中心区配置住宅区，通过两条宽幅道路连接分散的研究机构与教育机构的城市构造，修正无视NVT方案的"Layout委员会方案"。

第2次总体规划：将第1次方案的中心住宅区与国立大学及工业技术院一体化，按照紧凑的城市区域配置成为独立城市的核心。

紧凑的城市区域体现在南北方向的中心区分布研究、文化功能，北部是大学，南部是工业技术院，东西方向中心区分布商业服务功能。分散的研究机构则通过宽阔的道路与服务高度集中的城区相连。

以第2次总体规划为基础，专家组在第3次总体规划（参考"纪要"p.51）中，由1967年筑波研究学园都市建设委员会（专家、建设省、茨城县构成）总结提出了城市规划的基础理论，之后有所修正。

1968年的第4次总体规划，优先考虑转移研究机构方面的条件，于1969年5月得以确立。当时还是高山研究室研究生的土田旭说出了与第3次方案决定性的相异[4]，"虽然第3次方案在紧凑城区北端安排给大学165 hm²的空间是可能的，但大学当局主张要200 hm²以上，最后移动到1 km以北区域。这样'成为独立城市核心的紧凑城区'的构想就崩溃了"。不过，公团项目区域还是确定了。1970年5月《筑波研究学园城市建设法》公布，分成"研究学园地区"与"周边开发地区"两部分，确保了"研究学园地区"研究机关的先行建设和改造资金，一气呵成推进建设项目。到1978年，主要研究机构和大学的搬迁工作就完成了，"筑波研究学园城市已初步建成"的消息也被公之于众。至此被称为是筑波研究学园城市开发项目的第1阶段。

1977年度的都市计划学会奖，高度评价了那些协调疏导以上复杂利害关系的相关人士们的计划与协调能力。石川充作为统筹规划部门代表，今野博作为项目部门代表接受了奖章。第1阶段的工作，正是依靠这些兼容并包的规划师的存在才得以顺利展开。

3 项目后续：对未来发展作出预想的"都市营造"的萌芽

1985年的科学世博会，标志着"周边开发地区"国立研究机构搬迁项目的全面完工。1978~1985年之间的设施改造项目是城市规划的第2阶段。

1985年的首都改造规划中，筑波研究学园城市被指定为就业核心城市，县政府出台了《新筑波规划》。按照这个规划，筑波高速铁路计划被提出并

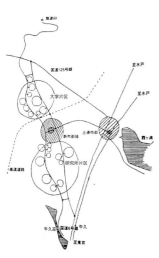

■ 图3 第1次总体规划的城市构造图[2]

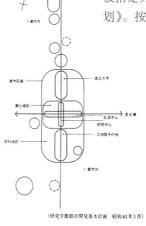

（研究学园都市开发基本计画 昭和41年1月）

■ 图4 第2次总体规划的城市构造图[2]

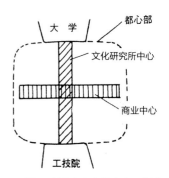

■ 图5 第2次方案的中心区构造图[2]

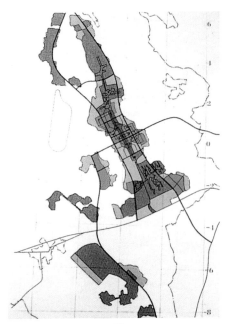

■ 图6　第4次总体规划[2]

实施。1998年，基于筑波研究学园城市建设法，学园地区与周边地区的规划发生变更，第3阶段建设展开。所谓第3阶段，是恢复第2阶段总体规划中独立城市的核心功能，周边地区方向性渐现的"规划工作的DNA"的活化过程。

随着常盘新线沿线开发以及首都圈中央联络道路的确定，联结葛城站与筑波站的东西轴线上新商业、工作、城市型娱乐功能逐渐充实，南北轴的中心则增设了国际性科学技术交流设施，轴线北部能容纳4000名学生的筑波大学宿舍作为田园的核心已然成形。进而在北部的周边地区，居民的"筑波独特产业与文化"也正在培育[4]。

全国的国立研究机构有125所，迁移到筑波研究学园都市的就有106所，通过派遣专家组项目等形式，尝试使12000名科技工作者集中发挥作用[5]。

2010年11月20日，以"筑波高铁城镇——中根和金田台的绿、住、农永久镶嵌的城镇营造"为主题的研讨会在新加坡举行。随着"绿住农开发模式"的登场，规划已确定向第4阶段迈进。

以熟知筑波优势的酒井泉（当地出生的物理学家）为中心，当地人仔细研究了开发的本义，明确揭示出活用开发的环境创造理念，开始转向由居民主导的居民、都市再生机构和政府协动的城市营造活动[6-8]。

虽然有说法则强调城市顺其自然地发展比较好，但在重视利益的市场经济政策作用下，仍有可能导致环境的不可逆变化。筑波研究学园都市的开发是排除了这种可能的伟大项目。它时刻优先考虑当地情况，在妥协中推进城市规划，成为了地方分权型开发的典范。

同时，国家、县、市町村各个层面都对项目进行构想，在参与项目各方不断提出设想、修正特殊问题的过程中推进工作，在参与各方不同开发理念间的激烈论战中，产生出一种为始终贯彻共通的理念，即：①独立城市的确立；②研究、教育、农业并存的科学城的形成。

◆参考资料

1）石田頼房（2004）：『日本近現代都市計画の展開』，自治体研究社.

2）都市基盤整備公団茨城地域支社（2002）：『筑波研究学園都市開発事業の記録』.

3）土肥博至：TUTCLibrary-23（シンポジウム）.

4）つくばヒューマンヒストリー研究会（1996）：『つくば30年101人の証言 つくば実験／情熱劇場』，常陽新聞社.

5）岡田雅年：TUTCLibrary-23「21世紀に向かって，つくばを考える座談会」

6）酒井　泉（1998）：『常磐新線沿線開発・土壇場での解決策』.

7）都市再生機構茨城地域支社（2005）：『報告書：中根・金田台地区緑農住に係る意向調査関連資料作成義務』.

8）NPO美しい街住まい倶楽部：『「まちづくり事業者」登録のご案内』；http://big-garden.jp/jigyo/panf_jigyo_re.pdf

16 酒田市大火复兴规划
迅速复兴和防灾都市营造的推进

■ 照片1　1979年左右的航拍照片
从复兴街区的西边眺望，眼前就能看到实施再开发项目的第4~6街区。第4和第5街区之间是商业街区，内部彼此连通的商店鳞次栉比

■ 1　时代背景及项目意义与评价

　　山形县酒田市是面朝日本海的人口逾11万的县内人口第三位的城市。江户时代河村瑞贤开拓了西向航线以来，特别是作为谷物物流基地繁荣起来以后，发展为港口城市，有"西堺市，东酒田"之说。

　　酒田市的冬季猛烈的季节风较多，屡次遭受大火。由于历次火灾，因水运而繁荣的街区已所剩无几了，1976年10月29日傍晚，市中心的电影院起火，大火烧到第二天早上，22.5 hm²土地化为焦土。在这场后来被称为酒田大火的灾害中，地区商业的摊位骨架全被烧塌，死者仅有一名消防队长，是不幸中的万幸。尽快恢复生活自然成为了所有市民的紧要课题，于是大火复兴规划应运而生。

　　战后最大级别的大火是鸟取大火（1952年），大火后第二个月，为提高市区耐火性能实施了"耐火建筑促进法"，土地区划整治项目以及基于同一法律的防火建筑带建设的工作为大家所熟知。市区的建筑物转变为钢筋混凝土造和混凝土块造，在昭和中期是城市防灾方法的潮流。在制度上虽然市区是

一体化改造，但是事实上由于土地归各个所有者私有，保留非共同建筑的建设事例也是很多的[1]。鸟取大火后的复兴，不仅是以促进地区商业活力为目的，更是为了提升街区的防灾能力而进行的各种努力。

　　一方面，酒田大火复兴规划的最大特征是在"建设防灾都市"的理念下，同时实现"具有近代魅力的商业街区"以及"良好的住宅街区配备"的目标。在落实推进地面建筑的耐火建筑化，提高都市基础设施的防灾性能等同时又实现地域商业的再生和良好居住环境的改造，这一手法超越了过去防灾都市建设的理念。

■ 2　项目特征
2.1　建筑耐火化的动向

　　针对建筑耐火化，重新审视了准防火地域及进行了防火地域的新设。准防火地域于1952年指定为以商业地区为中心的85 hm²区域，这一复兴规划编制的时候，扩大了248.7 hm²，几乎相当于旧街区的全部面积。一方面，设置了5.3 hm²的防火地域（图3），

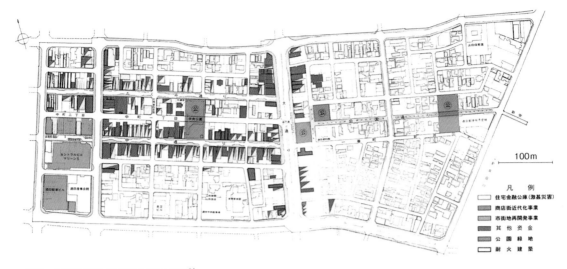

■ 图1 复兴相关的制度资金利用状况[2)]
投入多样的资金，提高市区防灾性的同时，实现地域商业基础设施和居住环境的改造

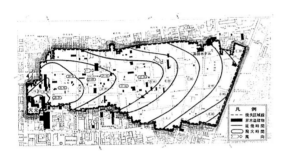

■ 图2 由于大火而消失的区域[3)]
火开始向东半天之内延烧的范围

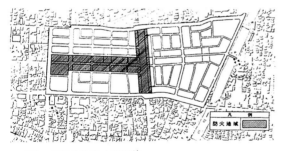

■ 图3 新指定的防火地域[4)]
可以读出防止火灾蔓延到各个方位的意图

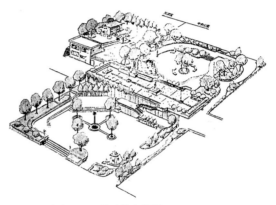

■ 图4 中央公园设计时的鸟瞰图
南北两个街区一体化做成的公园，街区之间跨越城市道路，地下规划了100个停车位的自助式停车场，满足了中心城区的停车需求

拓宽，同时为了防止火势蔓延配备了都市公园。在公园改造方面，要确保中心地区已经很缺少的绿色空间，其中将中央公园规划作为商店街的休憩场所（图4）。当时这里虽然是儿童公园（现制度下的街区公园）却不配置任何游戏道具，因而取而代之设置了室外舞台等，使人能观赏商店街举办的丰富多彩的活动。

2.3 地域商业的再生

早在酒田大火前的1972年，绕行中心城区东侧的国道7号线、酒田环线完工，酒田市也开始推进机动车化了。于是这个复兴规划中，实现了从守护中心城区的老店铺到以强化商业功能为目的的变化。

因为从最初开始建设购物中心就是复兴规划的

拓宽到32 m的主干道两侧各15 m及面对次干道的街区，起到了防火带的作用。这一指定，是大火后不足2个月，在12月27日的酒田市城市规划审议会上下达的。为什么这么急，原因就在于12月29日是建筑基准法规定的最后期限（灾后2个月）。

2.2 建设高防灾性的都市基础设施

为了提高防灾性，根据土地区划整理实施道路支柱，因此构成这个摩尔街的一部分的第4街区和第5街区（图2）的再开发讨论得以迅速推进。结果是，两个街区在大火的次年6月1日被指定为"高度利用地区"及"市区再开发促进地域"，两个街区在同一年中，都得到了再开发项目的认可。1978年3月第6街区也接受了同样的城市规划，而推进了项目的建设。摩尔街和第5街区的本地百货公司，以及第6街区的立体停车场为核心的一体化再开发，在大火过后仅2年就开业了。

防火地域指定的中道商店街，在拱廊商店街改造中，仅一楼部分采用了退让方式。因一楼部分的退让而著名的案例是沼津市本通的防火建筑带（1954年），沼津的退让部分是市有地，空中为住宅所占据。另一方面酒田市以提供自己的商业地的方式，实现了拱廊商店街的拓宽。这是重视削减商业地，拓宽缓冲带，提高防灾性的结果。同时，由于拓宽了道路两侧的空间，营造了开阔的使人心情愉悦的购物空间。

2.4 居住环境的构建

商业地域的一部分，用途改为居住地区。这是根据居民要求安静居住环境的诉求而作出的规划，是大火后仅仅2个月时间就决定了的当时的城市规划。一方面，与变更成为居住区的街区接近的商业地区，探索将当地的百货公司搬进来，但因为与想要确保良好居住环境的土地所有者和周边居民意见相反，因此放弃了该规划。

另外，由于这一用途变更，排除了地区的风俗行业，确保了日照和通风，结果不仅仅是商业和居住区域的单纯划分，而且保证了市中心的多样性的生活方式。这一案例，对于现在推进用途单一化的现代都市来说，值得学习之处还是很多的。

2.5 多样主体的协作和项目的迅速推进

这一复兴规划的另一功绩是行政机关的迅速应对和职责分担。从大火扑灭后仅半天的10月30日夜里，酒田市召开了执行部与市议会的联合会议。在此巩固了根据土地区划整理方式制定的火灾复兴防灾城市建设行动方针。11月1日方案制定完成，第二天，方案获得由市议会建设常任委员会和市城市规划审议会等组成的协议会的认可，并在这一天开始举行了有关复兴规划的居民说明会。

一方面，山形县和建设省的负责人也在30日夜里进入酒田，构筑了市快速提案体制。县规划课长本田丰反复强调了第三方合作参与的重要性："必须前进方向无误地推进项目，应该争分夺秒地制定复

■ 照片2　竣工后的第五街区面貌
本地百货公司入驻，作为中心城区的核心店铺，长年运作，2012年2月决定整体撤离

■ 照片3　中等道路商业街的两侧
拱廊商业街设置前的1979年前后的样子

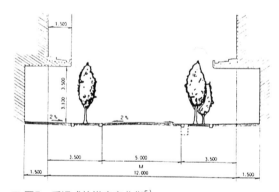

■ 图5　后退式的拱廊商业街[5]
两侧3 m宽度的拱廊商业街，每户实现退后1.5 m

兴规划以安定人心。[6]"

这一项目的特点是，山形县主导的区划整理项目的实施是酒田市议会的迫切要求。究其原因，是由于项目的内容庞大，却必须在短期内完成，且财政上和组织上的课题超出了市的能力范围。4天后，县接受其要求，12月1日，以县规划课技术辅助的田

中清右工门为所长，在酒田市内成立了山形县酒田大火复兴建设事务所，县职员9名，市职员14名，作为前线基地开始运作起来。在受灾后2个月期间内，如果完成的区划整理不能获得大臣的认可，那建筑基准法中允许的建筑规制就会失效，在这样的关键时刻，构筑了由国、县、市和居民共同参与的组织。时任建设部长的大沼昭对给予复兴工作及时大力支持的居民表示赞赏："田中所长说酒田市民很优秀，我也是这么认为的。"[7]

■3 项目后续

大火以后经过一段时间，围绕建设成熟社会的地方都市的经济状况也发生了很大的改变。接受防火地域指定的路边商业街，与其他都市相比，尽管关门的店铺较少，但是白天和晚上，路上行人较少显得有些冷清。郊区化的推进是一方面的原因，同时街区南北两面是与外部相接的，由于在各店铺内的停车场停车而使得光顾（外部商店）的乘客增加，结果拱廊商业街的行人却减少了。另外，2012年2月决定将第五街区百货店撤离，客流将发生很大变化，这也是令人担忧的。

即便如此，根据对复兴地区的一部分的调查[8]显示，与接受防火地域指定的街区以外的其他街区相比，地权者不断向地区以外移居，商业功能不断纯化已经是很明确的了。另一方面查封案件增加等，经营上经历着逆境，权利转让与其他地区相比没有推进。固定资产税负担较大是主要原因，已经到了要尽早保证资产维持和生活经济两者并立的局面。

话虽如此，这一地区的防灾能力之高，从复兴到今天虽已过去30多年，与其他都市相比还是十分优秀的，其迅速复兴的成功经验也是阪神淡路大地震复兴时的参考案例，功绩很大。这种快速应对经验，在地方城市解决当下各种问题时也能提供有益借鉴。尤其地域经济的振兴，以东日本大地震受灾地区为首，在很多地方都市还是紧迫的课题。之所以能在酒田迅速实现灾后复兴，根本原因就在于有一个强有力的地方领导力。

"本项目没有特别说明的照片和插图是由酒田市提供，在此表示谢意。"

◆参考文献

1）冈田昭人他（2010）：「鳥取市における防火建築帯再生に関する研究（1）地方都市中心市街地における防火建築帯造成の実態について」，2010 年度日本建築学会大会梗概集，都市計画分冊，383-384.

2）酒田市建設部（1977）：『酒田大火記録と復興のあゆみ…』，付録資料.

3）同上，p.6.

4）同上，p.38.

5）同上，p.29.

6）酒田市（1979）：『酒田大火復興建設のあゆみ』，p.10.

7）同上，p.152.

8）小地沢将之（2010）：「防火地域指定による土地所有への影響」，2010 年度日本建築学会大会梗概集，都市計画分冊，381-382.

17 港北新城浅溪公园规划设计

在城市建设中最大程度地保存绿地环境的尝试　　　　　　*1979*

■ 照片1　作为模范公园的浅溪公园
自然环境和地形上的褶皱，不知不觉地把故乡合理改造成环境资产

■ 1　时代背景与项目意义及评价

　　20世纪60年代，为了应对首都圈旺盛的住宅地需求，政府在郊区相继进行了超过1000 hm²的大规模土地开发工程。筑波研究大学城着眼于研究如何分散大城市的功能，以应对位于首都圈内的多摩新城进行大规模开发的挑战。在多摩新城中的港北新城，从横滨市中心向西北方12 km的位置有缓坡丘陵，美丽的河景与山谷，是留有杂木林、竹林等良好的自然环境的区域。因此，为了使城市化进程与自然环境保护双管齐下，政府以"在城市建设中最大程度地保存绿地环境"，"营造城镇留住乡愁"为目标，进行了一系列相应的规划与改造。

　　其中，为了实现"在城市建设中最大程度地保存绿地环境"，"浅溪公园"（照片1）成为港北新城整体空间构成与土地利用的骨架、基轴的绿道的一部分（地区东南部，接近仲町台车站的部分），它的改造项目作为街道建设的先行试点模范案例来实施。

　　在现状的沼泽带所设定的"绿道"（宽10～40 m）沿线，规划将既有的枹栎和麻栎的杂木林保留，作为公园和绿地，并且在绿道边设计溪流，在公园中配置水池，使得水景与绿化结合一体，保留并再现

谷地空间，无论从景观还是功能方面，都扩大了水与绿化的存在意义，使得创造出与自然和谐共存的生活环境成为了可能。

　　关于该规划与实施，第一，把与新城开发相关的绿化系统规划作为重要的议题，将其作为自然环境来进行规划和设计；第二，对既存树林的保护与合理利用，绿化和水景一体化的绿道等绿地的系统性规划；第三，该规划作为先行项目的成功实施，展示了在新市区街道开发中新的外部空间的实现具有很大的可能性，因此受到了世人很高的评价。

■ 2　项目特征

　　以"浅溪公园"为模板，新城内所有开放空间规划、实施的特征有以下三点。

　　（1）导入了绿色矩阵系统（图1）　以新城内的绿道为基轴，统筹规划公园、绿地等"公共之绿"与集合住宅等大规模街区的斜坡树林、宅间林等"民有之绿"并使之延续，把历史文化资产与水系、人行专用道路等结合在一起进行重建。绿地空间系统与城市内各种活动的行为系统形成多样的相关矩阵，在空间有限时，该系统就会追求得到最大的空

■ 图1 绿色矩阵系统[1]

绿地空间系统与行为系统相关联的网络

■ 照片2 公园旁边开设的露天咖啡厅、阳台与公园深处的古风民居

阳光透过树叶，显示出一份日渐成熟的舒适、情调与安全感。

间利用，并形成了人行优先，以人为本的街道。[2]

（2）浅溪与被保存的绿地　"浅溪计划"是在公园内设置6个全长8 km的河道系统与附带的池塘，池塘用来收集雨水，池水流向抽水泵，水泵把水抽回池塘，形成一种水循环，并与暗渠、雨水井的水源补给等相结合，结合下水道规划进行调整，形成"接近于自然的水循环系统"。公园又可作为孩子们的游乐场和环境学习场地，也可作为水生动植物的栖息地。[3]

开发前残存的杂木林与宅间林（主要为橡树、麻栎的再生林），作为民有的"保存绿地"在绿化系统担任着非常重要的角色，在实现"营造城镇留住乡愁"的目标时被寄予厚望。另外，还根据市政府相关规定，享受了奖励金转移支付等特殊政策。

（3）市民参与和公民合作　1980年，在"浅溪公园"完成以后，政府制定了公园绿地改造计划方针，市民也参与了公园建设；自然调查研究会、爱护活动等也相继开展。

以持续的水、绿地保全管理为目标，从项目初期就进行的公民合作体制是划时代的产物。

■ 3　项目后续

现在，公园内的大池塘周围聚居了大量野鸟和水鸟；春天的樱花，初夏的睡莲也给人以赏心悦目的感受。公园深处新建了古风民居，曾经的农村时代的风情和文化得到了传承。虽然被称作新城，但是它依然保存了自然、历史、景观相互融合的平静和温情。把"绿"作为概念，前庭的阳台和露天咖啡厅吸引人们在此轻松惬意的休息（照片2）。人们享受城市绿色生活的方式渐渐变得成熟起来。

另一方面，沿着绿道种植的斜坡树林，夏季变得郁郁葱葱，许多外来植物相继在此生根，林中的竹子疯长，斜坡下方则被鱼腥草占领。浅溪也有多处淤积和水流停滞的地方。

间伐、林区管理、自然观察和调查、清扫等工作募集了不少市民志愿者进行支援活动。通过景观、娱乐、宜居、防灾功能充实等方面的对比，对于生态系统种类多样性管理的难度显而易见。

作为农业专用的农地，在新城边缘聚合与分离，集中后瓦解，因此可以认为山谷地区的生产活动所需要的持续一体化的维持管理体系，已经非常薄弱。今后，在"城市与农村"的合作、"绿化与水系持续管理系统"方面，人才与投资的扩充均被广泛期待着。

◆参考文献

1）支倉幸二・春原　進（1980）：「港北ニュータウン せせらぎ公園の計画・設計」，都市計画113, 8–11.

2）春原　進・石綿重夫・小山潤二（1980）：「都市開発と緑地」，都市計画109, 44–48.

3）住宅・都市整備公団都市開発事業部（1999）：『まちづくり技術体系6（オープンスペース編）』.

20世纪80年代

"从量到质"的转变，"地方时代"的城市建设

日本的社会、经济状况从20世纪80年代就不断发生变化，80年代前5年经历了70年代的石油危机和经济快速增长期的终结，此时人们不仅关注经济的持续成长，而且开始重视生活质量的提升。但是，80年代后半期随着经济再度增长，国际大都市东京的地价急速上升，伴随着民间情绪高涨，各地再次推行了大规模的城市开发。这个时代结束后，获得高度评价的城市规划项目多是80年代前5年的项目。显著特征是：第一，地方城市主导的先进项目都得到了较高的评价；第二，通过景观设计提高空间质量的实践得到较高评价。具有这些特征的项目产生的背景是城市规划行政"地方时代"的到来。

地方城市主导的城市规划项目中具有代表性的包括，三大都市圈相继开发的新城中体现了高水准的地方新城建设的高阳新城【参见案例19】，在车站周边区划整理项目中建设形成标志性车站站前空间的滨松站北口站前广场【参见案例20】和挂川站前土地区划整理【参见案例29】等项目。与这些地方独自的尝试相比，也有不论中央、地方参与的纯粹以创造高品质城市空间为目的的项目，如高山市街角整治【参见案例21）和东通村中心地区整治【参见案例27】等，成为了地方小城市追求城市面貌和生活面貌的典范。

另一方面，景观设计方面得到高度评价的有保留了街町原有机理的高山市街角整治（前文提及）【参见案例21】，之后的居民参加设计和发展的世田谷区城市设计【参见案例24】，以及以更新城市车站周边印象为城市设计概念的川崎车站东口项目【参见案例25】等。综上，自治体积极将景观设计作为政策性课题进行研究。以提高街道环境为目标的大阪市步行者空间改造【参见案例28】和侧重于景观层面的土浦高架桥路【参见案例23】等项目也是当时体现"从量到质"思想的实践典范。

其他方面，以导入新交通系统为特征的神户港人工岛【参见案例18】和土浦高架桥路【参见案例23】，在此基础上确保大面积绿地的高阳新城【参见案例19】，多摩新城鹤牧和落合地区【参见案例22】，以"森之里"为基本理念的厚木新城【参见案例26】等项目，是挑战新时代前所未有的主题，延续着与新城市开发相关的项目。本书选取的20世纪80年代的城市规划项目包括了上述的新城市开发和现有街区的更新，但数量上而言只有一半。20世纪80年代的城市规划项目随着地方时代的到来，反映出城市规划的主要对象从新城市建设向现有街区的更新不断转化，即这个时代的项目群特征反映了现代城市规划的一个原地。

此外，世田谷区城市设计【参见案例24】中的居民参与；挂川站前土地区划整理【参见案例29】中政府和居民的协动案例，使得20世纪80年代也成为了规划主体多元化，具体的城市更新开始的时代。但是这类城市规划项目成为主流仍需要花费一些时间。

18 神户港人工岛
市民生活与港口一体化的"海上文化都市"
1980

■ 照片1　现在的神户人工岛
眼前是神户空港岛

■ 1　时代背景及项目意义与评价

　　2010年是神户市港口人工岛（以下简称PI）建成30周年，说到PI的诞生契机，就不得不追溯到1955年。

　　当时，日本经济的快速发展和世界范围内物流的发展，造成神户港流通的货物量增加，以船舶大型化和集装箱化为代表的输送革新的浪潮涌现。与此同时，神户市的人口在1955年达到98万人，1965年增加到122万人。人口的90%集中在不足市区面积10%的六甲山系南侧部分。

　　在这样的背景下，拓展新的都市空间的"海上人工岛构想"浮上水面。经过神户市和国家的各种各样方案的斟酌，1966年2月"PI填埋造岛基本计划"经过神户市议会的方案表决通过。

　　1966年6月开始护岸工程，1967年4月开始填埋工程，1970年4月神户大桥开通，同年7月集装箱泊位开始开放使用。此后，1980年3月迎来了第一批迁入的住户，填埋工程在1980年完工（这之后推进的第二期PI将在后文介绍）。

■ 照片2　填埋时（1969）的神户人工岛
理所当然的三宫海面上巨大的人工岛，在现在的神户市民看来，这种光景是很奇异的

　　于是，PI产生了兼有港湾和都市职能的复合型新空间，与此相关，因为综合实施了既有街区的更新和内陆部分的全新开发等项目，PI可以说是引导了神户的持续发展。另外，以20世纪崭新的且大规模的城市改造的观点来看，受到了内外的高度评价。

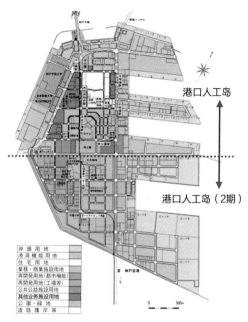

■ 图1 土地利用规划图（2009年以后）

■ 照片3 "港口码头81号"会场

首先展示了在当时的关西还很稀罕的熊猫，布置了32个展馆，180天内有超过1600万人来参观，在全国掀起了举办地方博览会的热潮

2 项目的3个特色

（1）具有功能复合的"海上文化都市" 尽管前面一再介绍，作为PI的特点，它不是过去那种单一功能的填埋地，从当初规划开始就是"港"和"城"功能并存，具有"居住"、"工作"、"游憩"和"学习"四大职能的人工岛。

（2）引入先导性组合 在规划和建设PI的时候，进行了很多先导性组合，在此介绍以下3点：

首先第一点是，国际会议中心、展览中心和宾馆这三点组合配套规划为会议中心。这也是日本当时规划的第一个真正的会议中心。

其次是，导入国内最新的交通系统。虽然新交通系统现在各地都能见到，但是神户的"港口专线"因为是世界首个无人驾驶的交通系统而获得了高度关注。

笔者抱着幼年就有的"乘坐未来型列车在未来都市穿行"的梦想，搭乘了港口专线，在步入"港口码头81号"会场时的感动，让我至今都难以忘怀。

最后一点，就是"港口码头81号"。作为展示"海上文化都市"项目的博览会获得成功，非常值得一提的是在宣传大会设施的同时也招揽了不少企业。

（3）走向大山和大海 以上主要是关于PI的功能方面的阐述，但是也不能忘了神户市整体的都市开发战略和建设技术方面的特色。

PI的填埋砂土，是从内陆的砂土采集地通过

⬇ 砂土搬运

⬆ 扬土（旧料复拌机）

⬇ 传送带运输车的装载

⬆ 顶推驳船的海上输送

经传送带的搬运

运土船的装载

■ 照片4 砂土搬运系统的流程

传送带运输到须磨码头，再通过顶推驳船搬运到海上。水深2 m以上就通过底开驳船直接填埋，2 m以下的部分就用扬土船扬土、搬运、填埋，通过这一连贯系统实现。

临海部分填埋的同时，内陆部分砂土采集地配备的绿化丰富的住宅和产业地规划，也是神户开发的特征，称为"走向大山和大海"。

3 项目后续
3.1 港口人工岛后续

（1）阪神淡路大地震灾的影响 1995年1月17日上午5：46发生的兵库县南部地震，夺去了神户市

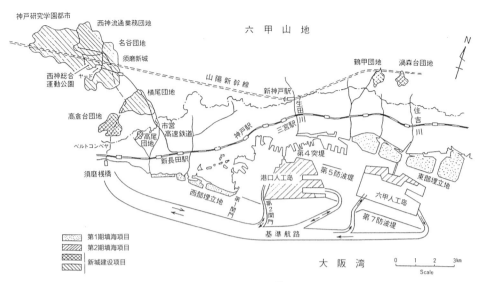

■图2 神户人工岛和内陆部分的新市镇组团的一体化开发[1]

第1期填海项目
第2期填海项目
新城建设项目

内大约4600人的宝贵生命，造成了整个城市的完全瘫痪。

PI方面，以港湾设施为中心，受到了毁灭性的打击。当时，与既有城区（老城区）的唯一的联络桥神户大桥也不能通行了。

另外，震灾当时，据报道土地液化现象严重，这是港湾地区受害的主要方面，中心区城市功能用地的建筑物倒塌等致命性的灾害没有发生。

后续的PI（第二期）在震灾发生时，正在填埋建设中，混凝土瓦砾作为填埋用材的一部分被引入。另外，已经建成的用地约50 hm²，集聚了约200万t的木质瓦砾，通过临时设置的工厂进行了烧毁处理。

此外，包含1、2期在内，建设了超过3000户的应急临时住宅，实现了受灾群众的临时安置。

（2）"神户海上新都心"的诞生　近年来，随着集装箱船的大型化，以及集装箱泊位的深水化，曾经最先进的集装箱码头PC1～5地区，在震灾后，转换为以都市型利用为目标的功能区。

该地区是2002年10月都市再生紧急改造地区指定的，直到2004年才结束临港地区的解除手续，2007年春天迎来了神户学院大学、兵库医疗大学、

■照片5　受灾的集装箱泊位
形成岸壁的沉箱在海边流动，这以后，由于上述复旧实施的结果，PI的面积从当初的436 hm²增加到443 hm²

■照片6　使用功能转换前后的PC1～5地区
集装箱码头变成了大学校区

■照片7 "港岛黄昏音乐会"上的"港岛太鼓"[2]

神户夙川学院大学三所大学在此开学。现在，加上正在迁入的神户女子大学、神户女子短期大学，这一片区一共集聚了约8000名学生。

（3）"故乡港岛" PI是能够感觉到生活气息的持续发展的街区。

因为是人工岛，PI原本是没有什么传统和文化的，但是通过居民的努力，开展的各种活动，促成了地域社区的形成。另外，岛内公立幼儿园、小学、中学等一应俱全，幼、小、中一贯式教育正在推进。

这种努力的代表是，每年夏天开展的"港岛黄昏音乐会"，还有港岛小学校代代相传的"港岛太鼓"等（照片7）。

港岛太鼓，是为了提升新街区的凝聚力和故乡归属感而组织的活动。港口码头81号经营活动参加协议会的成员在博览会最后一天的营业额，按规定需要捐赠学校，其中一部分用于此活动。

基于迄今的这种地域、学校一体化建构的历史，PI作为地区的孩子们引以为豪的"故乡港岛"，今后也将实现更令人瞩目的发展。

3.2 "第二期"的诞生，以及神户机场的建设

（1）港口人工岛（第二期） 前文所述PI第二期，为了应对国际化、信息化时代的新需求，进行了港湾设施和都市技能的改造，并以形成与PI（第一期）一体化的都市空间为目标，1986年开始推进填埋（2009年度完结）。

神户市从震灾后的1998年开始，建设了先端医疗技术的研究开发据点，通过产学官协作，推进了"神户医疗产业都市构想"。该构想就是要集聚21世纪初的朝阳产业——医疗产业，形成产业集群。这一主要舞台就是PI第二期，构想发表以来经过10年到现在，以10多家核心设施为龙头，引入了200多家医疗相关企业，稳步推进生命科学领域的集群建设。

（2）神户机场 在PI六甲岛之后，神户市围海造地项目的集大成者就是神户机场岛，2006年神户机场开港。

从南开始，神户机场、PI、都心——三宫，构成新神户，形成了神户的经济、文化中枢的中央都市轴，在原本东西向较长的神户市区上加上了南北轴，市区整体发展。神户PI的位置和职能都越来越重要了。

■ 4 结语

PI在明治开港以来，长期对外开放，说它是神户的"开放性"、"先进性"和"独立性"的最典型代表也不为过。

有说法30年是一代，PI正处于回顾这30年，面向下一个舞台的时机。2011年11月，参加者2万人规模的马拉松开幕式上，PI成为"神户马拉松"的目的地，这也是不断迎接挑战的神户人工岛赢得越来越多瞩目的机会。

◆参考文献
1）神户市（1981）:『ポートアイランド 海上都市建设の十五年』.
2）日本经济新闻神户支社编（1981）:『六甲海へ翔ぶ ポートアイランド诞生记』.

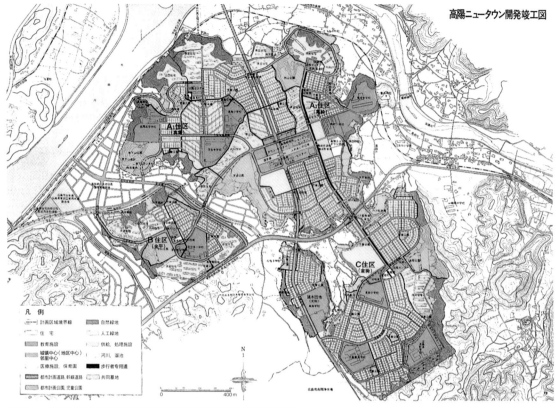

高陽ニュータウン開発竣工図

■ 图1 位于丘陵地带的高阳新城的住宅区构成与主要设施配置

■ 1 项目及其时代背景

所谓"高阳新城"，就是指由广岛市高阳新住宅街区开发项目所开发建设的住宅区，当时号称拥有西部日本第一的规模，是采用正统的社区、近邻住区理论以及最大限度人车分离系统的规划。特别是新城周边的大片斜面绿地用于区分其他地域，在景观上也具有相当好的效果。这座新城作为名为《高阳新住宅街区开发项目的规划与建设》的作品，获得1981年度日本都市规划学会奖设计奖，并将其授予广岛县代表、县知事竹下虎之助。入选理由是，地方公共团体在地方城市所起的作用和贡献得到了认可，"作为广岛城市圈开发的一个环节，以将环境良好的住宅街区开发与周边村落结合在一起，实施一体化城市规划的基本理念为基础进行的建设"。另外，1982年7月，广岛县住宅供给公社因在高阳新城开发与廿日市新城—阿品台住宅建设中为住宅区居住环境的改善作出了杰出的贡献而受到当时的建设

大臣表彰。

如今高阳新城周边已然开发了好几个公共住宅区，新城仿佛已经埋没于其中，但仔细辨认的话，依旧看得出其相间的大量绿地，是设施改造水平较高的地区（图1）。

新城开发时正值高度经济成长期的后段，那时在地方城市也掀起了一轮郊区化的浪潮。在民间开发多是小规模，在配套设施设计也并不理想的情况下，广岛县住宅供给公社与广岛县合作，作为项目实施主体设计开发了这一高阳新城。

■ 2 项目成立过程与特征

高阳新城是适用于《新住宅街区开发法》而开发的住宅区。1969年12月，将广岛市中心以北约10~12 km的地方（照片1）作为新城选址的基本构想被确定下来。之后，1970年4月总体规划、总体设计的编制得到推进，1971年1月广岛城市规划高

■ 照片1 开发前的高阳新城选址附近的状况

■ 照片2 大片绿地留存的高阳新城（1982年摄影，广岛县住宅供给公社）

■ 照片3 城中心方向立体交叉连接的步行者专用道

■ 照片4 步车道分离的空间网络

■ 照片5 在配套公园里享受体育竞技娱乐的老年人

阳新住宅街区开发项目确立，1972年7月总面积约267.7 hm²的建设项目得到了批准。也就是说这是以《新住宅街区开发法》为基础的项目。在与广岛县住宅供给公社的协同下，宅地开发研究所总结编写了《高阳新城基本设计报告书》，明确了基本的方向、方针与新城的总体设计。

另外，恰好此时，正在讨论广岛都市圈交通规划，广岛市交通问题恳谈会编著的《广岛城市交通的现状与未来》（大藏省印刷局1971）出版，其中提到高阳新城适合住宅区并提出了较为详细的交通规划，受到了大家关注。

当时的国铁艺备线（现JR艺备线）、县道广岛向原线（现县道广岛三次线）连接了这片地域与广岛市中心。规划内容中最具特色的是，在夹着县道的2大片区中建设新城，大块的部分为A住宅区、B住宅区，其他的为C住宅区。A住宅区中设计的与

可部方面直接连接的县道高阳—可部线又将其区分为A1与A2住宅区，总共4片住宅区（照片2）。这四大住宅区分别对应曾经的四个地区，即大字真龟、龟崎、金平（后称落合）、仓挂。连接这些住宅区的步行者专用道路与干线道路成立体交叉式，围成紧密的步行网络（照片3、照片4）。在土地利用方面，

■ 照片6 高层住宅群

■ 照片7 县营住宅地区

■ 照片8 倾斜平行境界墙壁共有式商品住宅

住宅地占39%，教育设施占10%，业务设施3.5%，近邻地区中心3.5%，公园绿地19.4%（照片5），道路水路河川占24.1%，公园绿地比率之高引人注目。住户数约7300户（当初规划10000户），其中公共住宅346户，县营住宅3480户，商品住宅3474户，规划人口约26000人（当初约36000人）（照片6、照片7）。

就住宅形式来说，中高层共同住宅地没有采用围合配置，而是采用平行配置，为了不单调划一，努力加入变化，每100~150户还设置了连接绿道的游戏乐途。停车方式为集中与分散混合式。同时独立住宅则采用由共有道路接受窄巷的交通流，将其引向住宅区干线的方案（图2）。再者，为了防止车流进入窄巷内，窄巷采用别针式，有些地方形成尽端式车道。当然为了不使行人有死胡同感而设置了绿道网络。作为广岛地区少见的新形式，新城提供了应该称之为倾斜平行境界墙壁共有式住宅的集约化商品住宅。所形成的雁行式并列的住宅群非常独

特（照片8）。

另外，还需提一下的是，对于区域内出土文物的处理也进行了一定的考虑。

■ 3 项目后续及评价

高阳新城的开发当时可谓是备受期待。1972年10月建造工程开始，2月开始商品住宅开始售卖，有买房需求的阶层人气高涨，申请购买者大量集聚。同时申请、入住县营住宅等的人也络绎不绝，作为租赁房的布局也未显得不合适。由于与广岛市中心有比较方便的公交线路连接，新城活力凸显，造访市中心、近邻中心的顾客很多，同时也开展了社区活动。据某商业人士说，当时卖儿童用品等的商铺并列排开，商铺生意十分红火。建设施工1987年3月结束，商品房售卖到1990年3月结束。

开发后的变化是入住者高龄化。县营住宅等租赁房倒是有一些年轻人入住，但商品住宅则是以20世纪70年代入住的40~50岁为中心的家庭为主，随着年龄增长，高阳新城明显比一般街区更偏重于特定年龄段，同时又具有共有住宅比重偏低的地方大城市型新城的特点。如今对于住宅内部以及道路与住宅间台阶的无障碍化正备受考验，今后怎样更好地继续居住下去成为了一大课题。而且全国少子化对学校产生了显著的影响，特别是高阳新城由于儿童数量在建成后迎来短期峰值后急速回落，现在教育设施过大、利用效率过低成了不得不面对的问题。

与规划预测有所偏离的是近邻中心。如今热闹已经完全不复存在，它的存在价值也几乎丧失殆尽（照片9）。新城中心曾经的辉煌也消逝了（照片10），顾客都倾向于到地区外的大型购物中心购物。住宅地由于入住者离去逐渐空房化，想卖卖不出去

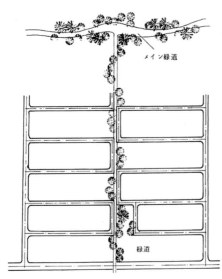

■ 图2　细街路方案

■ 照片9　明显闲置的近邻中心

■ 照片10　曾经热闹的城中心

而被闲置的住宅随处可见。不过，高阳新城的问题还不止如此。新城是在相当规模的公共投资与民间资金投入后建成的，本来资产价值就数额巨大，照这样下去，使用价值与资产价值将显著降低，无论于公于私都将是巨大损失。

　　也就是说，新城应该尽快建立不动产流通体制，迎接新的居住者，不再是集中于高龄阶层，而是尽可能实现年龄阶层多样化。近邻中心等也要设法有效利用起来（根据实际情况还可以重建，实现新的功能集聚）。此外对于在此终老的人们的有效应对措施也需要确立与跟进。这些问题都应该多考量。因此可以说，如今广岛县住宅供给公社、居民、居民组织以及政府等的新应对已经显得尤为迫切了。

◆参考文献

1）広島県住宅供給公社・宅地開発研究所編（1972）：『高陽ニュータウン基本設計報告書』，広島県住宅供給公社.

2）広島県住宅供給公社編（1982）：『わが街高陽ニュータウン』，広島県住宅供給公社.

3）広島県住宅供給公社 "ひびき" 編集部編（1989）：『ひびき第37号』，広島県住宅供給公社.

4）広島県住宅供給公社40年記念誌編集委員会編（1992）：『広島県住宅供給公社40年のあゆみ』.

5）広島県住宅供給公社編：『高陽新住宅市街地開発事業計画設計図』（1972～1986）.

6）広島県住宅供給公社（1973）：『高陽ニュータウンパンフ，高陽ニュータウン開発竣工図（最新版）』.

7）その他平成12～14年度の広島大学工学研究科修士論文および工学部卒業論文（石丸紀興研究室関連）.

20 滨松站北口广场

基于土地区划调整的兼具交通终点和景观功能的大型站前广场建设

1982

■照片1　现在的滨松站北口站前
与刚完成后（图3）相比车站建筑更新了，并增添了一些绿色

■ 1　时代背景及项目意义与评价

　　本项目构想于从高速成长转向低增长，但是增长的势头尚未完全消失的昭和40年代后半期（20世纪70年代中期），当时日本经济经历了"尼克松冲击"和第一次石油危机。本项目规划设计花费了约5年时间，施工约2年，于1983年完成。它统领了东海道干线高架化项目、滨松站周边土地区划整理项目等一系列广域基干建设项目，这些项目对地方中心城市的彻底改造作出了巨大贡献，推动了面向新时代的市中心的基础设施形成。此外，这个站前广场实现了一系列丰富的空间设计内容，即实现了行人和机动车的完全分离，确保了公交车的便利性，创造了体现城市美的标志性景观，由于包含了促进车站周边街道形成的设计内容，本项目成了当时城市改造、站前广场建设的典型案例，得到了高度评价，1982年获得日本都市计划学会的设计奖。

■ 2　项目特征

　　本项目第一个特征是确保了足够的用地，这些用地是实现交通终点功能和景观广场功能所必需的，它们是通过土地区划调整获得，由于认可了巨额的减价补偿金，才得到了原先标准2倍的用地。第二个特征是在规划、设计、施工的约7年间，尊重由各阶层市民代表和专家组成的"滨松车站周边建设规划协会"向市长提出的建议。在这样的协作形式下，设置了保持广场湿润并带来安逸气氛的植物、人工瀑布、花钟、长凳等设施，最终建成了宜人且实用的景观广场。

　　公交总站是直径77 m的16边形，16个乘车站承担着各个方向公交车出发到达重要节点的职能，地下是直径55 m的圆形广场，其中央是直径28 m的通风井，这部分设置了写有"不断前进的滨松"标语的纪念碑（高20 m，底边是2 m和4.5 m）。

■ 照片2　开工前的滨松站北口站前
站前广场很狭窄，周边仓库混杂（弥漫着20世纪50年代的气氛）

■ 照片3　公交终点刚刚完工后的滨松车站北口
公交终点的中央耸立着纪念碑

■ 照片4　代替时钟花坛的喷泉舞台在游行示威等大事时利用，照片展示的是游行示威的场景。且舞台后还装饰了"2009年滨松立体花卉节"的作品

■ 照片5　公交终点中央耸立着的雕塑对面可以看到站东街道的地标塔（地面45层）

■ 3　项目的后续

　　之后滨松车站北口站至今成功推进了远州铁路高架化的建设（1985年完成）和站东街区（车站综合设施）开发（1995年完成）等各种建设。站前广场作为公交终点站的作用未曾改变，另一方面，当时正对车站出口的花钟被移走，取而代之的是市民音乐会使用的"喷水舞台"，创造出气氛热闹的空间。原先黑暗压抑的避难所也充分利用原有构造改装成轻快、透明的新避难所。这个改造包含了带有声音信号的明快信号系统的改建，厕所的通用化设计等，虽然距离最初的建设经历了20年后才实施，但这个改造规划获得了

"2007土木学会设计奖"的优秀奖。

　　滨松市在平成时代的行政边界调整中成了政令指定的大都市。而现在，这个站前广场充当着滨松市门户的角色。北口的"北"字和"欢迎大家来到这里"合并起来就成了吉他的词源——古希腊的弦乐器"Kithara"①，也是由于这个昵称造就了亲民的交流空间。

◆参考文献

1）浜松市（1983）：「日本都市計画学会設計賞 浜松駅北口駅前広場」，都市計画127，21-24.

———————
① 中文意思"来这里了"——译者注。

21 高山市街角整治

基于空间节点的街角整治创造出有效的都市空间　　　　　*1984*

■ 照片1　从高山阵屋一侧看中桥方向

■ 1　时代背景及项目意义与评价

自20世纪60年代始，岐阜县高山市在各自治体中率先开展了街区的恢复保护以及河流净化活动。其开端是以1965年岐阜国民运动会为契机，由市民发起的各种街区美化运动。在河川净化方面，组织了为让宫川河流恢复清澈的儿童会活动和"美化河流会"等市民活动。在街区保护方面，1966年上三之町结成了上三之町街区保护会，此后，保护区域扩展到上二之町。在这一系列运动后，高山市于1972年制定了城市街区景观保护条例，并于1979年划定了重点历史建造群保护区。

这些景观保护的举措在部分地区获得了一定效果，然而，城市化和城市旅游观光业发展的同时，市区街道景观也在整体恶化。为了应对这些问题，推进街道的恢复保护进一步向前发展，在传统文化城市环境保护地区改造规划中，对包含近代街区在内的城市整体改造手法进行了探讨，得出三个结论：①拓展城市空间，创建宜居环境；②展示美丽景观；③建设市民与观光客之间的互动场所，街角整治规划就是基于这些视点而被提出。

街角整治规划获得学会奖的理由有如下三点：第一，将历史和传统融入日常生活中，规划中不仅展开了历史街道建设，而且开展了以市区整体良好景观为目标的"城市建造"等一系列城市设计规划。第二，以少量的投资对街区起到立竿见影的效果，对于市民和观光客而言，极大地改善

了环境。第三，街角整治后，当地居民承担起街角管理责任，美化自己的家园，并且从其他地区居民也提出街角整治要求可以看出，涟漪效应已经形成。

■ 2　项目特征

2.1　城市传统文化环境保护区整治规划之街角整治概要

街角整治是国土厅地方城市整治选定的试点项目，它是在"城市传统文化环境保护区整治规划—提升高山—传统与和谐文化环境创造—街角的发现"（1980年）的基础上立项的。高山市城市传统文化环境保护区整治项目发展委员会（以下统称传统委员会）制定了街角整治的工作流程，传统委员会当时云集了一批城市规划的大师，诸如伊藤郑尔先生（当时工学院大学校长）、川上秀光先生（当时东京大学教授）、加藤晃先生（当时岐阜大学教授）、渡边定夫先生（当时东京大学助理教授）等，他们曾担任TAKE-9规划设计研究所的顾问。街角整治

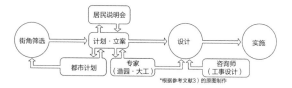

■ 图1　街角整治流程
在各种主体的互动中编制规划制定

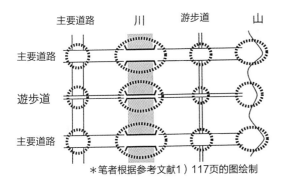

主要道路 川 游步道 山

主要道路

遊步道

主要道路

＊笔者根据参考文献1）117页的图绘制

■ 图2 街角的选择
现状路口、桥梁、山脉的交会处选为街角

■ 照片2 中桥（左岸）
面对观光客集中的桥前广场

■ 照片3 大雄山改造点
位于中心街区的东入口

■ 照片4 城山改造点
位于中心城市东部入口处城山公园入口

的过程如图1所示。下面将以"街角"为重点介绍整治规划的内容。

（1）街角的理论 街角整治的目的和意义在于：①为了增强人们对传统文化环境的意识和感受，提升街角的活力；②街角是市民和观光客交流互动的场所；③通过在街角放置城市宣传报和海报等，使之成为创造市民文化的小基地；④街角提供设备（公共电话、邮箱等），提升市民生活便利度；⑤街角是景观的基本要素，丰富了街道景观；⑥行政以较少的预算进行景观保护区整治时，通过确定街角整治的行动方针，可以期待产生更广泛的影响，而且它是市民生活的一部分因此容易被接受；⑦基于公共利益的街角整治，提高了分散各处的城市节点的环境水准，也能促使附近私人建筑设计质量提高。

（2）街角的选取 旧城下町区域是传统区域核心，传统核心300 m范围内所涵盖的空间定义为周边地带。在对传统核心区和周边地带100个街角的详细踏勘基础上，总结出了数个一体化的整治方

案，共有43个街角被选为整治的对象（图2，照片2~照片4）。此外，这43个街角在整治规划书中作为方案提出后，又对整治对象进行复审，传统核心区和周边地带到目前为止共有53个街角被纳入整治对象（图3）。接着设置两类评价标准进行街角重要性评价。一类是基于调查组的现场勘探进行实际情况评价，另一类是基于构成景观体系的线性要素进行评价：①河流；②干线道路和迷你巴士路线；③设定传统核心区和周边地带的3条边界线，根据这些线的重叠情况划分其等级。

（3）街角的构成 街角整治的方法有5点。①街角所处的位置决定了其基本属性。街角如果位于传统核心区的出入口，则街角就像是门一样，街角如果位于传统核心区以内，则应尽量保持居民的熟知性，街角（包括桥在内）是街道整体氛围的构成部分。②拓展街角的空间范围，充分利用相邻的公共空间和死角；同时拓宽人行道，形成无法违规停车的结构。③人行道可通过种植树木以及设置花坛等方式增加绿色。此外，街角的绿化要使人感受到四

季变迁，从街角到街道，进一步增加其情趣。④考虑交通安全、交通形式，除了机动车道与人行道分离外，由于街角的交叉路口较多，为了使行人等候车辆时，车辆能自然减速而修正了道路线形。⑤设置街角纪念碑、指示牌、渲染气氛的照明等设施。

2.2 街角整治项目（点的整治）和街道、河流景色修缮项目（线的整治）的联动

在高山市，与街角整治等点的整治项目相互联系共同展开的是线的整治项目，包括街道和河流景观的修复。即通过点与点之间构成的线的联系，达成面的景观效果。另外，对于街道、河流景观修复项目，城市传统文化环境保护区整治规划是作为"道路和滨水规划"来进行的。

街道、河流景观修复项目以铁匠桥左岸为例，通过3户居民的联合重建，沿宫川河步行空间跨越了国有土地和私人土地，这被视为官民合作的典范（照片5）。另外，在私有土地整治费用中高山市政府给予了补助。

■ 3 项目后续

街角整治项目，从1980年开始持续到1983年，被定为高山市的第三次综合规划，其工程费耗资3亿日元（包括国家援助5000万日元，县政府援助3000万日元），高山市60个街角得到整治，当初整治规划的实施已接近完成，市政府肯定了其良好的作用

■ 照片5 铁匠桥左岸通道
步行空间跨越国有土地及私人土地

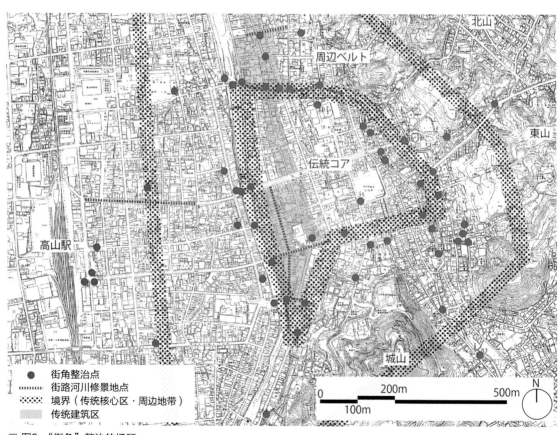

■ 图3 "街角"整治的场所
经过整治的街角分布已经发展到传统核心区和周围地带的53个整治地点

和效果，因此1985～2002年，这项工作得以延续进行。整治规划也不再限定在传统及周边区域，而是扩展到市区整体，最终有105个街角得到整治。

街角整治非常重视与当地居民的沟通，项目开始前总是悉心聆听居民的意见，特别是项目完成后的维持管理方面，有2/3的事项是委托给高山市的社会团体，例如自治会、敬老协会、妇女协会等，在多数居民的理解和支持下，开展了志愿者无偿清扫等活动。

另外，街角整治并没有随着2002年规划结束而结束，高山市又开始了新一轮的城市路面和水路的街巷畅通整治规划，街角整治规划延伸出的城市景观美化工程整治持续至今。

最后，回顾街角整治规划，笔者总结了以下几个特征：

第一，包括街角整治规划在内，高山市的景观整治整体上具有先进性。其被国土厅选为试点项目的主要原因是当时高山市仍然拥有全国少有的重要传统建筑群保护区。它的基础就是1972年出台的高山市城市景观保存条例，该条例甚至在国家1975年制定历史建筑保护区法规之前。作为1960年后半期开始制定的，具有独特历史性的景观保存条例的一个初期事例，具有很高的创新性。另外，1979年，作为国家重要传统建筑群保护区而被选中的三町地区的整体改造项目成为了核心工程，选取了多点的"街角"整治，整体形成一个网络，展现城市的魅力，这种方法在当时是具有创新性的。

第二，整治工程具有持续性和全面性，街角整治作为城市的固定项目推进了大约20年。还有，基于城市景观法规条例所进行的高山市综合景观整治规划，包括目前的街巷畅通整治规划，历史街区保护和历史文化弘扬等整治工程在内，并不是一次性的景观整治工程，而是持续的和全面的。高山市广泛的街道景观工程的实施在其他城市是罕见的。

作为将来的重要课题，街角整治和维持管理永远不会停歇，今后建立与地方社团组织的协作制度是必不可少的，包括街角整治在内的各种各样的景观整治工程技术上和管理上的提高需要几代人持续不断的努力。

初期的整治已经过了30年，初步形成了良好的景观体系，高山市和当地居民在将来的整治推进中将增加新的方法，形成更加成熟的城市景观，我们对此充满期待。

◆参考文献
1）岐阜県・高山市（1980）：『国土庁伝統的文化都市環境保存地区整備計画—飛騨高山—伝統と調和した文化環境の創造—「まちかど」の発見』.
2）丸山　茂（1983）：「「まちかど」は語らいの場—高山（特集・観光地と環境整備）」，月刊観光197，26-29.
3）小林　浩（1988）：「高山市まちかど整備（県内各都市のまちづくり（都市計画）事例）」，新都市42（8），88-94.
4）松浦健治郎（2002）：「スポット的に「まちかど」を整備」，佐藤滋＋城下町都市研究体『図説城下町都市』，p.111，鹿島出版会.
5）阿波秀貢（2010）：「高山市の新たな景観形成法の展開—「まちかど整備」—「横丁整備」30年間の歩み」，地域政策研究51，61-71.

22 多摩新城鹤牧和落合地区
通过绿化与公共空间构筑居住环境

■ 照片1[1)] 拥有向富士山全景展望的主干空间"富士观景大道"

■ 1 时代背景与项目意义及评价

　　日本的高度经济成长导致了东京都市圈的人口集中。多摩新城正是以解决这个问题为目标，在郊区大量提供住宅，作为规划住宅街区建设起来的。多摩新城的建设始于1965年，作为日本最大的新城，它不仅是一项长期持续的城市建设工程，也是随着时代变迁，为了适应巨变的社会需求而不断摸索新居住形式的试点城市。早期建设的诹访和永山地区，是基于"近邻住区论"而开发的典型的中层集合住宅区，它均等配置公园和中小学校。此时以住宅建设效率优先为城市建设原则。但是，到了昭和50年代，随着环境问题意识的提高，住宅供给发生了从"量"到"质"的转变。新城建设也逐渐转换为尽可能利用多摩地区周围的自然绿色环境的"就业"与"居住"型城市，鹤牧和落合地区则建成了"自然环境"与"居住环境"相协调的低层集合住宅区。在融入富士山与周边景观，与樱花树并排的林荫大道成为视觉景观的同时，通过公园和绿地的网络化联结，实现了各种各样开敞空间的集约化、联结化。这种将公园与绿地作为骨架的居住环

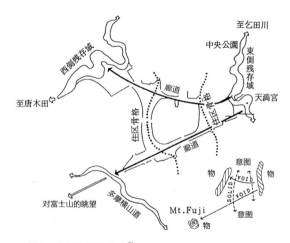

■ 图1 主干空间的构成[2)]

境构建，不仅受到了居民们的称赞，其作为新城公共空间规划的典范也被高度赞扬。

■ 2 项目特征

　　依据由开敞空间组成的空间构造的骨架，实施体系化的住宅用地规划是新城的特征，"空间的构造

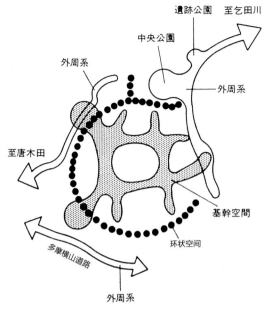

遺跡公園　至乞田川
中央公園
外周系
外周系
至唐木田
基幹空間
多摩横山道路
環状空間
外周系

■ 图2　开敞空间的概念图[2]

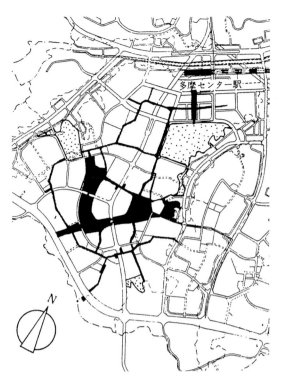

多摩センター駅

N

■ 图3　开敞空间配置图[1]

化"、"财产空间的创造"、"要素设计的充实"是开发的三个关键。它引用了"主干空间"的概念而达到了住宅地空间构成的视觉化。这一概念有以下特征：①由各具特色的开敞空间构成；②定位于多摩川、多摩横山街道、乞田川等广域开敞空间的构造；③为保全自然绿地，把连续的住宅地分开；④将绿地作为地区空间构造的骨架；⑤近邻公园和步行专用道路的连续性与主干性并存；⑥避免形成单调统一的住宅地面空间；⑦建设能让居民看成是财产的设施和空间；⑧空间设计要能体现出地域性、历史性。于是，为了避免住宅地单调统一，作为"图"的主干空间与作为"底"的住宅地之间的差异就被突出显示了出来。

另外，基于这些基本概念，规划还意图构筑由外围空间、主干空间、环状空间组成的开敞空间网络，将地区整体系统化，即由周边公园与保留绿地形成的外围空间，由近邻公园和街区公园为基点形成的环状绿地和以向着富士山的远眺线为轴形成的带状绿地组成的主干空间，通过连接近邻中心与中小学校等公益性设施，创造出城市空间，在主干空间外侧形成了环状空间。

更进一步说，通过创造令居民自豪的风景和导入文化财产般的要素，以创造财产般的空间。

■ 3　项目后续

从1981年的宅地销售开始，已经过了30多个

年头，与丰富的自然环境一道成长的被绿色包围的公园群渲染了住宅地环境，还渗透进居民的生活之中。在中高层集中的高密度的都市圈土地中，形成了被晴空万里的广阔环境空间所包围的自然与居住共存的城镇。随着居民逐渐向第二代、第三代变迁，像这样与绿色和自然交流的方式也许会改变，但当初开发时的目标是使其成为一个"拥有故乡自豪感的城市"、"愿一生居住的城市"，亲近于民，而行走于樱花道，远远地向富士山眺望，一定能成为居民记忆中永难忘怀的景象。

◆参考文献
1）吉岡昭雄・浅谷陽治・笛木　坦（1986）：「多摩ニュータウン鶴牧・落合地区の緑とオープンスペースの構築について」，都市計画142，28-29．
2）造園家集団（1984）：「特集 多摩ニュータウン落合，鶴牧地区—上野泰の空間デザイン—」，ula No8，1-37．
3）上野　泰（1984）：「多摩ニュータウン落合・鶴牧地区オープンスペースの計画について」，造園雑誌48（1），48-54
4）都市再生機構（2005）：「TAMA NEW TOWN SINCE 1965」．

23 土浦高架道路
考虑到将来引入新型交通系统的城市内高架桥的改造 *1985*

■ 照片1　商业街和高架道路上的公交车停靠点边的扶梯（铃木宏志摄影）

■ 1　时代背景及项目意义与评价

1.1　土浦市和筑波大学城的一体化

　　茨城县土浦市，在首都东京东北方向60 km，筑波大学城东南10 km的位置上，是聚集了12万人口的南部地区的经济、教育、文化中心城市。根据首都改造构想（草稿，1983年），土浦市和筑波大学城被规划为将成长为围绕东京的独立都市圈的核心的职能中心城市，构想两城市在分担相应职能的同时实现一体化。土浦市拥有国铁常盘线特急停车站，作为筑波大学城的外大门，规划了城市再开发项目及站前广场改造等计划。一方面，大学城的大学、国家研究机构等的搬迁在相当程度上得到推进，但是城市中心区却还没有成熟，整体处于缺乏城市魅力的状况。筑波国际科学技术博览会（科学万博：1985年3～9月）的举办有望在下一阶段充实完善科技大学城的配套设施。

1.2　筑波新交通系统的阶段改造构想

　　筑波大学城新开发地区是竖向的长形，从1972年开始构思引入新交通系统，把位于北端的筑波大学与位于中央的中心地区连接起来，并使之延伸到土浦站，形成一个节点（图1）。筑波新交通系统

■ 照片2　高架桥（县施行区间）（铃木宏志摄影）

在1978年就作为国库补助的城市单轨电车改造项目（筑波研究学院线，延长1.5 km）被立项，并开始了项目可行性预研、技术经济评价以及详细设计。

　　基于筑波大学城建设法，在1980年编制的《筑波大学城地区建设规划》基础上，提出了《建设新交通系统筑波大学城线》。但是大学城的市中心尚未成熟，土浦—大学城城市之间的城市开发趋势也难以预测，所以考虑最初依赖公交或者简易有轨电车，在需要时再进行新交通系统的建设。但到需要开始筹划的时候，1982年基于国库补助的城市单轨电车等建设政策本身就中止了。

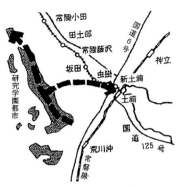

■ 图1 新型交通系统构想[4]

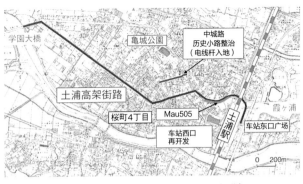

■ 图2 土浦高架街路位置图（土浦市城市改造部提供）

从广阔的县南地区来看，与首都圈其他方向相比，放射状铁路网密度较低，集中在铁常磐线的交通需求需要分散，同时，也有要促进沿线地区的开发，于是提出了常磐新线。但是由于当时国铁财政处于破产状态，以国铁为开发主体的构想触礁了。

1.3 项目的意义和目的

本项目在土浦市区部分，由于规划和建设了复式断面（高架、平面）的道路，其意义和目的表现为以下4个方面：

（1）**解决消除了中心区交通混乱状况，促进了商业的振兴** 与土浦站东口站前广场改造一道，城市规划中将道路的一部分以建设高架桥进行整治，削减了平面道路上的交通通行量，缓和了平面道路的交通混杂现象，提高了都心部商业地域的交通便利性，达到了促进商业活动的效果。

（2）**形成了连接筑波大学城和土浦市的交通轴线** 项目当时谋求土浦站东口和筑波大学城的交通服务水平的提高，为了将来能够在这条交通轴线上引入新的交通系统，高架道路采用了能够转变为未来新交通系统构造的必要设计。

（3）**国际科学技术博览会开展期间的观光游客的运送** 科学万博会开展时，为了从土浦站东口到万博会场间公交运送能顺利进行，高架路在科学万博会开幕前开通运营。

（4）**商业街区的设置** 高架路距离土浦站很近，由于其规划会隔断既有的沿街商业，所以必须考虑安置被迫迁出的商店和保持市中心的活力。作为积极的对策，对容纳商店的建筑物以及周边步行空间进行了修缮。

1.4 项目的评价

本项目在规划和实施两方面在当时都得到了高度评价。首先从规划层面来说，本项目是考虑了新型交通系统的阶段性建设的先行典范（参考文献3），高架道路不仅仅是作为缓解交通问题的简单高架道路，而且是能够转换成未来新型交通系统基础的高架道路，这是规划和建设的要点。新型交通系统运营，要求沿线交通需求有大幅提高，但在需求小的时候高架路上的公交服务即可对应，当需求增大时，则可在高架路上附加新型交通系统的通道、电力线、通信线等，将过去的公交停靠点改造为新型交通系统的站点，这是阶段性建设的关键。这种考虑方法，在交通需求相对较小的地方城市及大都市圈内的周边小城市，即使在现在也是能够借鉴的。

其次，在实施方面，第一是土浦市实施的大型购物中心工程（川口大型商务中心，统称Mall505），将被迫搬迁的店铺一揽子搬迁到高架道路沿线新建的商业大厦内，不仅仅是这样，还在高架道路桥脚下周边建成了步行空间，在市中心创造出了新的热闹的城市空间，高架道路上的公交车停靠点有直接通往商场的扶梯。另外，从原本反对本规划的居民那里也获得了赞赏。

实施方面的第二个特点，高架道路的独特设计，并不是表面的化妆美化，而是从总体结构形态的基础就考虑到景观要求而完成设计。建成竣工的高架道路没有压迫感，这是超出了事先预想的，高栏的设计，甚至连桥梁色彩等细节都考虑到了，这也成为后来城市中心区高架道路设计的范本之一。

■ 2 项目的特长

2.1 考虑到新型交通系统的高架道路

本工程是从城市规划道路中土浦站东学园线的土浦站东口站前广场（8500 m^2）开始到城市外缘部分的樱川学园大桥为止，共约3 km的区间。标准断面构成是，平面街道2～4车道（宽度25～30 m），

■ 照片3　学园大桥（县施工区间）（铃木宏志摄影）

高架部分双车道（宽度7.5 m），途中高架道路上设置了3个公交车停靠点。

工程的划分是，城市道路区间的土浦站东口到樱町四丁目交叉口的1.3 km是由土浦市实施，剩余的1.7 km，由茨城县实施。县施工区间和市施工区间，作为申请国库补助的道路工程实施，在国库补助金以外的部分，由住宅和都市整备公团负担。

关于土浦高架道路的城市规划决定，在1983年4月通过，之后反对该规划的居民提出了公害调停及城市规划认可取消诉讼。应对完这些情况，自施工开始到完工，仅用了420天左右，总算赶在1985年3月的科学万博会开幕前投入使用。

另外，将来的新型交通系统是1辆列车由4节车厢编成（1节车厢相当于75人），如果满车时候重量是18 t的话，为了使高架道路能够直接转换成新型交通系统的基础，在研究了平面线形和桥梁构造的基础上进行了设计。而且，为了将来能够转换使用，需要满足新型交通系统的行车等，而在路面下面设置必要的钢筋结合口。

2.2　为容纳搬迁店铺的大型商业中心工程

与高架道路一起实施的商业中心工程，位于土浦市中心区东侧道路沿线上，以往商店布局杂乱，这些商店的后面，即便是白天也显得昏暗。市政府为了改变这一糟糕的环境，以高架道路建设为契机，与商业街进行了大量的谈判。谈判的结果是，商业建筑59幢（其中钢筋混凝土构造物33户，钢铁构造物8户，木造18户）一揽子迁至高架道路旁边新建的3层大厦，并且搬迁工作在短期内实现。另外，把市中心的市营停车场搬到土浦站东侧的霞浦港建筑工地，在原停车场建设了与高架道路一体化的步行广场。除配置了大量树木、水路和池塘之外，还配置了供市民集会、娱乐、祭祀的广场。在步行广场上方通过的高架道路上，为乘坐公交来市中心商业街的人设置了公交停靠点，从停靠点到广场可以直接通过升降电梯，也可以通过扶梯（照片1）。

2.3　考虑了城市景观的轻快的高架道路

在设计高架道路的时候，相比施工和工程的简易性来说，更优先考虑其景观。

1）上部为了使得T形桁等底面不显得暗沉，将主桁和混凝土板一体浇筑。并且为了与下部形状形成一体感，达到柔和的效果，用了曲线的支撑，形成了逆台形结构（照片1）。

2）下部为了消除混凝土的生硬感，展现出精致的形象，采用了日本三弦琴拨子的形状（照片1）。

3）为了桥面排水设置了排水沟，桥脚面处做了10 cm的凹陷。

4）栏杆为壁高栏，外侧水平方向植入两根接缝线，将视线引导向水平方向，就不易感觉到高栏太宽。

5）与主要道路的交叉点，为决定曲线部分使用的钢桥的涂装色彩，制作了模型，基于模拟结果采用了明亮的柔和色调。

■ 3　项目后续
3.1　大学城的立体道路及新型交通系统

科学博览会结束后，筑波大学城迎来了收获的季节，1991年大学城新住宅街区开发项目等结束。以此为契机，1991年筑波大学城地区立体交通开始规划和建设，1995年投入使用。此立体道路与土浦高架道路位置相对，目前可通行传统公交，为了将来能成为将土浦和大学城连接起来的新型交通系统的基础设施，也采用了将来便于转换的设计。

立体道路方面，在城市规划道路从土浦学园线的竹园高校附近开始，到筑波大学城的中央大道线交通终点站附近结束，大约1 km区间内，以地下通道形式建设了双车道（路幅7.5 m）的道路，途中设置了1个公交停靠点。另外，为融入这条立体道路，城市规划道路的中央大道线约1 km路段进行了40 m的扩路工程。工程主体是茨城县。由于完成了这一立体道路，将来引入连接两城市的新型交通系统时，可从两市中心地区开始。

但是新型交通系统的导入尚未实现，截至2010年，土浦高架道路上有以高速公交为主的5条路线，一直保持每日往返运行12～13次。

3.2 构想中的常磐新线

科学万博举行的1985年，根据运输政客审议会答申第7号报告，常磐新线被列为重要的线路需要关注。国铁分割民营化后，JR东日本拒绝出任这一工程的建设主体，因此相关都县等出资的第三方成了建设运营的主体。一方面，分散购买铁路用地，以土地区划整理的手法用作铁路站点，特别是在沿线置换土地，也就是说，于1989年制定了通常所说的"宅铁法"。得到了这一系列的强大后盾后，通称"筑波特快"于2005年8月在秋叶原和筑波之间开通运营。筑波大学城通过铁路直接与东京相连，土浦市作为筑波大学城的门户职能显著下降，以前两市既功能分工又一体化发展的设想，发生的巨大的变化。

3.3 努力提升中心区的活力

高架道路及Mall 505完成后，土浦市在1985年由大臣批准了中心街区振兴规划[5]。出台了市中心的再开发、土浦站西口广场建设、土浦城址（龟城）的恢复等为核心工程的市中心街区综合再建设等工程。然而，此后中心区所在的大型商店陆续撤退，大规模商业设施在郊区选址建设，中心区的商店失去了往常的热闹，Mall 505也不例外。

万众期望的土浦站西口再开发及西口终于在1997年10月完工。2000年4月是对1995年规划的延续和扩充，基于（旧）市中心振兴法编制了总体规划，延续着增强市中心活力的努力。其结果，龟城恢复和龟城公园的改造工程正在进行，但龟城商区的建设（火车站与龟城间的标志性大道），中城大道（旧水户街道）等历史小路的整理已经完成。从2007年4月开始，城市营造振兴巴士也开始运行。Mall 505的部分空店铺，成为支援创业者的市民休息和集

■ 照片4 高架桥（市施行区间）下的活动广场（土浦市城市整备部提供）

会的场所，公共学习的空间，慢跑和自行车爱好者的活动据点。Mall 505周边及高架道路下的步行空间，也活用为市产业祭、儿童商业中心（孩子们购物的体验）等各种各样的活动会场（照片4）。在这些努力下，2010年土浦市中心区获得"城市营造效果奖"（城市营造信息交流协会、（财）城市未来推进机构主办）。现在，基于中心区振兴法修编的总体规划，正在向首相报批。

◆参考文献

1）鈴木宏志ほか（1985）：「新しい景観を形成する高架道路とモール事業」，第16回日本道路会議特定課題論文集，395-397.

2）田沢 大（1985）：都市と交通，通巻第6号，24-29.

3）神崎紘郎（1985）：新都市，39巻12号，24-31.

4）土浦市，住宅都市整備公団ほか（1986）：『土浦・研究学園都市における新交通システムの整備に関する調査』.

5）土浦市長・箱根 宏（1985）：新都市，39巻6号，22-25.

24 世田谷区的城市设计
从条条管理的城市规划转为基于地方自治体的街区营造　　　　　　1986

■ 照片1　用贺散步路（现在）
以自治、参与及城市设计为关键词的道路意象大幅改变的平坦道路

■ 1　时代背景与项目意义及评价

　　20世纪70年代以横滨市为代表的具有改革精神的自治体，不满中央政府的条条管理对城市规划的束缚，自己行动，揭开了所谓"街区营造"的时代大幕。70年代后半期，横滨市的城市设计实践成为先例，于是在全国兴起了对"景观"和"城市设计"的关注。

　　东京都世田谷区于1979年制定总体规划，开始了真正的规划行政。在总体规划制定之前的1977年，作为"文化核心"，产生了世田谷美术馆构想，该构想生动记载于之后发挥着重要作用的区内居住专家林泰义氏先生的文章内。"1977年的某天，世田谷的地图上画了一条轴将两个大圈相连，人们称之为'生活文化轴'，并成为世田谷区总体规划的重点之一。在东京以西建设文化核心的建议，是文化圈的规划之一。美术馆的建设成为了'生活文化轴'项目实施的第一步。"[1]

　　当时的时代关键词是"城市（urban）设计"和"自治与参与"。在前面揭示的世田谷区的城市设计概念下，世谷田区在企划部下设置城市设计室（1982年），作为指挥部负责具体空间的落实。此外，将市民意识形成作为项目目的的"城市美的启发"成为评论的焦点。具体项目得以陆续实施（表1），并于1986年获奖。由这个时代的专家们为市民进行的城市设计实践，不久发展为更为先进的"居民参与"的规划设计。

■ 2　项目特征

　　一系列的工程具有在"景观"视角和"城市设计"意象下展开的特征。风景、景观类主题在前面已提到，连署名和指示板都详细系统地规划，很好地呈现了当时充实的"为5个地域个性化设计的导则"。

　　此外，一系列工程中将公共空间中的道路作为设计对象的方案也是一个较大的特征。在"能愉快

构成获奖对象的一系列项目	表1
1980年	城市美委会设置
1980年	"绿色和水的街区营造规划" 作为据点的亲水公园项目启动 （冈本民家园、等等力溪谷、丸子川亲水公园、 次大夫堀公园）
1980年	"文化核心营造" 区立美术馆项目启动
1981年	"文化核心营造" 生活文化轴项目启动 （跑马公园光叶榉树广场） "能愉快行走的城市营造规划" 樱区街区营造项目启动
1982年	"文化核心营造" 用贺散步路项目启动 "能愉快行走的城市营造规划" 购物步行街项目
1983年	"绿色和水的街区营造规划" 绿色和水轴项目启动
1984年	"能愉快行走的城市营造规划" 签名指示板项目启动
1984年	"城市美的启发" 世田谷百景、世田谷界隈奖、城市之美讨论会
1985年	"零接触城市营造规划" 梅丘地区街区营造启动
1986年	"城市美的启发" 街区营造竞赛、宫坂附近、公共厕所、烟囱

■ 照片2　呈现出宁静的樱丘

■ 照片3　与中学用地一体化的梅之丘通路

行走的城市营造规划"，"零接触城市营造规划"的理念下，着眼于连接城市设计要素"家"和"街区"的"道路"，如用贺散步路、跑马公园前光叶榉树广场、樱丘周边公社道路规划，梅丘地区零接触大街等。用贺散步路起用大象设计集团，梅丘地区零接触大街起用建筑师新居千秋先生，对城市设计师给予了较大的期待。

　　一系列的工程有"城市营造比赛"、"市民实物尺寸模型检查"、"现场市民参与""市民眼中的漫步"等。此后，理念从世田谷区传送到全国，各种方法在参与式设计中被尝试。

■ 3　项目后续

　　用贺散步路以"从车行道回归到生活道路"为目的，按照步车融合的道路理念设计，最终以激进的设想和被称为瓦屋顶街区的富有刺激性的素材，以及梦中出现般的造型而成为充满话题的作品。项目完成后经过25年，也有树木增长的原因，住宅地和道路的界线自然融洽，重新展现了新的公共空间应有的样子。樱丘区民中心与周边马路完美的融合，真正实现了"道路"连接"街区"形成场所的意义。经过这一系列的项目，以"居民参与式城市设计"著称的世田谷区城市营造此后在全国范围内传播。

◆参考文献

1）林　泰義（1986）：「道と広場・風味萬感」，建築文化41，53-68.

25 川崎车站东口
运用城市设计手法的川崎站东口周边城市复兴项目

1987

■ 照片1　现在的川崎站东口站前广场

■ 1　川崎车站东口和城市设计行政

川崎市城市设计从20世纪80年代初开始，当时川崎车站周边不仅缺乏历史资源和旅游资源，而且由于川崎市有"公害城市"、"赌博城市"等恶名，该地区给人留下不好的印象。当时计划了东口站前广场和地下街道、东西自由道路等公共项目，以及旧大日电线遗址等大规模的民间再开发项目，通过它们之间的相互调整，摸索着开展市中心的城市设计。

为此，渡边定夫（当时是东京大学助教）、土田旭（城市环境研究所）等学者、专家组织了行政性的"川崎市市中心城市设计委员会"，从城市设计的观点出发，兼顾了政府和民间数个项目的相互关系，于1981年制定了川崎市中心城市设计基本规划。

本规划将当时的工厂、公害、赌博等乱七八糟的印象整改为"光明、典雅、干净"的新概念，推

■ 照片2　东西自由通道

进先导性的公共项目和民间项目的设计调整。站前广场的步行引导线做成地下式，使其具有开放感，广场周边的建筑物颜色统一为白色基调。并通过在

■ 照片3 富士通道

■ 照片4 立花通道

绿化较少的地区种植植物等手段，使川崎站东口的形象在短时间内焕然一新。前面提到的城市设计委员会充分发挥作用，促进了这些建设项目实质性的调整，承担了决策的作用。1987年一系列成果得到了好评，伊藤三郎市长（当时）和渡边定夫（城市设计委员会会长）获得了都市计划学会规划设计奖。获奖的理由是：谋求工业城市蜕变的同时，通过城市型第三产业增强城市活力，城市设计占据了整个城市行政工作的战略地位，并在短时间内成为城市发展的主导因素并取得成果，展示了地方公共团体和城市设计的应有贡献。

■ 2 实践的积累

2.1 开始于逆境

在这个建设中川崎市取得了卓越的成果，但站前再开发在权利关系的调整方面迟迟未能取得进展，陷入了无法取得成果的状态，市政府内也弥漫着对城市设计的消极气息。1980年，川崎市城市设计行政的核心人物菊池绅一郎（当时任建筑对策室

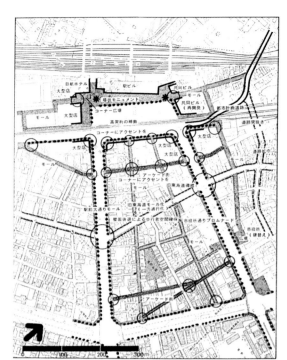

■ 图1 20世纪80年代初通过的设计引导方案
（来自《为了确立川崎市中心的城市设计》）

调查主任，已故）回忆道："川崎的再开发项目以及城市设计等一开始就被认为是件不容易的事。……因此，最初负责人陷入孤军奋战的状态，屡次面临窘境。"为了突破这种窘境，在市政府内散发了名为《为了确立川崎市中心的城市设计》的小册子进行强有力的宣传，同时对各个工程进行了横向调整，取得了一定的成果。

2.2 由先导性工程开始转入面状展开

作为东口地区的先导工程，1981年开始富士眺望大楼的建设工程（1984年完成）不仅维持了足够的车道数量，同时也扩宽了人行道，还在中央分隔带上种植了榉树，人行道部分采用高品质的铺装，并使川崎车站和川崎球场、文化设施相连接形成城市轴线。

商业街的建设方面，1984年立花商城建成，这个工程的设计贯彻了城市设计规划的基本理念，给步行者创造了典雅的空间，大幅增加了步行者的数量，其他商业街也竞相进行大楼规划项目。

总体规划制定后，委员会开始着手东口广场的研究讨论，但尤其难办的是"Azalea"①地下街的冷却塔问题，如果将其设在站前广场正面将损害广场

---

① 地下街名称——译者注。

■ 照片5 （站前西口广场和乐座川崎）

■ 照片6 东西自由通道侧看到的拉棕娜川崎卢发广场

的景观，为取得广场外的用地进行了多次交涉，市政府方面通过强有力的游说从JR公司取得了用地，问题得到解决，扩大了步行者的空间。为抹去川崎公害之都的坏印象，还种植了大量的高大乔木，形成绿树成荫的新景观。针对站前广场面对的高架建筑物，以白色为基调进行了修缮。

旧大日电线遗迹的再开发中，虽然IBM大厦、日航宾馆、川崎中心等办公、商业设施等已经完成，但城市设计委员会顺应再开发要求调整了立场，保证一体化的步行线路，并采用以白色为基调的混凝土，设置不锈钢质地的城市家具等，使川崎车站的整体印象焕然一新。

1988年贯穿车站东西的东西自由通道完成。这条自由通道从车站大楼中间穿过，实现了立体化的城市道路，当时可以算是先进的方法。

■ 3 项目后展望

3.1 走向更加综合性的城市景观行政

1988年随着川崎车站东西自由通道的完成，东口地区的建设也基本完成。本项目获得的技术经验在当时同时进行规划的武藏小杉站周边、新百合丘车站周边地区、川崎站西口地区也得到传承和进一步发展。

在行政措施的执行方面，从通过城市设计项目改变城市印象，制定城市景观条例引导景观形成，到向以政策为核心的转移。1994年制定了川崎市城市景观条例，从对公共项目和民间项目的行政指导为核心的工作，向更加综合性的城市景观行政的转变。再加上之前的建设项目和城市设计，以及通过市民主体的景观营造、海滨的工厂景观演出等产生了许多新方法。

基于2004年制定的景观法，2007年修订了城市景观条例并制定了景观规划，现在基于景观法和城市景观条例的城市设计也得到进一步的发展。

3.2 川崎车站西口建设和东口再建设的启示

车站周边地区的城市设计之后也向西口地区延伸。明治制果厂遗址的民间再开发，虽然很可能以住宅开发为中心，但"川崎车站周边地区建设构想"（技术伙伴构想），推进了写字楼街的形成。

曾有东芝崛川町工厂、大宫町的市营住宅等的西口站前广场的邻接地区于20世纪80年代末开始着手规划，制定了川崎站西口地区城市居住更新项目建设规划（1990年）、大宫町地区再开发规划（1999年）等，推进了针对再开发的协议和规划制定。在此期间，相关开发者之间签订了城市建设协定，并担保了本区域整体的建设构想，共享区域整体概念和未来蓝图。与川崎东口"光明、典雅、干净"的关键词相对应，考虑到城市型住宅复合市街区建设规划，凝练出"沉静和知性"、"风格和象征性"、"温暖和深度"等这些令人感觉到"具有城市厚重感"的关键词。2003年作为第一种街区再开发项目的川崎音乐厅开张，2006年在原东芝崛川町工厂遗址上新建的川崎商业中心开张，车站周边的人流发生了很大变化。川崎商业中心中有一个直径60 m的卢发广场，连接川崎站东西自由通道，形成了包括地下街的东口广场、东西自由通道、包括卢发广场和川崎商业中心之间贯穿东西的都市轴线，被评价为：在20世纪80年代初的川崎市中心城市设计基本规划的主要路线的基础上进行扩张。此外，市和各地区的设计者通过"设计调整会议"计划将地区全体的设计方针调整为具体的设计，灵活运用东口地区一系列的设计积累的大量经验。

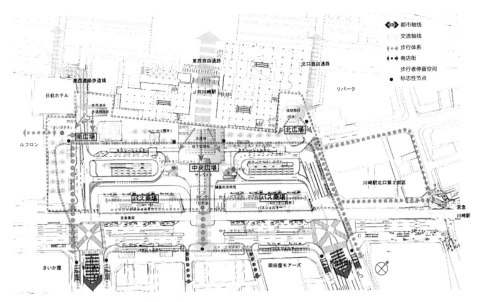

图例:
- ◀◆▶ 都市轴线
- ◇ 交流轴线
- ◆◆ 步行体系
- ◆◆◆ 商店街
- 步行者停留空间
- ● 标志性节点

■ 图2　川崎站东口再建设规划的概念图

■ 图3　川崎站东口再建设规划效果图

就这样，顺应西口地区发生的翻天覆地的变化。1986年完成的有20年以上历史的东口车站也得到了再建设的机会。2004年以市民、商人、交通业者和市政各部分为中心设置了川崎站周边综合建设规划协调会，讨论了应对人口减少和老龄化等问题的车站周边建设的理想状态。东口地区的建设虽然完成了，但针对不断增加的步行者，步行路不能满足其要求，公交终端和地下街的无障碍化成了未来的课题。此外，还研究了周边街区平面上的连接改良，最终决定对东口站前广场进行了大规模的改建。

以"人、自然和科技融合的广场"为设计理念的同时，配置了3条东西自由通道、联络桥，以及成为背景的北、中、南3个广场，意在强化周边街道的游览性。在继续培育20世纪80年代建设时植入的高大乔木的同时，还充分运用太阳光等自然能源，导入实现减轻热负荷的汽车、出租车防护措施。

3.3　顺应时代的连锁设计

自从20世纪80年代初的城市设计开始以来，川崎车站周边地区的景观发生了巨大变化。过去的工业城市给人以充斥着赌博的男性城市的印象，但是这次改造成功实现了向女性、家庭、老人等温暖印象的转变。同时也是促使城市的产业结构发生变化的成功案例。此外，通过先导的公共项目，引导连锁的民间开发手法也是自治体城市设计的一个有效方法。

◆参考文献

1）菊池紳一郎（1991）：『アーバンデザインによる都市開発』北土社.

2）川崎市（2011）：『都市デザイン川崎2011』.

26 厚木新城森之里
建设与自然环境和谐共存的复合功能城市的挑战   *1988*

■ 照片1　视线从带有调整池的若宫公园投向住宅地，远处是作为背景的七泽森林公园

■ 1　时代背景与项目意义及评价

位于神奈川县厚木市的厚木新城森之里（以下简称为森之里）继承了日本土地系统股份有限公司的厚木公园城市开发规划。这个开发规划于1970年以前开始实施，但是基于神奈川县的人口抑制政策，附带有规划人口8000人，绿地率要求60%以上这样苛刻的条件。作为医疗用地与住宅用地的复合开发规划，它于1977年才得到了政府的批准。

然而，不久之后由于受到"石油危机"的影响，国家经济环境发生了巨大变化，民间企业受到波及，资金不足，开发困难，于是当时的宅地开发公团继承了开发条件，在当地茂密的绿地中实施了这个集住宅开发与知识密集型产业设施招揽为一体，具有复合功能的森之里项目。

森之里规划开始于20世纪70年代后期，当时正值日本人的价值观发生巨大转变之际，从一直以来的经济至上主义转为倾向于可持续发展的做法，环境和社区的价值观念已经深入人心。

这些变化反映在了森之里项目中，首先该规划重视人们所追求的居住环境以及探寻生活的市场机制。其次，在城市建设过程中重视软硬件的整合，把各方面专家在城市建设会议上拟定的总体规划方案作为目标也是其一大特征。

就这样，在专家们热情洋溢的议论中，诞生了"森之里"这个名称，并确定了"培养四季的城市营造"的理念。

该规划始终贯彻神奈川县政府提出的保护广袤绿地与开发复合功能的总要求，并使其具有"居住、工作、学习、休憩"的复合功能，引入绿地与水系，最后升华为具有四季风格的街市育成规划。这是森之里最大的评价要点。

■ 2　项目特征

森之里的特征在于为了建设复合功能城市而对土地利用进行高品质的规划；为了创造四季风格的街市，规划了公园绿地网络系统，对住宅地的街景

■ 图1　森之里的基本规划

■ 照片2　联结住宅地的四季之路的风景

进行了设计。

（1）森之里的总体规划　土地利用的基本构成如下：把在土地南北向延伸的中央峡谷西侧的东南斜坡之上设为住宅区域，东侧为公共服务设施区域，周边被丘陵之上的大规模自然绿地区域所环绕。

其中，在住宅区域与服务设施区域之间设有南北向的干线道路，从干线道路上延伸出的辅助道路联系着各个区域。另外，考虑到行人的安全以及便利性，沿着南北、东西两个方向分别设有两条人行专用道路，人行道交点附近设置为商业及公益设施集中的地区。

如此灵活利用地形，创造出了被日本人所熟悉的丘陵地形所围绕的盆地景观，森之里作为复合功能城市，形成了它的一体感。

（2）演绎四季的公园绿地网络系统规划　公园绿地规划是合理利用在周围丘陵上的自然树林所建造的如七泽森林公园（约64 hm²）等4片绿地，结合流经中央区域的细田川防灾调整池为一体的若宫公园，以及住宅地内5个街区公园等，之间用"四季之路"（宽6~16 m）和"春之道"（宽4~12 m）这两种人行道路联系起来，最终形成绿地与水系网络系统的规划。

这个绿地与水系网络系统，也成为了联系住宅地以及各个设施之间的社区与商场的纽带，为了完美演绎森之里的"培养四季的城市营造"理念而形成的重要的环境基底。

（3）高密度住宅地的街区设计　住宅地街区设计最能够反映出基于市场机制而推算住宅需求，进而开始规划设计的原则。

贯穿住宅地南北，整条四季之路分为了春、夏、秋、冬四段区域，并以各个季节的主题为主体，在植物种植等方面都花了不少工夫。另外，设计中分解了街区的构成要素如山地、道路、围墙、庭园、住房等，并精心给不同的区域铺设不同的地面铺装，给每栋住宅都配置了主景大树，特意在铺装和植栽方面精雕细琢。

■ 3　项目后续

森之里的特定土地区划整理项目直到1991年才结束，此时此地的企业、大学等土地已分售完毕，在住宅用地方面完成了包括公寓住宅、独户住宅在内的总计约2200户的按户出售工作。

按户出售完毕后又过了大约20年，在此期间主要由于在本厚木车站发生了不少交通事故，原本招揽而来的大学撤建，致使森之里曾一度丧失"学习"的功能，之后在撤建的学校旧址上又新建了一些企业的研究所。

在住宅用地方面，各个公共设施的管理状态良好，之前栽种的植物也长成了，"培养四季的城市营造"的理念得到了充分的体现。

另外，关于此类开发最常见的居民老龄化现象，比起在20世纪70年代建设的住宅区更加显著。由于社区不断老龄化，与其说需要增加相对应的新的公共服务设施，不如说这将成为今后需要探讨的一个课题。

◆参考文献
1）「厚木・森の里　まちづくりと環境デザイン」住宅・都市整備公団首都圏都市開発本部　厚木開発事務所，1982年6月.
2）「厚木ニューシティ森の里　複合都市の先駆け　森の里特定土地区画整理事業誌」住宅・都市整備公団首都圏都市開発本部，1992年3月.
3）「環境創造・維持管理復元技術集成第3巻」綜合ユニコム，（厚木・森の里）1992年11月.

27 东通村中心地区及厅舍、交流中心规划
跨越距离阻碍并成为村民象征的中心地区规划设计   1989

■ 照片1　东通村厅舍（左侧）及交流中心

■ 1　时代背景与项目的意义及评价

青森县东通村自建村以来的100多年里，其村委会一直设置在相邻的陆奥市，这使得这个面积达293.81 km²的广阔村落缺乏中心性。该村从地理条件上看，村内道路一直没有得到改造；从历史和社会条件上看，村中心的选址又长期难以确定。

东通村从1978年开始着手综合振兴规划的制定，1980年确定的规划中，通过征询村民的意见选定了新的村中心的位置。

这次规划调查的独特之处在于，在29个大小村落中，通过村民、村公所和专家三者的沟通协作，将规划编制的基础信息进行汇总，从基础的村落建设中认识到中心地的重要性，从而使得中心地规划的实施取得了进展。1984年对中心地的基本规划完成，在村内建设村政厅舍的建议获得了共识。以这一规划为依据，厅舍、交流中心、故里广场、小学等设施的建设逐步展开，从而形成了村落的中心地区。

如上文所述，这一规划通过克服地区的不利条件，营造了村落的一体性；同时建设了卓越的村落中心地区，使其成为村民的象征，因此，规划获得了高度评价。

■ 2　项目特征

由丹下健三设计的香川县政府、仓敷市政府，或是前川国男设计的世田谷区政府、弘前市政府等20世纪60年代以后的日本行政厅舍，均巧妙地将现代主义的国际风格与日本传统建筑元素相融合，并将建筑功能进行优先考虑。这些建筑不一定具有华丽的形态，但大都将表现其作为城市中市民的服务中心和管理中心应具备的存在感作为第一要务。

然而，如前所述，东通村长期以来缺乏中心性，所以本项目的核心课题是：创造出让任何人都能认识到的村落中心。因此，尽管历史和社会背景不同，但略作夸张地说，这一地区与巴西利亚或是

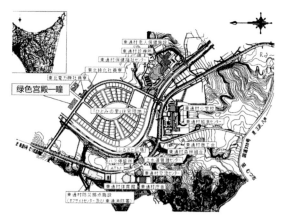

■ 图1 地区整体规划图（来源：村网站主页）

■ 照片2 从厅舍眺望住宅团地及村营住宅

堪培拉的建设类似，要给村民带来强烈的感官冲击。

另一方面，从政治背景上看，作为核电站所在地的东通村，无法忽视核电行政的影响。随着核电项目的发展，相关的专家、职员及其家庭成员带着对东通村舒适生活环境的憧憬相继迁来。如何满足他们的期望也成为这个项目的一大课题。

不过与上述两点相比，这个项目最大的特征还是在于其独特的建筑形式。建筑采用钢筋混凝土结构，地下1层，地上5层，高度为24 m。立面顶端为倾斜26°的直角三角形。而更给访客带来冲击的是与其相邻、高度为22 m的青铜色穹顶建筑（交流中心及议事堂）。连接两座建筑的连廊则采用了当地特产的干萝卜叶作为建筑材料。交流中心所营造的近未来氛围，仿佛如同宫崎骏漫画在现实中的预现。

由此，东通村的这一项目不仅对县民赋予了一般的城市规划的意义，更加把这一特殊的公共设施的形象深深印在人们的脑海中。

为了纪念建村100周年所建设的这座政府建筑，不仅获得了日本都市计划学会的规划设计奖，同时获颁照明学会的优秀照明设施奖。

■ 3 项目后续

厅舍完成至今已历经约25年，这一中心地区已经先后建成了消防设施、村营体育馆、东通村诊疗所（19床）、保健福利设施"野花菖蒲里"、老人护理保健设施（50床）、校餐中心等诸多公共设施。

另外，建成了名为"瞳里"的居住区并对120个地块进行了出售。项目占地约20 hm²，建设的目标是"永远的理想家园和宜居之村"。购买者需满足两个条件：首先是遵守村内自行设立的建筑协定，同时在购买土地3年之内进行房屋建设（有特例）。土地的售价非常低廉，只有每坪29500日元[①]。

此外，在这个团地的附近建设了作为村营住宅的东通村民间活用住宅"绿色宫殿——瞳"，并于2005年投入使用。该集合住宅为钢筋混凝土3层建筑，每层14户，共42户。每户的户型为三室两厅，面积24坪，房租为每月47000日元，住宅采用全电气化系统。

与此同时，东通村立小学建校，这被认为确定了该村"面向21世纪村落营造的基础设施改造"的地位，此后，硬环境的改造相继展开。

然而，从最初的规划意图来看，居住设施的建设事实上并没有按照预想进行。项目采用了先集中进行公共设施改造，然后再进行住宅建设的手法。与日本快速城市化时期先进行居住区建设而公共设施的配套难以跟进的情况相比，本项目采用的这种方式造成的问题虽然要小一些，而对于将公共服务功能集于一处布置的规划目标，在村营住宅建成并且各种住宅开始入住的时候起，就能够对这一30年前的规划作出真实的评价了吧。

---

① 1坪 =3.3057 m²——译者注。

28 大阪市步行空间的网状建设

情趣化城市空间的形成

1989

■ 照片1　市中心步行空间的改造
通过与电线共同管沟的配合改造使空间美化

■ 1　时代背景及项目意义与评价

大阪市的城市化进程一直在推进，已经形成昼间人口高达360万人的大都市。20世纪90年代初，大阪市鹤见区举办了"国际花与绿博览会"。另外，作为拥有新建关西机场的国际城市和文化城市，与之相匹配的各种政策也在过去的几年开始推进。步行空间的改造就是在这样一个时代背景下展开的措施之一。

大阪市的道路总长约3850 km，面积约37 km²，占到了市域面积的约17%，是最大的也是重要的公共空间。这项措施有助于街道景观的提升，在保持道路功能的同时改造了步行空间，对大阪市"提升城市宜居性"的目标有着突出的贡献。此外，步行空间的改造加深了行人和道路的互动，结果促进了地区的个性化。这一系列具有个性特征的地区构成了大阪的城市街区，体现了城市规划强调的"大阪品质"，而步行空间的建设也融进了大阪市的成长历程。这项措施从1975年开始项目推进，不仅面向步行道路，同时也涵盖交通干线、生活性道路在内的全市性的广阔空间，成为全国性步行空间改造的先驱。

■ 2　项目特征

城市内的道路根据功能可以分为干线道路和辅助干线道路、社区道路等生活性道路。这项措施结合道路的不同功能，进行了下述的步行者空间改造。

2.1　干线道路项目的开展

干线道路形成了大阪都市圈的骨干，并富有地区代表性，作为城市的象征，需要进行与沿路环境相协调的高质量改造，以促成宜人的环境。步行空间的改造措施包括采用行业内领先的道路铺装（ILB铺装）、安全围栏和照明灯设计的改良，通过连续植物栽种和路口花园整设来提高绿化的数量和美观质量。此外，作为体现亲民性道路建设的一个环节，以主要干线道路为主，给道路命名，设置了道路标识；与此同时，在与公共交通主要换乘点和主要设施相连接的干线道路上设置了为步行者提供导游服务的地图标识。

■ 照片2　道路昵称和步行导游标识

■ 照片4　坡道改造（大阪市天王寺区—清水坡）

■ 照片3　让叶之路（社区道路）
大阪市东淀川区豊新地区

2.2　生活性道路项目的展开

　　生活道路包括辅助干线道路和社区道路等，是最贴近市民生活的场所，它在保证小汽车能进入沿路住宅的同时，要抑制过境交通，以确保市民生活的安全和舒适。基于此，自1980年以来，采取了一系列基本方针和单向通行管制措施，如过境交通难以进入的道路，减低车辆速度的线形设计，安全舒适的步行空间建设，乱停车现象的抑制，提高街道美观性的铺装照明设施等等；在此基础上还设计了"锯齿形"车行道（让叶之路），以期在提高安全性的同时能够施加铺设路面的改良与增加植树以提升居住环境。

　　此外，伴随着沿河专用步行道路建设，从丰富空间与趣味性的角度出发，从1974年开始，将散布于全市的历史遗迹通过步行路线连接起来；为了便于市民们安心地享受散步的乐趣，在道路的铺装上镶入青石路面，建设了"史迹连接游步道"并在重点地段设置导游柱，同时具有历史价值和景观价值的老城街道和坡道均得到建设。"史迹连接游步道"的整体规划是在全市范围形成完整的环线，因此将旧街道、坡道和前文所述步行专用路作为辅助路线纳入其中，结果实现了网络化的步行者空间。

■ 3　项目后续

　　到2009年年底，干线道路完成美化164 km，让叶之路完成121 km，史迹连接游步道连接完成50 km，步行空间的改造项目正有条不紊地推进着。另外，进入2000年后有了一些新动态，例如对防灾、环境等的考虑，以干线道路为中心进行电线共同沟的铺设，以生活性道路为中心进行保水性铺装的建设。然而，大阪市近年的社会经济状况发生了变化，新的道路建设工程的推进举步维艰。因此，今后的道路政策方向应该是有效利用已经建设的设施，并提高维护管理的效率。步行空间的建设开始从"重新建设"转到"既有设施的有效利用"。

◆参考文献

1）小川吉司他（1989）：「史跡連絡遊歩道の拡大整備」，大阪市建設局業務論文報告集1卷.

2）徳本行信他（1989）：「コミュニティー道路の整備現況と今後の課題」，大阪市建設局業務論文報告集1卷.

29 挂川站前和站南地区土地区划整理项目
挂川市创意城市营造的实践

1989

■ 照片1 站前道路的秋景
并排混植的行道树为街道增添了色彩，正面是站北口广场的终端

■ 1 时代背景及项目意义与评价

挂川市位于静冈县的中西部，其中心区源于江户时代的城下町，是历史和文化资源丰富的城市。但进入20世纪70年代之后，和其他城市一样，随着机动车交通的发展壮大，大型商铺向郊外迁移，消费方式发生了变化，因此，需要重新审视市中心的建设方式。

在这种背景下挂川市制定了利用引进新干线引导发展的方针，16年间完成了包括站前广场在内的市中心基础建设，1989年获得石川奖，获奖理由有以下两点：

第一，城市建设商业化的过程中召开了大量的市民洽谈会，全市范围内地区集会总计超过2000余次，借此获得了城市建设的共识。

第二，在城市建设方面，和站前广场和周边城市地区的区划整理项目一同进行的还有纪念碑的设置、种植、电线铺设等凝聚大量心思的街道建设。

就这样，本项目在面临社会性变革的状况下，作为地方城市的市中心，成为了未来公（行政）和私（市民）对话的城市范式，并且通过城市设施和市中心的建设、设计创造出多样的空间，在美观设计上花了很大工夫这一点上，获得了很高的评价。

■ 2 项目特征

挂川站周边建设的过程和成果有以下几个特点：

（1）官民协作构建新的城市骨架 1979年率先在全国提出"生涯学习都市"宣言的挂川市，深化了通过官民之间的对话决定未来基础设施的共识。新干线新站点设置的时候得到多数市民和企业的捐款，并且在之后的20年实现了市中心乃至整个市域范围的土地区划调整项目，这也是官民不屈不挠活动、协调决策的结果，这同时也给挂川市未来带来了巨大的资产。

（2）站前广场的建设 和新干线挂川站一同完工的是站前南北广场，广场融合了纪念碑、雕塑等文化要素和盆栽组合，并且南北的广场各有千秋，创造出市中心门户的景观。

（3）站前通道的美化 另一个重要的特点是挂

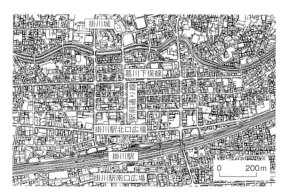

■ 图1　挂川城、挂川站和市中心的关系
通过与江户时代东海道的葛川下俣线交叉的站前线的建设，结成了站和挂川城之间新的都市中心轴线

■ 照片3　挂川站北地区的景观
通过城下町风格建设地区规划的衍生形成了统一的景观

■ 照片2　挂川站南口广场
终端的主题是"合体"，进行了将分断铁道站的南北融合的愿望，北口使用木造的站房，灵活运用了地域丰富的历史资源

川站延伸到北部的站前通道的美化。这条道路当时创新尝试了混植，在确保足够的步行道宽度的同时在街道各处都布置了长凳、雕塑等街道家具，不仅带来四季不同的景观，还创造了适宜步行的街道。这样的用心不仅拓宽道路带来交通上的方便，还使挂川市街道拥有丰富的城市空间意象。

■ 3　项目后续

挂川市在项目完成后也继续探索着官民协调共建街道的实践。在街道的建设方面，除前面提到的站前通道外，还在市中心建立了三条线路，提高了街区的整体品质，借此不仅能够应对增长的机动车交通，还保证了市民和游客安全疏散的需要。另外，1995年挂川市的天守阁修复是日本最古木造建筑的修缮工程。在街道景观方面，确定了城下町风格街道的建设规划，试图营造出充满民间印象的景观，并通过城市印象和建筑物的改造形成独特的景观。不断摸索着顺应新时代的城下町存在方式和付诸实践的方法，这也是本项目的特点之一。

与20世纪70年代提倡街道营造的榛村元市长一起长期推行城市规划行政的山本副市长，曾阐述了"要珍惜树木"和"要营造孙子能居住的街道"的理念。经过20年，曾经的幼木已经长成了参天大树，看着官民协同为街道营造而尽心竭力的背影，我们深深感到，只要有坚定的理念和热烈家乡的一颗心，就能创造出留存于心的空间。

◆参考文献
1）掛川市（1999）：『平成の城下町づくり』.
2）掛川市役所（1994）：『掛川市城下町風街づくり地区計画』.
3）東海道新幹線掛川駅建設記念誌編集委員会（1989）：『夢から現実への諸力学』.
4）掛川市（2004）：『生涯学習物語 掛川市制50年史』.
5）掛川市区画整理課：『掛川市城下町風街づくり事業』

20世纪90年代

调整、协同、合作下的
新城市规划系统的摸索

　　被称为失去的10年的20世纪90年代，是日本社会一直以来存在的各种问题爆发的时代。80年代后半段伴随着泡沫经济的发展，民间城市开发热潮中开始出现城市开发混乱、无序化的弊端，"引导"和"调整"成为必要。进入90年代，泡沫经济崩溃，不动产开发虽然急剧冷却，但一旦着手开发，开发浪潮就难以突然终止，因而急需找到能实现新的附加价值的开发手段。一方面，在产业结构和流通结构的大变革中，伴随着国营铁路民营化的清算项目，交通空间的低效利用或未利用的土地再生得以推进；另一方面，从广域的视角来看，"功能核心城市"和地方城市同时被选作再开发的舞台，以期望摆脱单核集中的城市结构。而作为有效投资对象的民间再开发中产生的密集市区的难题，在1995年阪神淡路大震灾等空前的灾害后更加凸显。通过这样示范性的大变革和空前的灾害，日本进入了摸索调整、协调、合作下的新城市规划系统时期。

　　为应对混乱的民间开发，作为打造富有魅力新市区方法论的协议型城市设计开始发展。日立站前【参见案例33】、花卷站前【参见案例34】、带广站周边【参见案例40】、富山站北【参见案例41】等项目中多样的项目手法组合使用的同时，调整和引导公共空间及沿路开发的手法，以及20世纪80年代开始的站前调整型城市设计（川崎站东口【参见案例25】等）在地方城市中蓬勃发展。如在惠比寿啤酒工厂废弃地上再建的惠比寿花园地【参见案例39】，临海部分的货物线站和仓库上再建的神户临海乐园【参见案例35】等，也代表了城市中心工业废弃地再生的事例。而采用总体建筑师方式的美之丘南大泽【参见案例31】，使用总体规划和设计手册，对从基础到地上的建筑物进行综合性设计的幕张新都心【参见案例32】等，进行了该城市设计手法的尖端的尝试。此外，法莱立川【参见案例37】中有效利用艺术，通过主题型城市设计，策划提高了地域全体的附加值。

　　这些措施，调整引导（协动）了城市中心部分的企业活动同时，也在2000年以来得到推广发展，地区主体协动型的城市建设也开始萌芽。真鹤町【参见案例36】项目中地区主体的城市建设和景观制度化的工作，给其后的地方城市建设以引导。新百合丘站周边地区【参见案例43】项目成为混有农地的郊外市区的再生范例。

　　开发后残留的密集市区的改造案例方面，如上尾仲町爱宕【参见案例30】等，虽然进行了贫民窟清理，但并不被认为是修复型城市建设，而被称为"新街区营造"，它们对社区的维持和资本的持续两者兼得的方法进行了探索。而使得这样的残留密集市区难题更显著化的是：阪神淡路大震灾中更多的损失发生密集市区。此后都通的密集市区再生【参见案例44】，对同样具有此类难题的街区和震灾复兴产生了影响。而堪称宏伟计划的阪神淡路城市复兴基本规划【参见案例42】，则加入了二阶式城市规划等地区整理手法。

　　另外，正如21世纪的森林和广场【参见案例38】项目呈现的那样，在认识市域全体的城市结构上进行的综合设计于21世纪开始流行，并暗示了向综合"管理"发展的方向。

30 爱宕的城市规划

以可持续居住为目标的共同住宅连续改建项目

1990

■ 照片1　共同改建①1号项目"爱宕合作社"（意图与周边环境协调的建筑高度以及人字形屋顶）

■ 1　时代背景及项目意义与评价

上尾市距离东京以北约40 km，至东京都心约1h的路程。作为曾经贯通南北的中山道上的驿站小镇，距离JR线上尾站仅仅几分钟路程的中町爱宕地区，自古以来就是上尾市最发达的地区。但是由于面朝南北走向的中山道，面宽狭小的用地连续地延展，使得道路连接不畅的用地一直存在，产权关系也比较复杂，街区更新步履维艰。

一方面，1983年完成了上尾站东口的第一类街区再开发项目，周边土地得到了盘活。容积率400%，且被指定为商业区的仲町爱宕地区也受其影响，居民承担的税赋开始加重；另一方面由于便利性的提高，在东西狭长的用地上，具有较高容积率的公寓等中高层建筑物开始呈板状建设。因此高层楼房的建设损害了低层住宅的日照，结果造成了20世纪80年代的地区人口减少以及开始出现老龄化。与上尾站的热闹繁华相反，地区的商业不断衰退。当时，在日本全国见到的"站前再开发与剩余周边

既成街道"的对比模式，与这里的情景十分切合。

上尾市也意识到了这一状况，站东口再开发完成后，研究了中心街区的改造计划后提出了上尾站周边地区改造计划第一次构想方案（1984年），其中将爱宕地区的活力塑造摆上议事日程。首先通过座谈会聆听了地区居民的心声，地区居民普遍担心居住环境的恶化，提出"可持续宜居"的愿望。同时，上尾市综合了当初中心街区活力塑造目标，使居民们认识到了基于"共同改建的规划"的必要性。在此基础上，地区居民和政府当局在项目推进中达成了以下几点基本原则，可被视为本项目的重要意义所在：

1）大家共同持续地居住下去；

2）住宅再建并明确产权；

3）创造良好的居住环境。

进而，为了使居民可以持续地居住下去，不仅需要住宅和周边环境的改善，还为获取项目资金、生活基础设施建设而受到行政与专业咨询援助。在这一点上，这个项目具有协作性规划的意义。利用反对高层公寓楼建造运动的契机，规划实现了在商业地区内的容积率削减，在这点上也取得了巨大成果。

---

① 共同改建，是日本住宅改造方式的一种，由拥有土地或建筑的多个产权人或房主共同进行的建筑改造——译者注。

这一系列的成果使得爱宕地区的规划成为了全国密集街区改造方式的先驱，获得了1990年度日本都市计划学会规划设计奖。另外，雪佛龙山庄（参见2.3）和绿邻馆（参见2.4）两个项目是在受到奖励以后完成的。

■ 2 项目特征

本项目的特征是由各种各样的小项目组成，以减轻居民的负担，实现可持续居住的目标。居住环境改造项目，主要由市政府出面收购陈旧的住宅，辅以道路和公园的修缮。针对居民的共同改建项目，通过委托给埼玉县住宅供给公司得到了产权人的信任，同时导入再开发项目以及补助金。共同重建项目的资金是从住宅金融公库和银行以较低利息融资而来。此外，为保证后期租赁的顺利经营，通过入住者租金补贴使租户的租金低于市场价格，也有效利用了地区特定房屋租赁B型制度（以后的特定优良租赁住宅制度）。

下文将介绍由这些因素促成的地区规划中的4处共同改建项目规划。

2.1 爱宕合作社（1988~1989年）

1号共同改建项目爱宕合作社全部户型都是租赁住宅。当时，这块土地上拥有房屋产权的所有者都准备建用于出租的公寓。政府于是提出相邻场地共同建设的方案，以此为契机，1987年8月，爱宕合作社的建设协议会成立。

为了消除产权所有者对共同改建的不安，协议会制定了5项措施：①共有化项目委托给埼玉县住宅供给公司而不是民间机构；②不会涉及土地产权的变更；③充分满足产权所有者的各种要求，保证比以前更多的租金收入，保证土地租用者建造新的优质住宅；④建设借款全由租金偿还，不会给产权所有者造成新的负担；⑤自有资金原则限定在修建道路和收购陈旧住宅范围内。上述措施的结合保证了项目的推进。

为了使近邻的日照不受影响，建设强度被限定为指定容积率的一半，即200%以内。考虑到周边的空间尺度和街道景观，建筑群被分为三组，并各自设置了斜屋顶、横穿道路和小广场。设计者杉浦敬彦作为规划负责人参与了先前项目的调研，通过听证会聆听了居民现场的声音并了解了居民的生活，成为设计的宝贵经验。[2]

2.2 Octavia Hill[①]（1989~1991年）

爱宕合作社的建设协议会成立之后，邻近地区发表了10层公寓的建造计划，通过与反对运动的反复商讨，公寓的楼层由10层降低为8层。但是仍无法避免在北侧的用地带来严重的日照遮挡问题，于是居民选择了市政府提出的共同改建的方案。1988年10月，利益相关者达成了改建协议。为避免地价的过度上涨，协议规定了以下3条内容：①确保所有住户不迁出；②房屋为产权人共有，不出售；③排除民间开发行为。

共同改建项目为了使得日照影响降到最低，确保了北侧开放空间的布置，整个建筑物也被分成了4栋。爱宕地区的中央道路中山路一侧的建筑为6层，为了充分利用，将1层作为商铺，内侧4层以上建筑做后退处理。同时，项目为了与周边街道景观取得一致采用了人字形屋顶并与爱宕合作社使用了同样的建造材料。自有土地和租地建屋的住户合计8户，建筑设计时全部利用彼此合作的方式，

■ 图1　4处共同改建项目
出自密集住宅街区改造项目（1998~2000年）规划图[1)]

原有的5户租地建房的家庭都得以继续居住，兑现了之前不迁走1人的诺言。其他46户都是租赁住宅。此外，该项目在1990年的街区营造月中获得了建设大臣奖。

2.3 雪佛龙山庄（1991～1993年）

1988年11月，在后述的地区规划座谈会召开之际，居民向Octavia hill项目的设计师萩原正道进行了共同改建的相关咨询。以此为契机，上尾市在第二年的12月出台了由市长签署的居民共同改建的方针。以利益相关者调整为先导，1990年7月确定了共同改建的区域，由于正逢经济泡沫的膨胀，这期间工程费和利息都急剧上涨，结果，部分保留建筑面积[①]必须在

决算中出售。由此导致底地[②]的共有化势在必行，而且有必要从租地者手中购入土地。相关权利者也接受了这个条件，在仲町爱宕地区首次进行了伴随着出售的项目。

另外，由于共同化使得一些有孩子的家庭搬回了这一地区，这种回流型的共同改建是从土地所有者的描述中了解到的。结果，从前5个家族所在的地区，包含分离出的家庭一起变成了11户产权住宅，这些也采用了合作制的设计方法。

就建筑来说，和Octavia hill一样，考虑到对邻近地区的日照影响，设计了开敞的公共空间。

4个共同改建项目相关指标[1)]　　　　　　　表1

建筑名称	爱宕合作社	Octavia hill	雪佛龙山庄	绿邻馆	
用途、容积率	商业地区，容积率4.0，建筑密度80%，地区规划区域内				
权属	土地所有者7人	土地所有者4人，租地者2人，租房者5人	土地所有者4人，租地者2人	土地所有者11人，租地者21人	
地区面积	960 m²	2291 m²	1687 m²	2274 m²	
场地面积	882 m²	2051 m²	1441 m²	814 m²	812 m²
建筑密度	58%	70%	65%	64%	63%
总建筑面积（内部停车场面积）	1757 m²（137 m²）	4825 m²（404 m²）	3727 m²（438 m²）	2071 m²（267 m²）	1926 m²（165 m²）
容积率	1.83	2.37	2.25	2.42	2.21
结构	RC+S	RC+S	RC+S	RC	RC
层数	4层	地下1层，地上8层	地下1层，地上6层	6层	5层
土地所有	分别所有	分别有	共有	分别所有	
建筑物所有	区分所有	地上权[③]区分所有	区分所有	地上权区分所有	
住户数　地权者住宅	—	8户	11户	2户	2户
租赁住宅	23户	46户	18户	10户	10户
出售住宅			9户	2户	2户
其他		店铺3个，事务所1个	店铺2	社区住宅8户，店铺1个，画廊1个	
附属设施	停车场7个	停车场18个车位，会议室1个	停车场15个车位，会议室1个	停车场12个车位	停车场10个车位
咨询机构	城市规划研究所	象地域设计	象地域设计	城市规划研究所	
建筑设计	综合设计机构	象地域设计	象地域设计	象地域设计	
施工单位	八生建设	上尾兴业	上尾兴业	上尾兴业	
施工时间	1988年9月～1989年7月	1989年11月～1991年3月	1991年12月～1993年3月	1995年1月～1997年3月	
项目施行者	琦玉县住宅供给公社	琦玉县住宅供给公社	琦玉县住宅供给公社	琦玉县住宅供给公社	
项目时间	1988年1月～1989年6月	1989年2月～1991年3月	1991年8月～1993年3月	1995年2月～1997年9月	
适用制度	住宅环境改造项目，优质再开发建筑改造促进项目，地域特别租赁住宅制度B型	社区住宅环境改造项目，街区再开发项目，地域特别租赁住宅制度B型	社区住宅环境改造项目，街区再开发项目，地域特别租赁住宅制度B型	密集住宅区改造促进项目，街区再开发项目，特定优质租赁住宅制度	

---

① 房地产专用语。在街道再开发项目中，原则上给予项目前所有者相对应的建筑面积，此外剩余的建筑面积为保留建筑面积——译者注。

② 房地产专用语。租借土地的所有权——译者注。
③ 法律用语。拥有他人土地上的建构筑物或农林作物的所有权，也就拥有该土地的使用权——译者注。

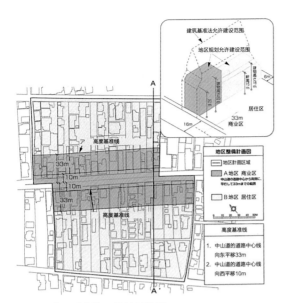

建筑基准法允许建设范围
地区规划允许建设范围

33m 商业区
居住区
16m
6m

地区整备计画图

地区计画区域
A地区 商业区
中山道的道路中心线向东侧33m为止的区域
B地区 居住区

高度基准线
1. 中山道的道路中心线向东平移33m
2. 中山道的道路中心线向西平移10m

高度基准线
33m
10m
10m
33m
高度基准线

A
A

■ 图2　中町爱宕地区的地区规划

2.4　绿邻馆（1995～1997年）

4号共同改建项目绿邻馆包含几栋公寓，是约20个租房者所居住地区的项目。爱宕合作社完成后，项目顾问在居民实际居住的同时进行规划协调，与利益相关者建立了良好的关系，因此这块用地上的共同改建得以实施。针对老年住户和母子家庭这样相对弱势的群体，首次导入了社区住宅。对于一直以来居住在此的8户土地所有者，则考虑了他们各自的家庭构成后进行了个别设计。此外，在邻近绿地处设置了商店和画廊。

建筑物由根据住宅街区改造项目改造的社区道路分隔为东西两栋，从而使每栋的体量得到了控制，同时主动规定每栋建筑都要符合其所在居住区域内的北侧控制线[①]要求。

2.5　依据地区规划的削减区划（1990年）

此外，和共同住宅的改建同为本项目重要特征的，是根据地区规划实现了削减区划。以Octavia hill建设为契机出现的高层公寓问题，使地区居民深刻感受到制定防止高层公寓建设规定的必要性。通过政府与规划顾问的合作，以社区居住环境改造地区为对象范围，制定了限制高度和容积率的地区规划法案。这条法案在1990年3月确定为城市规划，并在同年9月出台条例执行细则。地区内的中山路沿路以及其两侧33 m作为商业区域，其他地区作为居住用地对高度和容积率均加以限制。

特别是在居住区，将容积率由原先的4.0限制为2.0～2.4，同时最高高度限制为18 m，屋檐高度限制为15 m，为修建坡屋顶提供了便利。

■ 3　中町爱宕地区规划后续

共同改建项目已经过了20年，特定优良租赁住宅由于获得补助使得其租赁价格比周边的普通租赁住宅便宜很多，结果导致周边出现了大量的空置住宅。这使得那些接受融资进行住宅改建的土地所有者因租赁住宅的经营状况不佳而产生了还款的困难，进而导致对市政府、规划顾问以及负责住宅管理的埼玉县住宅供给公社的不信任。市里尽管从付给供给公社的管理委托事务费中拿出一部分作为新的补助来应对这种情况，[3]还是未能防止空置住宅的出现。

另一方面，将1985年和2000年相比，地区内65岁以上老人的人口比例减少，随着老旧建筑的拆除和开放空间的改造，防灾安全性有了很大的提高。[1]考虑了周边环境的共同改建的实现，物质环境的改善以及削减区划带来的居住环境的保证毫无疑问是一个值得骄傲的成果。

◆参考文献
1）上尾市（2001）：『住み続けられるまちづくり～中山道沿道仲町爱宕地区住環境整備の取り組み～』（パンフレット）.
2）佐藤　滋＋新まちづくり研究会（1995）：『住み続けるための新まちづくり手法』，鹿島出版会.
3）古里　実（2003）：「住み続けられる共同建替事業によるまちづくり」，日本建築学会関東支部住宅問題専門研究委員会編『東京の住宅地』研究WG「東京の住宅地 第3版」，日本建築学会関東支部，p.238-241.
4）上尾市（1991）：『上尾市仲町爱宕地区まちづくり資料集』.
5）若林祥文（1990）：「商業と住宅が両立するまちづくり」，日本建築学会関東支部住宅問題部会編『東京の住宅地1990.8』，日本建築学会関東支部，p.121-124.
6）象地域設計（1993）：『生活派建築家集団泥まみれ奮戦記』，東洋書店.

---

① 为保证北侧其他建筑的日照而设定的高度控制线——译者注。

"美之丘" 南大泽
"总体建筑师" 方式的实验室

1990

■ 照片1 "美之丘"南大泽鸟瞰[1]

约1990年拍摄的照片,目前部分楼栋因工程质量问题正在被拆除

■ 1 时代背景及项目意义与评价

位于东京都八王子市的"美之丘"南大泽的策划于1987年开始着手,此时正是日本土地价格疯狂上涨的时期:国土厅发表的公示地价显示,东京圈住宅地价比上一年度上涨了76%。由于这里距离新宿只有不到一小时的距离,因此这一住宅区的供求比例最高达到1∶241,平均比例也高达1∶58.7,成为郊外高级住宅区的象征(照片1)。

那么这一地区的规划进行了怎样的尝试,又有什么值得称道的呢?从都市计划学会的颁奖理由中可以看出,规划以"总体建筑师"方式(Master Architect,下称MA)为核心理念对各建筑设置了设计规范,建筑师在理解这些规范的基础上推进设计,对"追求个体多样性与整体统一性的良好融合"这一城市规划的永恒课题进行了阐释,实现了"后现代主义的街区营造"。

■ 2 项目特征

开发计划本身属于当时标准的新城住宅地开发,而幸运的是附近也正在进行东京都立大学(现首都大学东京)的开发规划,由此得以从宏观的视角出发创造出连续的山岳风景。为了实现这一想

法,由住宅公团(现都市再生机构)负责本地区开发的佐藤方俊以及作为MA负责具体事务的内井昭藏提出了基于以下5个要点的总体规划:

1)住区的定位:自然中的都市,眺望,Spontaneo,新丘陵都市人;

2)景观规划:对山脊的连绵和山谷的延展进行再表现;

3)点状高层住宅的配置规划:从步行廊道看到的景观,高层建筑彼此的景观,轴线和设计的统一;

4)行人专用楼梯:公用、共通、专用步行廊道,连接各步行廊道及住宅的接续装置;

5)对广场的考虑:步行者广场,公用步行廊道广场。

Spontaneo这个很少见的词汇来源于意大利语,它用来形容并非刻意造作,而是自然而生的事物。本项目也试图像意大利的山地城市一般,充分利用地形的特征进行道路建设和住栋配置等。[1]除了对步行廊道等外部环境和设施进行规划外,规划理念的实施立足于MA与街区建筑师(Block Architect,下称BA)的沟通协调(图1)。

当然,BA所遵循的设计规范是一致的。这里所谓的Spontaneo是指灵活运用倾斜地形特征的住宅造型,进深与精致的立面,安定感与温暖感,与自然

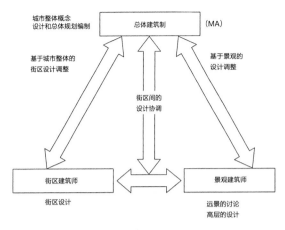

■ 图1 总体建筑师制的框架
看似理想的框架却需要预想外的精力来实现

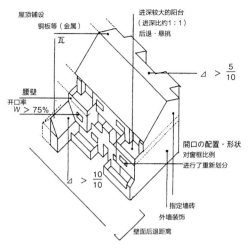

■ 图2 深度的设计
对连续阳台所形成的公寓景观进行挑战，探索克服这种单调设计的策略

对MA、BA甚至住栋建筑师给予启发（图1）。

相协调的细节与材料，与环境良好融合的建筑色彩；BA通过对这些策略的阐释实现设计意图，具体而言上述策略可以转化为如下的建筑和城市设计手法：

1）体量（建筑的建成空间）：墙面后退距离，最高高度，线上天空率[①]，平均道路车线。

2）外壁与屋顶的完善：色彩规划，材质，形态。

3）立面的开窗（Fenestration，开口构成）：双层墙、开口率、开口的布局和形状、窗框的分割。

4）深度（外壁的密度感）：平面上产生的深度，立面上产生的深度，其他原因产生的深度。

5）色彩规划（外墙和屋顶）：色彩规划的基本原则、色彩规划的具体方法。

6）其他的构成要素：建筑物、外部构筑物。

这里出现了Fenestration和深度这两个不太常见的建筑语汇。前者是指将建筑外墙作为遮蔽物的功能和其作为街道景观要素的功能相分离。另外，参考欧洲的城市景观，将壁面率（开口部分面积占墙面的比例）从以前的60%提高到75%的建议值。后者是指为了塑造建筑景观的进深感，运用建筑形体的错落、后退、悬挑等形态上的设计手法，并对遮阳、花台、飘窗等细节的设计作出要求（图2）。

根据这些建筑标准，负责单体的住栋建筑师作出方案上的阐释，并与总体建筑师以及相邻地块的建筑师进行沟通和方案的调整然后进行施工。除此而外，本项目另外一个很有意义的尝试是配置了景观建筑师，并指名由大谷幸夫担当。大谷负责东京都立大学的总体规划，因此可以从宏观的鸟瞰角度

■ 3 项目后续

这个住宅项目正如都市规划学会的颁奖理由书所描述的那样获得了成功。数栋残留的建筑也妥善完工，与很多竣工后就快速老旧化的近现代工程有所不同，这是作为MA的内井对工程殚精竭虑的成果。然而即便如此，MA方式也并没有获得广泛的应用。究其原因，佐藤曾如此诠释："这种工程的推进方式带有一定的强迫性，当项目接近尾声的时候，大家都已经身心疲惫。"[2]与极富个性的建筑师进行交涉是很令人疲倦的事情，因此MA方式也会相对提高工程的成本。然而在一切以开发收益为严密的考量出发点的今天，这种方式并未能够提升房地产的价格。

提升住宅消费者的景观意识，通俗地讲，如何培养消费者对景观的支付意愿，是这个工程留给我们21世纪初城市规划工作者需要思考的问题。

◆参考文献
1）住宅・都市整備公団東京支社（1990）：『多摩ニュータウン第15住区（ベルコリーヌ南大沢）設計記録』.
2）佐藤方俊・土田　旭・初見　学（1992）：「作品解析座談会・多摩ニュータウン15住区（ベルコリーヌ南大沢）」，建築雑誌107，36–39.
3）住宅・都市整備公団東京支社（1993）：『集合住宅地の景観設計手法』.
4）住宅・都市整備公団南多摩開発局（1997）：『近年における多摩NTの集合住宅地設計記録（1980～1996）』

① 指天空的投影面积在一定的用地范围内所占的比例——译者注。

32 幕张新都心
依靠公共主体、临机应变的城市战略与空间意象的确保

■ 照片1 幕张新都心（2008年11月摄影，千叶县企业厅提供）

■ 1 获奖概要与时代背景

1.1 对象项目

　　幕张新都心位于JR千叶站以西10 km，东京都中心以东25 km处，建在千叶市幕张附近的东京湾填埋地上，占地522 hm²（照片1）。作为"产业核心城市——幕张新都心综合性城市规划"，千叶县获得了1991年度石川奖。获奖的理由是，通过使用总体规划与环境设计手册引导空间改造，形成了产业型城市，实现了优质公共设施以及城市环境。

1.2 项目的背景

　　（1）从卧城到新都心　幕张新都心地区最初在1967年，被规划为位于海滨新城（1480 hm²，居住15万，就业10万）的幕张A地区中，并计划建成居住人口9.5万的卧城。后来由于成田机场与东京湾岸道路建设，海滨新城的可达性大为提高，1975年幕张新都心基本规划得以制定，其从纯粹的住宅地开始向产业、研究、教育、居住复合型新都心转变。之后1983年千叶县制定了"新产业三角构想"，旨在实现从重工业偏重向高科技产业的结构性转变，其中幕张新都心与上总科技园（木更津市、君津市）以及成田国际机场周边一道被指定为千叶县的三大新据点。

　　（2）产业核心城市　"产业核心城市"作为第一获奖理由，指的是在1988年"多极分散型国土促进法"中确定的，承担分散集中在东京的城市功能。幕张新都心作为千叶的一角，与八王子—立川、浦和—大宫、横滨—川崎、土浦—筑波学园城市等距东京都心30~50 km的主要城市一道被指定为"产业核心城市"。这与千叶县的新产业三角构想合力加速实现了幕张新都心的建成。

　　（3）伴随着泡沫经济引导民间开发的必要性　日本经济在1991年前后剧烈波动。由于1985年广场协议的签订，日元迅速升值。国有铁路公司等相继民营化，通过大规模工厂和交通基地的土地利用转换而实现的城市开发热一时兴起。可惜很快1990年股价暴跌，地价也陷入跌势，日本进入了所谓的"失去十年的不景气"。因此，在获奖的1991年，幕张新都心在受益于泡沫经济的同时也目睹了崩溃的侵蚀，开始将仍有余力的民间开发引导向以公共主体（县）的形式推进项目。

　　（4）针对全新开发的空间控制　20世纪80年代中期的城市开发热潮中，除了幕张新都心，福冈海岸百道滨（138 hm²）、神户六甲岛（580 hm²），横滨港未来21（180 hm²），东京临海副都心（442 hm²）等大城市临海地区的开发也正式开始。在限制条件较少的面状开发中，为了形成一体化的景观空间，城市设计被着重实施。其背景是20世纪70年代以来积累的先进自治体景观行政的经验，

同时也参照了纽约Battery Park与柏林国际建筑展（IBA）等同时代的海外事例。

■ 2 项目特征
2.1 项目的推进

（1）项目实施 1983年按照计划幕张新都心项目开始实施。其由产业研究、城镇中心、文教、住宅、公园绿地等5地区构成，获奖之时产业研究地区与城镇中心已经开始建设，住宅地区的建设还尚未开始。产业研究地区与城镇中心地区被安排在JR海滨幕张站一侧，与住宅地区由幕张海滨公园隔开（图1）。

（2）幕张模范城 1989年开设的幕张模范城先行进行建设，配备有国际级的展览馆与会议厅以及活动大厅，成功吸引举办了东京汽车展等大规模的展览。它作为"以会展功能为中心的城市开发规划"获得了1990年度的石川奖。由槙文彦完成的建筑设计也备受好评。1997年还扩建了展览设施。

（3）企业的进驻 幕张模范城之后，产业研究地区与城镇中心地区的建设高峰持续到了1996年。前者集中了大企业的中枢功能，后者则集中进驻宾馆饭店。从东京出发走JR京叶线仅30min路程的区位，以及幕张模范城、地域冷暖空调、具备充足公共空间的住宅地等基础设施都发挥了重要作用。

2.2 环境设计向导

第二获奖理由，优质的公共设施与城市环境建设，则主要依赖于新都心环境设计向导。它是1988年作为基础建设主体的千叶县，以产业研究地区与城镇中心地区为对象制定的一项纲领，对委托民间开发商的建设以及由县、市建设的公共设施在形态上作出指导。

（1）内容 环境设计向导大致的设计方针是将公共设施与建筑分开来设计。前者以道路样式、植被、街道设施等为对象，后者除了用途、墙面后退以外，还规定确保连接街区内通路与建筑低层的天桥等住宅地内部公共空间。方针提出，场地内充分设置空地，架空的步行道围绕于建筑前面，同时将建筑的主要体量置于场地中央（图2）。

（2）运用方法 在县政府与开发机构的土地买卖合同中，对设计导则的反映、设计实施计划书的制作以及基于这些的研讨会的举办都有明确要求。产业研究地区短时间内也给予了建筑上的帮助，按照设计导则的意图得以实现。

2.3 幕张新都心的要点

参照获奖理由，有以下几点值得借鉴。

（1）实现城市规划的临机应变战略 第一获奖

■ 图1 幕张新都心的土地利用规划（2010年9月）http://www.makuhari.or.jp

理由的产业核心城市形成的关键是，以20世纪80年代中期日本经济的国际化与扩张为契机，县政府的政策中揭示了新都心构想，使卧城规划转变为复合型的土地利用规划。城市规划是由多种立场与层面的规划组合而成的。关于固定什么、改动什么、什么时候启动等的战略是必需的。这不是"上层规划的从属"那样简单的程序，而需要城市规划的判断。例如幕张新都心，为了从过度依存于东京转向自立，从卧城转变为复合城市，规划的变更与缓急便是临机应变进行的。

　　（2）用制度确保空间形态的城市设计　　而获奖的第二个理由，实现了优质的公共设施及城市环境。其关键在于具备土地利用许可权的基础设施建设主体与上层设施建设的配合协调。例如幕张新都心，将涉及形态创意的建筑条件写进住宅地买卖、借贷的合同中，由县政府主导，通过协议确定设计内容。这样，在幕张新都心官民合作以及基础设施建设一体化过程中就建立起一套保证具体空间形态的制度。

■ 3　项目后续

　　让我们考察一下获奖后，也就是20世纪90年代之后的发展经过。

3.1　从买卖到租赁

　　产业研究地区的建筑到20世纪90年代中期就基本建成了（照片2）。而城镇中心地区的商业用地却因为定居人口不确定，企业进驻停滞不前。因此县政府在1998年以来的出售制度上，开始尝试租赁一部分规划用地。于是，2000年以后娱乐场所和量贩店逐渐进驻该地区。

3.2　文教地区

　　在文教地区，除了实施科目选修制的县立幕张综合高中在1996年开课以外，广播大学和亚洲经济研究所等3所大学，2所高中，2所初中，1所专科学校以及其他研究所和研修所等8个设施到2008年也完成进驻，2009年幕张国际学校开课。剩下约28 hm²的未利用土地变更为住宅用地。

3.3　幕张Bay Town

　　获奖之后引人注目的成果便是住宅地区。1995年开始入住，那时销售宣传所用名称就是幕张Bay Town。1999年其获得了优秀设计奖设施部的城市设计奖。

　　（1）规划概要　　1983年的幕张新都心项目实施规划确立了面积为82 hm²，人口为26000人的框架规划。在1989年幕张新都心住宅区总体规划和1990年幕张新都心住宅区实施规划的2年间，完成了土地利用与设施配置的总体规划。1991年确定了同一城市的设计方针，并出台了住宅的建筑改造方针。

　　（2）沿道路包络型住宅　　Bay Town最大的特征便是沿着道路围合型的中层住宅。（图3）虽然也有一些超高层或11~20层的高层住宅，但地区的中央是由6层左右的中层住宅构成的。沿道围合型住宅本采用欧美传统的建筑形式，在日本由于对日照和通风不利，实际很少采用。通过不断尝试，总体规划设定了街区、道路、住房的适用规格。

　　（3）设计指导　　为了确保建成沿道围合型住宅，政府公布了针对住宅项目公司及设计者的设计方针，包括墙面退线和高度，屋顶与部分外墙的创意，停车场和庭院的构成等设计方针，涉及了沿道围合型住宅的居住性能和景观形成等方方面面的问题（照片3）。设计指导加上给定的土地租赁、出售

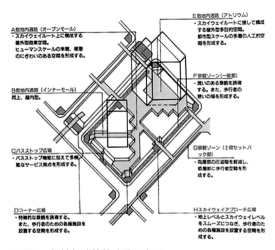

■ 图2　场地与建筑的改造示意图

■ 照片2　产业研究地区（作者摄影）

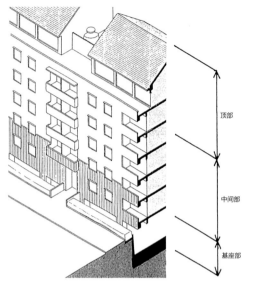

■ 图3 沿道型住房的三层构成

（图中标注：顶部、中间部、基座部）

■ 照片3 沿道包络型住宅（作者摄影）

条件，为沿道围合型住宅提供了担保。

（4）规划设计会议　住宅项目招标选出了民间机构6家、社会组织（现UR）、县住宅供给公社共计8家参加。为了在项目规划建设单位之间促进竞争，将住宅地分割成以街道为单元进行建设。县政府还召开规划会议，引入名为"规划设计调整者"的城市规划专家，对开发商与设计者带来的设计方案进行审查

■ 照片4　幕张Bay Town（作者摄影）

与调整，可以称之为设计调整、设计审查的先驱。

3.4　今后的展望

　　幕张新都心项目启动至今已过去了近半世纪，如何活用这些空间资源是今后的课题。经济衰退、人口减少等情况发生了变化，需要全新的城市战略。这里有海，也有幕张模范城和体育场等吸引人流的设施。街道整洁，绿化丰富。城市观光、环境展示等新都心整体组合起来的话是一个优势。因此需要在利用方式以及空间上将各街区和设施组合关联起来。比如产业研究地区的沿道路空间，虽然形成了宽阔的公共空间，但这些建筑与街道分离，有失热闹繁荣。如果能活用这些道路空间的话，人们就可以到公共空间开展活动，地区全体就能关联起来。然而那里的现状却是被步行道和植被带占据。可以考虑配置一些活动场所，如小型的商铺和公共设施之类。

◆参考文献

1）千葉県企業庁（2009）：『千葉県企業庁事業のあゆみ』.

2）太田洋介（1991）：「国際性豊かな高度多機能都市―幕張新都心」，都市計画170，42-43.

3）大村虔一（1995）：「幕張新都心住宅地の都市デザイン展開とその課題」，都市計画197，118-123.

4）建築思潮研究所造景編集室編（1997）：「幕張ベイタウン特集」，造景7.

5）前田英寿（2006）：「基盤建築の連携化に向けた都市空間計画の策定と実現―千葉県幕張ベイタウンのマスタープランと都市空間形成について」，都市計画論文集No.41-2，25-32.

6）http://www.makuhari.or.jp/（千葉県による幕張新都心のウェブサイト）.

7）千葉県企業庁（1988）：『幕張新都心環境デザインマニュアル（タウンセンター地区・業務研究地区）』.

8）千葉県企業庁（1991）：『幕張新都心住宅地都市デザインガイドライン』.

33 日立站前地区——充满趣味和创意的城市
官民协作创造新的城市据点和景观的尝试 *1992*

■ 照片1　新城市广场和商业街区（由（财）日立市科学文化情报财团提供）
与商业街区接续的站前地区核心，举行各式各样的活动

■ 1　时代背景及项目意义与评价

　　位于茨城县东北部的日立市，原先作为日立矿山和在矿山进行开发的企业——日立制造所的工矿城市发展起来的。位于太平洋和阿武隈山脉之间，南北走向的市区和常盘线车站一道形成了"丸子串"一般的带状城市骨骼。由于原先是工矿型城市，商业基础和文化底蕴薄弱，难以形成内聚力强的城市中心，导致消费人口流向周边的城市。面对这种困境日立市开始产业结构转型的尝试，并将日立站前已形成休闲游憩地的产业、物流用地进行利用转

换，意图将这些地区高度利用起来。

　　1977年制定的基本构想的范围虽然仅仅是现在开发区的1/4，但日立矿山助川荷办事处（照片2）权力移交市管理所，因此1983年国铁所有的土地和周边居民所有地总计12.5 hm²的用地作为商业和公共服务设施对象进行复合开发。开发的基本思想是"充满趣味和创造力的城市"。[1]通过广场、公共

■ 照片2　项目实施前的样子[6]
右图是日立站和站前广场，中央是成为开发核心的日本矿业公司助川荷办事处

建设过程	表2
1976年	日立站前开发调查委员会成立，开始制定基本构想
1977年	制定《日立站前开发基本构想》
1981年	与日本矿业公司的土地转让交涉开始
1983年	与日本矿业公司助川荷办事处缔结废止和贩卖协议，《日立站前开发建设计划》制定
1985年	制定城市设施等规划，土地区划整理项目得到批准
1986年	制定土地分开销售、设施立地方法等开发方针，商业街区内专卖店开始招商
1987年	新都市据点建设项目的综合建设规划得到内阁大臣的认可，实施商业化的公开设计竞赛
1988年	制定了故乡门户营造示范性土地区划调整项目，新都市广场和城市中心的建设开始进行，通过公共设施用地的第一次公开招募确定了建设者
1990年	确定了商业街区专卖店的经营者，新都市广场和城市中心开张
1991年	公共设施（第一阶段）、商业街区大型店铺、本地专卖店开张，公共设施用地第二次公开招募开始

设施、大型商店、购物广场、酒店等设施创造出新的城市形象（图1），为此从最初开始就积极地对公共和民间的各种建设企业的建设项目进行设计性调整。日立市不仅进行土地区划整理，还从景观设计出发启动了各种建设项目，综合推进建筑的设计导向。通过设计竞赛和多个建设项目有机结合，最大程度地发挥了民间的积极性，短时间内能够迅速推进。投资总额高达660亿日元，是日立市有史以来最大的项目。

■ 2 项目特征

本项目的特征分为：城市建设方法、项目推进组织、设计特征三部分。

2.1 采用多样城市建设手法的项目实施（图2）

本项目受到国家和地方的大力支持，推进各种项目的进行。

在土地区划整理上，得到建设省"故乡门户营造示范性土地区划调整项目"的支持，实现了高品质的景观。在公共设施建设方面，根据建设省的"新城市据点建设项目"，进行形成地区中心的新都市广场建设，广场的地下空间建设利用"NTT股价买卖无利息融资制度C模式"。

建成了面向广场的标志性设施"日立城市中心"，它是被期待超越传统公共设施模式、建立新理念的设计。即便是新市中心的广场设计，也广泛征求居民意见，对多个独特方案优选后，完成了设计。

在民间设施的建设方面，政府积极促进民间参与，并且为了实现更加一体的、综合的城市开发，商业街区和酒店街区采取商业化的运作模式，但商

务地区采用公开招募的形式。商业化模式在建设过程中选择了三井不动产公司、伊藤洋华堂公司联合的方案，企业体和公共空间一体化建设的同时，在商业区域中也担任着本地经营者开店的调整角色。

此外，考虑到面向景观优先的城市建设的实现，引入了地区规划（1989年）、缔结城市建设协定等多个项目。

2.2 为推进项目的组织建设（图3）

针对规划的主题和实现每个区块调整方针的具体化，分别设立相应的专业委员会。首先是针对土地区划整理，增加了具有城市设计审查功能的"日立站前城市设计调查委员会"（1985年成立，委员长是渡边定夫，东京大学教授），和市政府一起承担建设的职能。

在商业地区，1985年以当地商人为主，与学者和一般市民一起成立了"日立站前商业用地规划委员会"，设在日立商工会议所内，对主要店铺的规模、专卖店的构成、店铺的形态、资金的导入方式等问题进行了详尽的调查研究。

此外，次年的1986年，设立了"高度情报中心日立站前地区委员会"（委员长是黑川光，筑波大学教授），主要职能是公共设施的维护和管理系统的构建，促进产业用地的系统构建。

在各种设施的各个项目建设方面，除了沿袭这些委员会的方针外，还成立了专门的组织分别进行研究讨论。在购物中心和商业、酒店区的设计竞赛实施过程中，在城市未来促进机构（财团）内部成立了"日立地区设施用地引导委员会"（委员长是井上孝元，东京大学教授），在这个之下还和县、市的未来推进机构一起成立了工作组。此外，在接到上述组织的审查结果后，还在市政府内部设立了"日

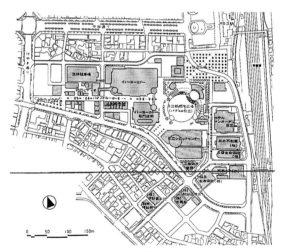

■ 图1 站前地区的设施建设[2]
新城市广场、城市中心的公共区周边配置了商业设施、公共设施等

■ 图2 运用多样的建设方法[2]
面向魅力的街道建设，导入多样的建设手法

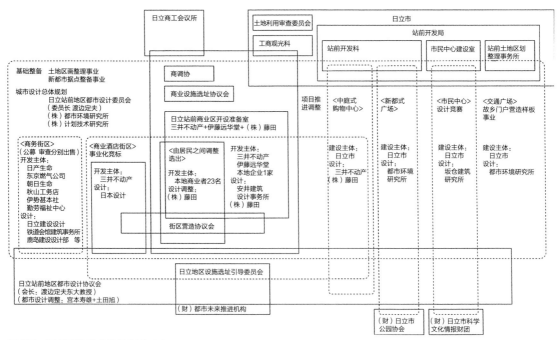

■ 图3　规划设施的实施体制由（改自文献2））

立站前地区土地利用审查委员会"，对如何实施进行最后的研究。

项目实施者和设计者确定之后，又成立了"日立站前地区城市设计委员会"（第二次，委员长是渡边定父，东京大学教授），主要研究讨论地区总体街景和个别设施的设计。市政府和民间开发商也成立了"日立站前地区城市设计协调会"，负责具体设计的协调。

2.3　城市设计的特征

虽然土地区划整理在一定程度上决定了空间的构成，但经过城市设计委员会的研究讨论，整个的空间设计是把日立新城市中心广场作为核心空间，在广场正面设置了购物中心，此外面向商业街区的大型店铺和宾馆也面向广场设计。步行专用道路作为邻接广场的商业街区轴线，而这条轴线确定了商业设施一体化的空间形象。

新城市中心广场原先是作为具有广场性质的邻近公园进行构想的，但是由于受到了新都市据点建设项目的影响，被改为具有城市象征的城市广场进行建设。因此为了满足多样的大型活动需要，建成的观览席灵活运用了舞台和南北的地势高差，此外还加入了激光的光线和喷雾喷水等演出设备。站在景观设计的视角进行广场设计的土田旭，将纪念广场与市民的日常生活融合，展现出过去日立市的

风貌，得到了好评。但另一方面，也受到了一些批评，如被指出作为纪念广场的尺度与日常空间存在一定差异。此外，还有人指出，原来的土地所有者对建筑物先行开发，与周边建筑和广场并不是非常协调。[2]

具有各种功能的复合文化设施——购物中心的设计是通过前面提到的竞赛方式确定的。广场对面中庭的空间设计最终选择了一个充满个性并具有多功能的立体组合的方案（照片3）。

具有大型商店、专卖店和一般店铺的商业街区"天井购物中心"宽度为10 m（加上建筑墙面后退为12 m），全长为300 m。其如轴线般展开，摩登、俏皮的设计理念摆脱了以往地方城市街道设计的束缚。通过设计促使民众积极参与了"都市营造协会"，对规划进行严密的调整，为方便市内具有经营意愿的居民的土地使用，将用地细分为灵活的小块，同时创造出多样性的具有下町氛围的街道。

■ 3　项目后续

对于在短时间集中实施了许多建设的本项目，有关人士都会异口同声地说"只有在当时才可能实行"。与泡沫经济时期全国其他地方大规模的建设一样，本项目也得到了来自国家的项目补助金，并得到各路专家的协助。

■ 照片3　新城市广场和城市中心（由日立市提供）
新城市广场周边的道路是步行者专用的，以城市中心为首创造出周边建筑一体化的空间

■ 照片4　"佩蒂"的建筑外观
残留有多样性要素的街道，和周边调和，实现整体协调

但是受社会、经济大环境的影响，本地区经营环境也发生了大幅变化，特别是被看作繁华的核心的商业功能。虽然在开业之初本地区的大型商店和神峰町百货商店聚集大量人气，日立地区商圈辐射整个县的北部范围，但是之后随着城市郊外店铺的发展和水户、日立等大型综合设施的开业，市中心加快出现了空洞化。与市内其他的商业街相比，虽然有站前的区位优势、与商业办公和公共设施相接优势、拥有大量的临时客流优势等等，但现在也面临空置店铺不断增加的情况。

日立市的相关人士说，开发之初确实有很强的认识，如"如何活用创造的空间以使其持续发展？"[3] "必须依靠民间商业活动和持续的活动开展，建立可以维持人流的体系"[4]。为了创造日立独特的文化，促成市内外人与人的交流活动以及具有活力的活动的实施，购物中心及其管理者（财团）日立市科学文化情报财团至今仍一直开展着各项活动。新城市中心广场和"天井购物中心"作为会场开展了舞蹈节、国际大型街头艺术、本土艺术节、明星节（Star Light Illumination）（照片1）这四个大型活动，此外还依照市民团体的建议，开展城市歌剧的活动，拓展了城市活动的内容。

此外，现在本地区建设之初悬而未决的日立车站站前广场改造工程开始推进（预计2011年完成）。[5] 新建的自由通道和桥上车站将铁路东西连通，西口的交通广场得到改良，旧车站遗址得到充分利用（通过引导公共设施和民用功能），东口建立新的站前广场和交通设施。本项目充分利用国土交通厅的城市建设资金，通过设计竞赛（妹岛和世担任设计监督）征集自由通道、车站建筑方案，再将优选出的方案付诸实施，因此也可以说本项目从侧面推动新技术的产生。期待着站前地区联系的加强，并创造出新的城市面貌。

◆参考文献
1）日立市（1986）:『日立駅前開発事業都市デザイン調査報告書』.
2）土田　旭（1993）:「日立・駅前開発地区の都市デザイン」, 渡辺定夫編著『アーバンデザインの現代的展望』, p.3-24, 鹿島出版会.
3）古市貞夫（1993）: 新都市47（3）, 14-19.
4）生江信孝（1994）: 区画整理37（2）, 25-33.
5）日立市（2005）:『日立駅前周辺地区整備構想』.
6）日立市駅前開発課（1994）:『個性的な都心部づくりをめざして　遊びと創造の都市　HITACHI CITY　日立駅前地区』.

■ 照片1　土地规划调整前（左）和调整后（右）的花卷站周边地区（花卷市提供）

■ 1　时代背景及项目意义与评价

受到泡沫经济的影响，在全国各地都进行大规模开发的时期，各地方城市也不断推进交通基础设施建设，这一时期，岩手县花卷市也完成了东北新干线和东北机动车道路等广域交通体系的建设，并带动了市中心的建设发展。

过去的花卷车站地区是JR东北线和釜石线的交叉点，由于该地区作为旅客和货物运输的节点，因而非常热闹。但是随着机动化的发达，货物中转的职能被废止。由于1982年东北新干线开始运营，因此车站的利用者减少，市中心的活力明显减弱。此外，区域内还有国铁清算事业团的用地，这些土地如何利用也是很大的问题。在这种情况下，以1985年的东北新干线花卷站开业和次年东北机动车道花卷南IC的开通为契机，政府决定重新整治交通体系，谋求花卷地区的再生和建立充满活力的城市中心。具体的措施有花卷车站东西道路的贯通和旧国铁货物遗迹的有效利用。

就在那时，1987年建设省（当时）推进活用旧国铁遗迹的城市基础设施建设，以魅力的设施、实现宜人的城市空间为目标，创设了定居据点紧急调整项目。花卷市也积极推进项目发展，通过土地区划调整项目、街道项目等多个公共项目的整合，旨在复兴富有个性、具有情趣的市中心区。

本项目的意义主要有三点：

第一，通过活用"土地置换"[①]等手法，按照站前空间的城市设计，开创了将土地区划调整和城市设计相结合的新视点。

第二，经过常年多种规划的立案和补助项目的积累，以地方城市振兴为目的的持续性城市规划在实践上产生了效果。

第三，将各种规划和补助项目的决定过程记录

■ 照片2　项目地区中心部（花卷市提供）
面临从定居交流中心到多目的广场、站前广场

---

① 又称作为飞换地，是指无法在原有土地的位置上或者接近的位置上，而必须在离原位置很远的地方换地，日本土地调整规划工程专业用语——译者注。

下来并加以整理，予以发表，为其他地区提供了巨大参考价值。就这样，在当时的花卷市这一人口约7万人的小城市（2005年合并，截至2010年8月大约10万人），由于中央的学者和顾问的协作，被认为直至细节都达到了高标准的城市开发。尤其是对于那些苦恼于中心城市衰退的地方自治体来说是一个重要的参考，因此得到很高的评价。

■ 2 项目特征

2.1 项目的五个特征

本项目的面积是以花卷车站为中心的10.7 hm²，即通过土地区划整理实现跨越性的市中心调整，与丰富的站西地区连接，将原先在站前广场中断的干线道路延伸，并通过城市设计创造出步行者优先的道路、站前广场、多目的广场等丰富的城市空间。作为项目手法，将"成为新城市据点的地区"作为创意城镇，通过定居据点紧急调整项目建设了定住交流中心、多目的广场、闪光游步道，面状基础设施建设也通过土地区划整理项目得到建设。此外，同时期宾馆、商业大楼、沿街商业也逐步建设，实现了广大定居者的交流。另外，基于城市设计的土地置换计划和建筑设计，通过长期的不断讨论，达成了地区相关人士和地权所有者的共识，主要特征有以下5点：

（1）国铁清算事业团用地的活用和土地置换 花卷站周边区域中有2.4 hm²，都是国铁清算事业团用地，希望建成高效利用土地以及一体化的城市中心区。为此，决定灵活运用国铁清算事业团用地。具体措施是购入1990年暂时换地前的花卷市土地开发公社，将其作为定居交流中心用地、多目的广场用地、停车场用地灵活运用。

此外，为提高吸引游客的能力，离车站最近处作为核心配置了基础设施，即在南侧规划了铁路商业街区域。借此将从前面向站前广场的散乱商店向铁路商业集中，就是所谓的土地置换。

（2）多目的广场和周边建筑配置、空间的整合 多目的广场具有空间的整合创造、连接步行者空间等多种职能，并且为了构成更加舒适和有魅力的空间，在周边配置了定居交流中心和宾馆等主要建筑物。还在站前广场和多目的广场之间设计了宾馆，并将其一部分隐藏，达到若隐若现的效果。为了多样化利用广场和吸引人气，还对设计进行调整，实现了面对广场的定居交流中心的多功能大厅和多目的广场的一体化利用，并在宾馆的广场一侧

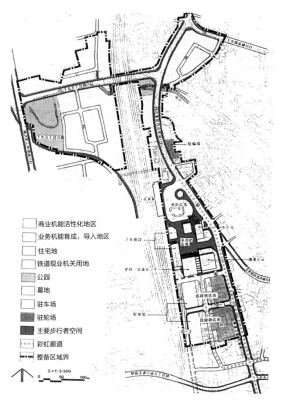

■ 图1　调整规划图（花卷市提供，部分有改动）

图例：
商业机能活性化地区
业务机能育成，导入地区
住宅地
铁道现业机关用地
公园
墓地
驻车场
驻轮场
主要步行者空间
彩虹廊道
整备区域界

S = 1 : 2 500

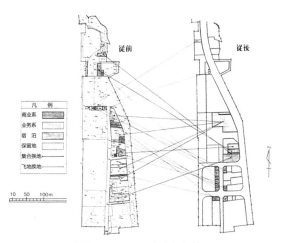

■ 图2　换地计划（花卷市提供，部分有改动）

的一层配置了基础设施等。

为了实现这样的规划，在设计阶段征求土地所有者意见的基础上实现集体换地、方案换地[①]的同时，还对用地、大小、形状等进行调整。

（3）多目的广场和周边步行空间的连接 各部

---

① 土地规划调整项目专用语。在换地设计时，除去特殊场合，不按土地所有者等的要求，根据相对于的原则由第三者的判断制成的公正方案的原则——译者注。

分规划的定位是：多目的广场作为交流空间、站前广场作为站场空间，铁路商业街作为购物空间。另一方面，道路的配置充分考虑连接站前广场和多目的广场，并且保证不切断步行者线路，即便是多目的广场和铁路商业街之间也没有布置地区主干道，而是配置区级道路，借此保证多目的广场和步行者空间的连续性。整体空间拓展和步行者线路上步移景异的序列性变化，都是空间、游线、尺度等精确

考量的结果。

（4）铁路商业街的形成　从前虽然有过将站前广场对面的小规模商业进行再建，形成共同的商业大楼的方案，但希望独立经营商业的人数增多，为满足这部分人的要求在多目的广场南边规划了铁路商业街，通过土地置换的手段实现。另外，为了充实铁路商业街，精心规划了以商业为目的的保留地，使得外区的商人也可以进驻。

此外，铁路商业街形成的同时还考虑了周边的连续性和迁移性，为实现冬季也有安全舒适的商业空间，在从站前广场连续的步行空间中设置了排水消雪装置。

（5）景观形成规划　创造出热闹的地区气氛的同时，还引入了创造高品质空间的"故乡门户营造示范性土地区划调整项目"，也开展了铺装规划、种植设计、照明设计等景观设计。

为了确保地区整体空间的统一性以及步行空间的连续性，将站前广场、多目的广场、站前商业街等主要的步行空间统一设计。此外还缔结了《城市设计协定》，确定了退红线、用途、色彩、屋檐的

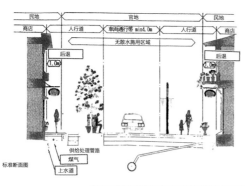

■ 照片3　路线商业街（花卷市提供）

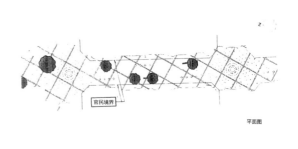

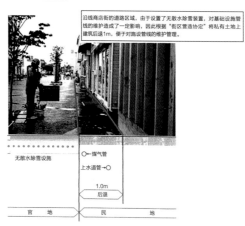

■ 图3　路线商业街的建造协议（花卷市提供）

高度等原则。尤其是1 m的退红线部分作为水、气管道的埋设场所，同时也是排水消雪装置的维持管理用地。

花卷市还是宫泽贤治度过晚年的街区，以象征宫泽贤治世界的站前广场雕塑"响彻着风的森林"为代表，多目的广场还别出心裁地通过铺装和系列线路等营造出花卷市独特的氛围。

2.2 相关人士的想法

支持当时吉田功市长的副市长户来谕元对当时的情况作了如下的说明：

"铁路开通时花卷车站的周边为了顺应市中心的人口聚集和宅地需要，不断推进由水田地带扩大形成的站西地区的区划整理项目。"

"这个项目在站前开发的同时，延伸了在花卷站中断的、从市中心延伸出来的道路，无论如何都必须连通通往站西的道路。虽然多次对跨铁路的道路设计进行探讨，但由于东侧的地势低，跨越铁道的距离太短就难以与西侧的道路相衔接。另一方面，如果在铁道下方通行必须移走一部分墓地。"

对于墓地的搬迁，寺庙的主持是这样说的："移动祖先的墓地是不吉利的"，起初寺庙也是非常反对，但是这个寺庙原先是建立花卷市的北松斋公的菩提寺，也应当支持花卷市未来的建设，因而得以实现了。

此外，对于在小城市能够实现多大的建设规模这个问题，"从新干线车站规划开始，召开了许多次由各界人士出席的花卷建设研讨学习会，因此政府不难作出跨越性的决定"。

■ 3 项目后续

似乎是继承了北松斋公的意志，墓地迁移、花卷站周边的建设整治得到实现。定居交流中心一开张，顾客不断增加，多功能会所的月平均利用率也很高。此外，多目的广场成为全市最大的传统项目——花卷节花车集散场地和各种大事件的会场。但是本项目主体实现以后，遭遇泡沫经济的打击，当初规划成购物中心的商业设施用地现在成为了停车场。另外，连接市中心的道路拓宽也停滞不前。但是，创造城市名片的各种努力现在变得随处可见。

尽管市町村的合并，花卷市人口、面积发生很大变化，但是不能否认和其他城市一样市中心也面临着郊区化。另一方面，流经市中心的大堰川沿线的开发——"理想的滨水建设"，在花卷市新开发中具有重要作用，和河川再生项目一道，实现了舒适的步行空间和大堰川海滨公园。这也是本项目中构筑起来的政府人脉和活用经验的结果。

本项目在传达地方城市再生项目"创造城市中心的核心"这一重要性的，同时，也展示出项目成果并不是永恒不变的，而是受到时代变化的深远影响，但是其中构筑起来的经验和人脉确实对周边地区的更新、建设造成深远的影响。

◆参考文献
1 ）吉田 功・加藤 源（1994）：「『花卷駅周辺地区における地方都市再生の試み』について」，都市計画191，10-11.
2 ）花卷市：『ふるさとの顔づくりモデル土地区画整理事業 花卷駅周辺地区』.
3 ）花卷市（1988）：『花卷駅周辺地区定住拠点緊急整備事業整備計画策定調査報告書』.
4 ）花卷市建設部都市計画課・財団法人都市づくりパブリックデザインセンター（1989）：『花卷市多目的広場基本設計報告書』.
5 ）花卷市（1991）：『花卷駅周辺地区都市デザイン調査』.

35 神户临海乐园
先驱性滨水开发形成的多元城市中心   *1993*

■ **照片1　临海乐园全景**（与照片2、照片3同为神户临海乐园公司提供）
连接滨水空间的都心形成

■ 1　时代背景及项目意义

　　神户市历史上一直是以三宫为都心的单中心城市，因此长期以来面临着都心西部的城市功能再生的课题，需要对城际发展对策进行调整。特别是随着产业的转型和流通业构造的变革，很多物流空间需要重新调整。

　　由此，位于都心西部的神户临海乐园担负起与三宫地区共同形成二元都心结构的使命，其规划目标是建成满足市民生活多样化和个性化需求的新商业与文化设施。

　　本项目对由产业设施占据的滨海空间进行改造，成为市民广为利用的城市空间，在全国具有先驱性的地位；此后，此类项目在各地广泛展开。从神户市总体规划来看，本项目位于连接神户市文化设施群的神户文化南北轴线的延长线上，以"创造连接大海的文化都心"为规划主题进行新街区的建设。

■ 2　项目特征

　　临海乐园的前身是1982年停止使用的国铁凑川货运站及周边仓库。1985年，面积为23 hm²的大规

模再开发项目正式动工，后续的改造工程也陆续开建，到1992年街区建成正式开放。值得一提的是，本项目以民间的开发主体为中心，将基础设施和其他设施一体性规划，沿岸形成商业设施和公共设施交织的空间布局，先驱性地实现了公私合作（PPP，即Public Private Partnership）的综合性设计。这是本项目的特征所在。

2.1　规划方针

　　临海乐园的改造项目设立了三个规划方针：

■ **照片2　改造工程开始以前的临海乐园**

■ 照片3　煤气灯街的点灯

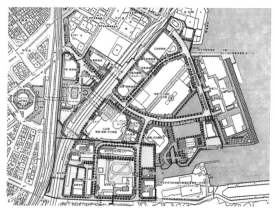

①创造新的城市中心；②改造建设复合多功能的城市；③灵活利用环境条件的街区营造。规划力图改善都心西部低下的城市活力，使该区具备与都心相匹配的复合型城市功能，通过便利的交通和良好的可达性使得地区环境得到活用。

2.2　民间活力的导入

为了实现规划方针，本项目在全国率先被建设省（现国土交通省）列入"新都市中心改造项目"，由神户市住宅和都市整备公团（现都市再生机构）以及民间开发机构合作，对项目进行推进。

此外，为了积极发挥民间开发主体的力量，除了对项目的实施进行竞标以外，还作为与高度信息化社会相适应的信息集散基地，同时完善临海乐园作为城市管理中心的功能，数十家民间企业共同出资设立了神户临海乐园信息中心股份公司（现神户临海乐园股份公司）。

2.3　"临海乐园运营协议会"的设立

在街区开放的前一年（1991年），为了使临海乐园成为富有魅力的街道并全面发展，设立了以地区内活跃的民间开发者和公共设施运营者为会员的"临海乐园运营协议会"，根据议题设置总务委员会、交通委员会、客流促进委员会等部门，完善了协议和实践的机制。

■ 3　街区落成后续

3.1　神户市新的都市中心的诞生

本项目创造了神户市全新的都市中心，作为滨水地区的新的观光热点，临海乐园吸引了大量的人流。另外，以街区开放为契机，新的项目依次展开。1993年，成为"神户城市度假博览会"的会场；1994年在临海乐园主街上开始施行"神户煤气灯街道点灯"并成为神户节、神户YOSAKOI节等神户代

表性活动的会场；在开街3周年、5周年的时候举行周年庆典。

1995年阪神淡路大地震发生后，临海乐园与都心相比受灾较少，因此得到快速恢复，并承担了对受灾严重的神户都心城市功能填补的任务。

3.2　紧急街区建设行动规划的制定

临海乐园和其他地区一样，经历了近年日本长期消费萎缩的困境。为了提高街区的活力，临海乐园运营协议会制定了"紧急街区建设行动规划"。这一规划着眼于马上可以着手改进的事情，从硬环境和软环境两个方面制定实践规划，根据不同的问题设置了13个部会，并委托街区内的经营者领导各部会来实践具体的规划。

在硬环境方面，改造了表达对来街者欢迎之情的标语、标志和确保街道主导线路的扶梯；对"马赛克"摩天轮进行LED化。软环境方面，实施了新的促进商业活力的活动和策划。

3.3　走向街区的成熟和可持续发展

临海乐园在2012年迎来了开街20周年。为了街区的持续成长，一方面要创造与时代潮流相呼应的新的都市功能，另一方面则要发挥街区的历史积淀来促进街区走向成熟。

今后，临海乐园将集结地区内开发者的力量，承担神户市都心功能的一翼，以期建设成为吸引更多访客的富有魅力的街区。

◆参考文献

1）ハーバーランドまちづくり建設誌編集委員会編（1993）：『神戸ハーバーランド』.

真鹤町
焕发城镇生机的城镇营造条例与美的基准

1994

■ 照片1 真鹤町景观之相模湾眺望（文献1），p.12-13）

■ 1 条例和美的基准制定的背景与意义

神奈川县真鹤町人口不到1万，拥有美丽的自然景观，以观光业、农渔业和石材业为主要产业。然而，从20世纪80年代后期开始，在泡沫经济的背景下，迎来了开发热潮，度假公寓建设计划接连不断。真鹤町由于担心景观遭到破坏以及对供水产生影响，规定如果进行开发或建造工程（以下简称"开发"）的开发者不遵从城镇的基准或指导，则不给予供水，并为此制定了供水规章条例（1990年），引起了全国的关注。

但是，依靠法规对开发行为进行一味的阻止，是无法让城镇持续发展下去的。那该如何做才能建设好一个城镇呢？经过镇长与镇区民众在镇议会的反复讨论，1993年6月16日，制定了能够使开发与环境和谐并行不悖的《真鹤町城镇规划条例》。

此条例是在地方分权改革（2000年）之前的法律环境下，根据自治体独自的条例策划，通过对土地利用制定法规来进行诱导。这点可谓是先驱之举。特别是，作为城镇特性的美的原则和美的基准（"美的基准"）的制定与独自的规划，基于此基准进行土地利用诱导的建筑行为的流程（合法程序）[1]，至今仍给各地条例制定带来不少启示。而且，作为实现美化基准的实验，大至程序小至材料都进行了精心考究的城镇集会设施——"真鹤社区"（1994年）被建成。

在期待今后的城镇建设能取得进一步发展的愿景下，该项目获得了相应的奖励。使得以上一系列体系成立的流程和作为其成果的条例以及美的基准的巨大价值都得到了认可。

■ 2 条例特征
2.1 美的基准等

条例有三个方面的内容。一是根据居民参与提出的共识以及城镇议会作出的决定，制定的总体规

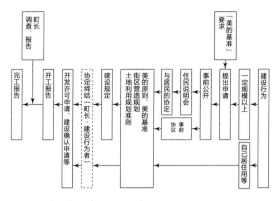

■图1　建设流程（双向流程）
（文献1），p.219）

■ 照片2　真鹤社区（文献1），p.200-201）

划"城镇建设规划"；二是与真鹤地区的特征相应的"土地利用法规准则"，其中明示了土地利用方针以及容积率指标、建筑密度、高度限制等；三是根据城镇规划，确立了在保护自然环境、生活环境以及历史文化环境的同时实现发展的"美的基准"。

美的基准按照"场所"、"等级划分"、"尺度"、"和谐"、"材料"、"装饰和艺术"、"社区"、"景致"这8项原则，选定了基本的精神、联系和关键词等。例如，基本精神方面表现在建筑必须尊重场所特质，不能凌驾于环境之上，建筑首先要考虑与人协调的尺度和比例，其次要与周边建设协调，不应在用地最好的场所建造建筑物等等。某些基准没有表现在法令中，需要居民的自律执行。此外，参照模式语言策划的关键词，[2]如"安静的后院"，"海洋的蓝色与森林的绿色融为一体"，"萤火虫海岸"等，将拥有美丽半岛的城镇的特有要素突显出来。

2.2　合法流程和美的基准要求

条例规定，开发商如果没有和政府、民众取得一致意见可以召开听证会。届时，可以进行上诉、议会决议等程序，如果开发商不尊重议会的决议，将会采取"城镇的必要协助"措施即切断供水来抑制开发等。从引导土地利用的角度看，图1的流程可以说是法定程序的核心。其次"美的基准要求"是城镇要求开发商在按照美的基准的前提下针对项目规划提出方案，是通过不断的对话交流，使真鹤城市环境和开发相协调的协议型系统。

而成为美的基准的判断和协议体系根据的是

"真鹤社区"的建筑及其空间。

■ 3　条例后续以及真鹤町的城市营造

距离制定《真鹤町城镇规划条例》已经过了20年，很难用一句话来概括条例的实施效果。也有负面的评价出现，比如由于条例的存在抑制了自身的开发。另外，针对高层公寓的建设问题，根据条例流程中止了建设动向而受到好评。进一步来说，城镇和居民们超越了条例作为规定的想法，而是使在美的基准下确定的景观成为观光资源，根据景观法促进景观规划的决定动向，也是其成果之一。引人注目的是真鹤町城市规划激发了居民的归属感和实际行动。当初条例的政府主导性质正在逐渐转为以居民为主体，并进一步成为城镇建设主体。[3]

随着地方分权导致的地域主权型城镇营造的推进，共识的形成和协议型体系的城镇规划方法在当下显得越来越重要性，基于真鹤町的条例进行城镇营造的意义，比起条例制定之初具有更大的意义。

◆参考文献

1) 五十嵐敬喜・野口和雄・池上秀一（1996）:『美の条例』，学芸出版社.

2) クリストファー・アレグザンダー，平田翰那訳（1984）:『パタン・ランゲージ─環境設計手法の手引き』，鹿島出版会.

3) 嶋田暁文（2007）:「まちづくりの動態～真鶴町《その後》～」，自治総研33，43-104.

37 法莱立川

位于功能核心型都市立川，将街道与艺术融为一体的都市景观   *1994*

■ 照片1　位于皇家酒店与高岛屋之间的广场

■ 1　时代背景与项目意义及评价

　　法莱立川创造了将街道与艺术融为一体的都市景观，因而成为先驱性的街区再开发案例。第二次世界大战后，东京都立川市作为美军基地的所在地而繁荣发展。1977年，480 hm²的军事基地全部返还给立川市，并被规划为国营公园（昭和纪念公园）和广域防灾基地；以此为契机，规划了JR立川站周边的街区改造项目。立川—八王子地区与东京都心相距约30 km，原国土厅制定的第3次首都圈总体规划中提出了"产业核心型都市"的构想，对立川的定位为：在分担东京都心的部分功能的同时，聚集高端的商业、文化等服务业功能，建成广域的产业管理功能用地；配合多摩城市单轨铁路项目等大范围交通网改造项目，推进立川站周边的土地区划整理和街区的再开发项目。

　　此前，由大规模再开发形成的产业型都市空间往往过于单调，而本项目积极引入大量的艺术作品（总计109份），创造了极富个性的都市空间。本项目提出了将街道功能艺术化的独特城市营造手法，这一前所未有的尝试获得了高度评价。

■ 2　项目特征

2.1　总体规划

　　由办公与商业空间复合而成的11个街区被多摩单轨铁路与干线道路所围绕，街区内设置环状道路（图1）。其中7个街区设置了架高的步行道，使行人可以从车站顺利地直达各街区。这种骨骼状的构造和公共艺术的存在，营造了地区的整体感。

2.2　公共艺术

　　避免艺术品单体形象的过于突出，注重将外部空间的各种要素艺术化。项目用地的整体被赋予森林的意象，艺术则成为生息于这片森林中的小精灵，基于这个想法生成了三个概念：第一个概念是"描绘世界的街区"，生活在同一时代的形形色色的人们有着各种各样的想法；这些想法映射在点缀于这片街区上的各种艺术品中，如同栖息于森林中的生命悸动。第二个概念是"给功能赋予故事"，用于设置艺术作品的空间多为步行道、车挡柱、墙、换气塔、检查口、路灯、散水栓、树圈、广告板等功能设施或死角空间。这些如同森林中生命的筑巢或隐匿场所，用艺术为这些功能空间赋予各种形式和意义。第三个概念是"充满惊喜与发现的街区"，艺

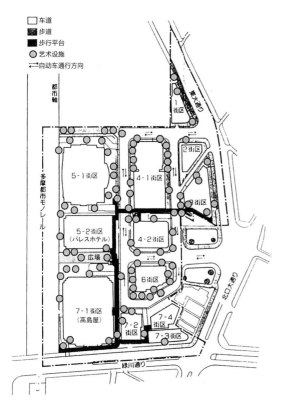

图例:
□ 车道
▨ 步道
■ 步行平台
○ 艺术设施
⇄ 自动车通行方向

都市轴

多摩都市モノレール

绿川通り

北大通り

东大通り

1 街区
2 街区
3 街区
4-1 街区
4-2 街区
5-1 街区
5-2 街区（パレスホテル）
6 街区
7-1 街区（高島屋）
7-2 街区
7-3 街区
7-4 街区
广场

■ 图1　规划总图及艺术品设置示意

术作品并未配置记载创作者和作品主题的说明，其目的是让观赏者享受探索的乐趣。

立川市提出"文化和优雅"的城市建设主题，并将法莱立川的艺术规划整合进去。北川夫拉姆先生担任艺术规划者的职务，负责作家选定和与所有作家的交涉（预算、设置场所、制作条件等）应对。参与该项目的艺术家来自36个国家，总计92人。由于室外设置的艺术作品被裁定为建筑物，所以成为建筑基准法和道路交通法的管理对象。素材、形状、大小和构造等都与规定相关，为此与作者进行的协调交涉花费了大量的时间。

2.3　空地的改造

高密度的开发很难形成集中的空地，为此，规划把建筑物的后退空间（3 m）和连续步行道的改造一体化，在建筑的二层设置了专用步行路，把百货商场、酒店、图书馆、电影院等连接起来，增加了步行者的便利性、安全性和舒适性。沿着步行道种植了行道树和各类植栽，形成了富有情趣的城市环境。

2.4　建筑物的景观规划

因为项目附近的防灾基地设有机场，因此建筑有53 m的限高要求。规划设计为避免限高带来的单

一感，赋予每个建筑自己的个性；同时，又要使整个街区具有整体感。为此，所有的建筑都采用了三段式的设计："基层部"（1~2层）注重人的尺度和建筑界面的丰富性，并充分考虑经常举办的演出对空间的要求，使用了天然石材。办公楼的底层布置了店面。"中间部"的设计以横向线条为主。"顶部"采用与"中间部"不同的设计语言。在形态上富于变化，从而形成丰富的天际线。建筑色彩以多摩川的石材的颜色为基调，从而在整个街区形成整体感。

■ 3　项目后续

作为法莱立川开设10周年的纪念活动，2005~2006年举办了艺术作品的再生项目。用地内的艺术作品分别为立川市所有（51件）和民间所有（58件）两类。立川市所有的作品每年进行两次清扫和必要的修复，而民间所有的部分则依据所有者的个人判断进行，并不能保证得到充分修缮。因此，立川市，法莱立川地区内的设施所有者组成的"法莱协议会"，以及从事艺术导览和清扫的市民志愿者组成的团体"法莱俱乐部"，这三方在2005年1月成立了"法莱立川艺术管理委员会"，号召市民和各类团体参与艺术品的修复再生。同年6月，有超过30个团体和个人组成的"法莱立川艺术再生实行委员会"成立。两个委员会通过合作，实施了总计3500万日元的项目，其中包括41件艺术作品的修复，官方合作伙伴项目（号召与市民、法人的合作，争取用于市民公关等目的的赞助），市民参与的交流项目（艺术导览、清扫、地图制作等宣传活动），次世代艺术作品项目（公开征选、设置了110件作品）等。

尽管艺术作品的维持管理需要经费，但法莱立川并不是单纯的城市街区再开发项目，而是有大量的市民、团体和企业参与其中，并持续地进行地区协作，以此进行将艺术融为一体的街区营造，这种概念和手法有很大的借鉴意义。

◆参考文献

1）板橋政昭（1997）：「街とアートが一体となった新しい街」，都市計画46（1），70-71.

2）正本恒昌（2008）：「ファーレ立川のアート再生プロジェクト」，都市計画57（6），60-61.

3）北川フラム（1995）：「再開発事業と景観」，新都市49（11），83-94.

4）木村光宏・北川フラム（1995）：『都市・パブリックアートの新世紀』，現代企画室.

38 21世纪的森林和广场
自然尊重型的都市公园

1994

■ 照片1　开园时的部分景色（摄于1993年前后）（提供：松户市）

■ 1　时代背景与项目意义及评价

　　21世纪的森林和广场，定位于《松户市长期构想（1977）》中所提出的"打造文化绿色宜居活力城市"的口号。在当时松户市每年人口增长约1万人，其长期构想是，通过抑制无秩序街道的产生，应对自然地形及自然土地利用的减少，满足公共设施余暇需求等方面的工作，总揽全局，形成内容丰富的生活社区。"长期构想"根据地理条件与街市形成的沿革，在市内设想了三片环境区（生活圈），环境区之间的空地被称为"绿环"，内有大片种植，形成了广袤的绿地带。本公园则位于绿环的中心，是松户市的绿色标志，也是一个文化和娱乐活动的据点。

　　作为"保护并培养该地区固有的自然环境并与松户都市环境建设有着紧密的联系"的"自然尊重型的都市公园"，本公园的建设注重地形和树林的保全，生物多样性的培育，努力实现与自然全方位接触的丰富的市民生活。1994年的规划设计奖对于此公园建设的理念以及实现此理念的设计给予了极高的评价。

■ 2　项目特征
2.1　保全松户的地形与自然环境

　　松户市的城市规划图像龙的侧脸，位于市区外

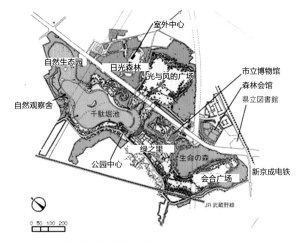

■ 图1　总平面图（提供：松户市）

边缘部的城市化调整区域形似分叉的龙鬃毛，公园则刚好位于龙眼眼珠部位，公园东西部的空白区域是眼白。眼白部分在长期构想中作为绿环的一部分，现如今日产量约为900多吨的地下水泉眼则作为龙眼的泪腺。从天空降下雨水，雨水落在这片城市化调整区域所在的台地之上的农田和树林。随后从保全的斜坡林下方渗出并汇聚，形成了有鲇鱼生活着的清澈的河

■ 照片2　城市规划决定时的样貌（摄于1981年）（提供：松户市）

■ 图2　市区内用地性质及公园区域（在松户市提供的图上加画了图释）

用地性质图例	
色（形）	用途地域
青绿·基绿·黄	住居系
桃·淡桃·橙	商业系（兼住居含む）
赤紫·淡青	工业系
黑	21世纪的森林及广场区域
红线及红色椭圆	铁路及车站

■ 照片3（上）　把地下泉水当作水源的千驮堀池（5.0 hm²）
■ 照片4（下）　位于城市规划道路中的"广场之桥"

流。河流外圈的草地广场被高差15 m左右的斜坡林所围绕，置身其中仿佛能感受到曾经的稻田般的空间。河水最终流入草地广场内占地5.0 hm²的千驮堀池。21世纪的森林和广场，有着天空、雨水、大地、泉水、河川这一系列机械装置般的水循环系统。

在这个水循环系统之中，不但生长着130科723种的植物，还有着鸟类89种、哺乳类动物6科7种、两栖类动物4科5种、爬行类动物5科9种以及昆虫类152科635种，这些动植物共同形成了公园生物多样性。假如追溯到半个世纪前，市内到处都是丰富的自然环境以及地形；但是现如今，除了这里以外已经找不到这样丰富的自然环境和地形了。

2.2　与市内紧密联系

南北向贯穿公园中央部的松户城市规划道路337号，是一座从草地广场看过去略显细长的桥梁。这座桥原先是公园内的避难所，现在变成了露天表演者的练习场所以及逛公园的游客雨天躲雨的地方。虽然在"长期构想"中，本公园扮演着绿环的角色，但在继承自然土地利用的同时最后又不得不担负起街区之间交通路的任务。把这两方面的功能在设计中都体现出来的，是被授予土木学会田中奖（1989年）的"广场之桥"与"森之桥"。在交通路方面，除两座桥之外还有武藏野线、新京成线、公共车路线，以及其他几条规划道路。它们各自不仅仅作为通往公园的道路，而且在景观构成方面协调互补，在提高公园景观魅力方面下足了功夫。

本公园位于城市中心部位，以压倒性的存在感与高质量的自然环境为傲。公园周围是在前文中所提到的城市化调整区域的农地、树林地、斜坡绿地，松户运动公园以及常盘平住宅区和小金原住宅区的美丽的行道树与规划中的开放空间。坐拥如此优越的地理位置，本公园作为对保全市内全体绿地的城市建设的活用的战略据点，有着举足轻重的地位。

2.3 丰富城市生活

松户市文化会馆内的森之大厅21（1993年），松户市立博物馆（1993年），千叶县立西部图书馆（1987年）与21世纪的森林和广场一起共同作为市民的休闲绿洲，为市民提供文化活动、绿化活动、教育实践、新型城市生活以及社区交流的机会。公园内到处分布着露天咖啡厅、乡间茶屋、小卖部，以应对市民在公园内度过丰富的时间这一公园生活的需求。

另外作为自然观察和野外体验的场所，Park Centre（1993年）、森之工艺馆（1993年）、自然观察舍（1994年）、户外活动中心接待楼（2001年）、烧烤场（2001年）、管理大楼（2002年）、野外露营场（2002年）等各式各样的设施及建筑的项目也相继实施，引导市民对自然环境的关心，培养市民尊重自然的理念，其中，自然观察舍（建筑面积约300 m²）附属的自然生态园（木栈道：宽1.2 m，全长220 m）里，为了保护生物的生息环境实施"湿地观察会"活动，该活动限定时间和人数，但配了自然解说员向导。这个举措作为都市公园管理对策，在全国范围内都很鲜见。

另外，21世纪的森林和广场的魅力也能从下面的环境剖面图来理解。仅仅在那么一点面积之中就能接触到如此多样的自然环境与丰富的生物，这要归功于公园内对于低湿地地形的保全。日照、水分、土壤等多样的环境与多变的地形紧密相连，共同维持着公园内生物的多样性。另一方面，在围绕

着本公园的背后台地的土地利用上，则是延续了之前提到的作为自然机械的田地与树林。

公园为了与四邻的农家产生一体感，在景观营造方面专心创造出绿意盎然的乡土空间，与此同时向当地农家咨询农事日程后开始种植蔬菜。与小学生组成的"大米俱乐部"在共同度过的一年时间里，从5月开始的插秧到11月的捣制年糕，经历除草、驱除害虫、观察稻谷、制作稻草人、修剪稻谷、脱粒这一系列加工大米的体验。这样的体验在公园内得以延续下去。对于来园的游客来说，这里的每个季节都有着不同的风景，无论何时，都能激起他们在千驮堀生活的那份曾经的回忆。

2009年度的团体利用申请记录显示，市内超过60%的小学选择本公园作为远足活动的场地。其中

■ 照片5　在自然生态园周围进行自然观察

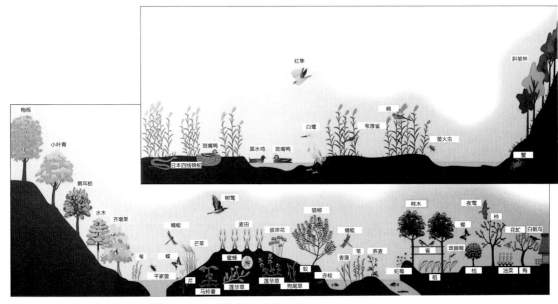

■ 图3　环境剖面图（多样的斜坡林—水域和农家）（展示图版加注释）

大部分学校是以校园为出发点，徒步走向公园。一年级学生在六年级学生的支援下，精神饱满地迈着步伐向公园大踏步前进着。21世纪的森林和广场是孩子们远足的目标，打开便当盒后不久就传来欢声笑语，公园成为了名副其实的"绿之原体验场"。

另外市内也有为数不多的几所初中和高中的音乐节，利用公园的教养设施——由指定管理者管理的森之大厅21来举办。站在舞台上迎接一流艺术家的那份喜悦，也会成为学生时代的深刻印象之一吧。

■ 3 项目后续

取得这一系列成果的城市规划，担当着什么样的角色呢？在展望今后21世纪的森林和广场及其城市规划之时，有关上述问题，整理了如下两点关于城市化调整区域的要点。

第一点，在1970年设定城市规划区域的时候，一方面根据当地的经营农业意向，把在城市中心部位扩大的农地作为城市化调整区域。利用这一点来抑制乱开发，这与之后确保了50.5 hm²的大公园的建设用土地有着紧密联系。另外在公园建设方面，由于在城市中央部规划了大规模公园，使构筑将来市内住宅区基干公园的网络系统成为可能。

第二点，公园用地的东西两侧为城市化调整区域。这里是长期构想中的绿环所在之地，但事实上，这里曾经一度成为城市化区域。之后，由于无法确立土地区划整理的目标，导致街区的改造无法开展。正因为这样的理由，使得该地没有进行逆划线①而成为现今的城市化调整区域。假如这一步判断失误，那么对于公园背后的台地的开发，将极有可能破坏水循环。

回顾整个项目，21世纪的森林和广场的规划是根据城市规划和城市长期构想构筑而成，公园建设注入了大量智慧的结晶。促成这些的主要因素，则是基于这片土地地形的丰富的自然环境、农地和乡间山丘的持续性环境建设，是准确判断了这片土地未来价值的远见卓识。

迎接21世纪的我们，从源自公园建设本源的"始终贯彻尊重自然的态度，保全松户独有的自然环境"，到"活用以森之大厅21为代表的高密度交流设施"中，感受开放的公园建设的思想，充分享受城市规划制度带来的好处，继承并发扬以市民为主体，使他们享受拥有丰富生活的公园建设的要领和精神。

①　从"城市化区域"调整为"城市化调整区域"——译者注。

■ 照片6（上）　用肥皂泡取乐的家庭
■ 照片7（下）　雾中的幻影

在本文写作的过程中，得到了来自岛村宏之先生、原田正一先生、齐藤正行先生以及布施优先生的大力协助，在此对他们谨表示衷心的感谢。

◆参考文献

1）松戸市（1977）：『松戸市長期構想』.

2）21世紀の森と広場懇談会（1989）：「21世紀の森と広場に関する提言」座長：田畑貞寿.

3）松戸市建設局公園緑地部総合公園建設事務所（1996）：「21世紀の森と広場—自然を尊重する公園づくり—」，公園緑地56（5）.

4）武内和彦（1994）：『環境創造の思想』，東京大学出版会，p.185-191.

5）日経コンストラクション（1991.11.22）：「みどりの里千葉県松戸市 景観と生態の知恵袋を活用」.

6）「アドバイザー方式」1991.11.22. 日経コンストラクション：武内和彦（生態系保全），宮城俊作（造園設計），杉森文夫（鳥獣保護）.

照片3～照片7：菅博嗣

■ 照片1　中心广场（2010年12月摄影）

■ 1　时代背景及项目意义与评价

20世纪80年代各发达国家围绕城市规划和城市开发，社会经济环境发生了巨大的变化。日本与其他发达国家同样，大力推行政府小型化，企业民营化和市场管理宽松化的路线，城市开发政策也以同样的基调展开。

进入20世纪80年代后，城市规划经历如下的显著变化：传统的城市开发依据总体规划进行基础设施的改造和个别项目的引导，这是一种静态的自上而下的开发方式；而进入20世纪80年代后，反而是城市开发项目促进了城市构造的转变，从而对总体规划的修编提出了紧迫的要求，由此，通过交互应答的方式进行项目的策划并推进实施的开发方式日渐增加。恰逢进入20世纪80年代，城市产业构造的加速转换促成了对城市内产业用地、交通物流用地

的变更和再评价，对土地利用转换的诉求也由此愈发强烈。支撑这种趋势的一个原因是参与城市开发的民间资本力量的壮大。20世纪80年代，公共部门的财政困难；在决策和行动中缺乏应变能力又不够敏锐，这些显著的缺陷受到了批判；另一方面，民间的城市开发资金的筹措和供给能力提升，能够机敏和富有弹性地应对市场的需求，因此，在城市开发中，公共部门与民间协作的必要性和可能性大大增强。

惠比寿花园综合体项目就是在上述背景下实施。该项目具有如下意义：

第一，日本的都市开发往往以专门的商业和商务开发为主体，而本项目创造了文化功能、娱乐功能、居住功能相复合的魅力都市空间，是复合性都市开发的先驱案例。20世纪80年代后半期以来，以

■ 照片2-1　1887年（明治20年）创业时期

■ 照片2-2　1990年工厂拆除前

■ 照片2-3　1994年3月竣工前

■ 照片2　项目地块的历史变迁（出自九米设计《惠比寿ガーデンプレイス》）

所谓"都市型主题公园"的形式进行的大型再开发项目在世界广为流行，惠比寿花园综合体可以说是这种开发方式的原型和样板。

第二，以公私合作的方式进行都市开发。如前所述，即便认识到都市开发项目的必要性，公共部门的财政困难及缺乏应变能力也会导致城市基础设施的改造无法及时推进，从而延误了项目的实现。本项目为了将这一大规模的土地利用转换工程尽早实施，从项目策划阶段就开始了公私合作，针对必需的社会资本改造，没有像以前那样对各自的负担进行区分而是进行了灵活的公私一体化改造，这是非常有意义的尝试。

■ 2　项目特征
2.1　项目的开发过程

作为本项目重要场所的啤酒工厂，是1887年（明治20年）日本麦酒酿造（后来的札幌啤酒，现称札幌啤酒集团）设立的横跨目黑村三田及涩谷村的"惠比寿啤酒"的制造工厂。然而，随着其后东京的发展，城市化进展下啤酒工厂的生产环境产生了巨大的变化。

进入20世纪80年代，在社会经济环境的变革中，啤酒工厂迎来关闭转移并对厂址进行再开发的契机。1982年，首都圈整备协会发表了"都心区域的形成及惠比寿项目的建议"。同年11月，札幌啤酒公司向目黑区长递交了申请，要求目黑区对工厂的迁移和再开发给予协助。

1983年，东京都得到了建设省的补助，委托日本都市计划学会进行"惠比寿地区改造规划基础调查"。第二年的1984年7月，调查报告书发表，为包含啤酒工厂在内的周边110 hm²地区的改造指明了方向。

1986年3月，在建设省"民间项目推进会议"上，追加指定札幌啤酒惠比寿工厂再开发为今后的

支援项目。其后，本项目作为"特定住宅街区综合改造促进项目"于1987年5月获得了地区采纳，项目的推进有了新的进展。1988年12月，东京都的"惠比寿地区改造规划"（目黑区19 hm²，涩谷区21.6 hm²，合计40.6 hm²）获得了大臣的批准。

与此同时札幌啤酒于1987年5月正式发表了工厂旧址的再开发规划及工厂的迁移规划。1990年底开始拆除旧厂，1994年9月项目施工结束，10月开始营业。与开发相配合，本地区的用地性质也从原来的准工业用地变更为商业和居住用地。

尽管上述公私合作的方式旨在灵活、迅速地实现项目的实施，实际上从本项目的开发构想阶段直至竣工和开业，先后历经12年以上的时间。为了实现现代的大规模城市开发项目，不仅需要利益相关者、地区居民、国家、自治体间的协商并取得一致，大型项目的场合还要进行相关公共设施和基础设施的改造等工作，因此开发主体的多样化和长期化是很常见的现象。这个项目是在20世纪80年代前期的泡沫经济前策划，泡沫时代形成开发概念，泡沫破裂后得以开业，可谓命运多舛。在社会经济环境的快速及大规模变迁中，城市开发项目应具备应对环境变化的弹性和对应力，这是现代城市开发迫切需求的典型特征。

2.2　项目特色

本项目的特色可以总结为以下5点：

（1）**公共设施的改造和新交通环境的建设**　在工厂时代，产品的运输主要依靠铁路货运，因此项目周边的基础设施长期没有得到改造，而为了本次的大规模再开发，周边道路干线的改造是必不可少的，于是在公私合作的机制下，贯穿场地的两条新规划城市道路及原有道路的拓宽改造在较短的时间内得以实施。

另一方面，为了最大限度地利用项目场地接近铁路车站的便利性，计划开发后60%的交通流量

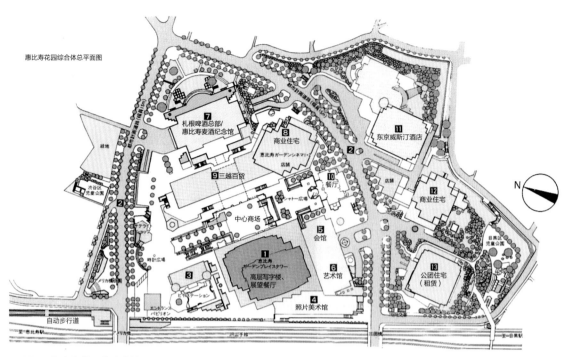

惠比寿花园综合体总平面图

7 札根啤酒总部/
惠比寿麦酒纪念馆

8 商业住宅

11 东京威斯汀酒店

9 三越百货

10 餐厅

12 商业住宅

中心商场

5 会馆

1 惠比寿
ガーデンプレイスタワー
高层写字楼、展望餐厅

6 艺术馆

13 公团住宅
（租赁）

3

照片美术馆

自动步行道

N

■ 图1　惠比寿花园综合体地上平面图（出自手册《惠比寿ガーデンプレイスの概要》）

由铁路承担，因此对车站设施的改良势在必行。由于原有的铁路用途为货运，从车站到项目所在地的通达性较差；项目开发者自行出资建设了新的步行道——惠比寿天桥。并充分考虑未来京崎线延伸对车站改造的需求，对新的交通环境进行了整治。

（2）通过复合开发充实都心的居住和文化功能　为了适应城市规划潮流的变化，本项目提出复合开发的想法，特别有两点值得借鉴：

首先，强化了都心的居住功能。20世纪80年代后半期随着泡沫经济的愈演愈烈，东京城市中心因为居住功能的丧失而受到强烈的批判。本项目对这一批判作出回应，为都心贡献了1030户的居住单元。具体包括当时的住宅和都市整备公团的520户出租住宅，民间开发的290户商品住宅及220户出租住宅。满足了不同阶层在都心居住的不同需求。

另外，规划了充实的文化功能。通常而言，在越是接近都心等地区、土地经济价值高的场所，越对开发收益较高的商业和商务功能有更强的需求。在本项目中，规划了不能直接产生经济回报的博物馆、美术馆等都市型文化设施，从而提升了项目的品质。此后，类似的都心开发项目也大多利用同样的手法，在规划中加入非收益型的文化设施；本项目可以说起到了先驱性的示范作用。

（3）通过富有魅力的公共空间组群实现空间

的剧场化　惠比寿花园综合体充分利用大规模一体开发的有利条件，通过多样的步行道、广场等的组合，赋予空间魅力以吸引人们享受都市生活的乐趣。在场地中央设置的入口广场位于地下一层，可通过步行坡道到达。从作为下沉花园的中心广场向前是殿堂广场，将人流引向殿堂餐厅。以这一系列广场为轴构成的公共空间轴线与周边建筑融为一体，形成富有个性的象征性空间。特别是在中心广场上设置了巨大的玻璃屋顶，既保证了采光又可遮风避雨，同时强化了与两侧办公及商业建筑的整体感。中心广场一年四季举办形形色色的活动，来访者也参与到这些活动中去，如同一场场让人体会到剧场空间氛围的演出。

（4）创造新的街道景观和城市景观　景观在现代都市开发项目中营造空间魅力的重要作用被越来越广泛地认识到。本项目也在创造都市景观方面苦心经营。

项目用地内建设了宽度为15 m的地区干线道路，两侧各设置了5 m宽的人行道，确保了充裕的街道空间的同时将道路规划与设施规划一体化，力图通过改造创造良好的街道景观。

为了营造夜间的街道景观进行了街灯的设置，用来营造公共空间氛围的室外雕刻为空间增添了艺术气息，实现了项目设计理念中对"欧洲味

■ 照片3 漫步道（2010年12月摄影）

道"的追求。

（5）从软件和硬件两个方面推进地域的管理 为了发挥复合开发的优势，有效地利用能源并提高废弃物处理的效率，作为地域基础设施的空调设施、废气输送设施和中水管道设施等实体设施得到了改造。另外，更要发挥重要作用的是作为软环境的地域管理体系。为了惠比寿花园综合体地区整体的魅力维持和提升，需要经常性地对设施的使用、功能的检查和维持更新等进行地域管理。例如，每年11月到次年1月进行的圣诞亮灯活动是这一时期东京的著名特色景观。这种细致的管理推进是项目成功的重要原因。

■ 3 项目后续

尽管无法像开业当时那样创造每年1600万人次的客流，历经16年经营的惠比寿花园综合体作为东京都心的"主题公园"，现在仍然每年吸引超过

1000万人次的终年不息的来客。

同时，由于地区内的酒店、餐厅等知名度较高，提升了本项目的品牌价值，不断发展为东京的一处成熟的热点场所。以这个项目的开发为契机，对惠比寿车站和周边地区改造不断深化，通过涩谷、代官山、惠比寿三个地区的协作，形成了东京的一条都心轴线。

特别值得称道的是，项目完成后细致的地域管理仍在持续进行。对于现代城市开发项目来说，尽管项目建成后魅力空间的营造和良好服务的提供至关重要，但为了防止建筑的老旧和经营的滞后而不断进行用途和功能的更新也是十分必要的。从这一点来看，惠比寿花园综合体作为地域管理型城市开发项目的先驱获得了广泛的好评。然而，也并非一切都一帆风顺，例如，文化性较强而经济收益较低的商业设施出现了经营困难的情况：以上演小众电影作品为主的惠比寿花园影院于2011年1月惨淡闭馆。

项目带动了周边街区的绅士化：普通的住宅地区内也逐渐出现了餐厅、小吃店、店铺、文化设施等。然而，相对历经十多年开发的惠比寿花园综合体而言，周边地区的改造将是一个长期和持续的过程，这正是1987年4月发表的都市计划学会调查报告书中指出的残留的课题。在25年后的今天，对整个地区新的改造总体规划的探讨是很有必要的。

◆参考文献

1）東京都（1984）:『惠比須地区整備計画基礎調査報告書』.

40 带广市的站前周边据点整治建设

通过城市规划驱动的"城市面貌塑造"

1996

■ 照片1　通向大自然的城市——带广面貌丰富变化的车站周边地区（来源：带广市城市规划资料）

■ 1　时代背景及项目意义与评价

1.1　常年的问题

　　北海道带广市是1883年由来自静冈县松崎町的开荒团"晚成社"开发形成的。1893年北海道开始了网格状的城市规划，1905年期待已久的铁路开通。但是随着市区的扩大和机动车交通的发展，因为铁道引起的城市结构的变化越来越显著，因此车站周边必须重点考虑车站周边的开发对策。首先是交叉道路的建设，夹着车站的钏路方向的大通道口（国道）于1958年11月电气化，其次是札幌方向的西面5条铁路于1966年实现电气化。在城市建设方面1963年开始站北侧的改造项目（约6.1 hm²），这个有10万人的城市开始了作为城市门户的站前广场和街道的改造建设。接着是1973年开始的站南土地区划整理第二工业区（约35.8 hm²）实施，以便捷的换乘和副中心建设为目标，对街道进行改造，将储碳场和储木场、木工厂、仓库迁移，但是，只有国道实现了立体化，国道和省道之间缺少约800 m的交叉道路，交通依旧不便。

1.2　项目启动的基础

　　针对连续立体交通改造的导入，该市1981年4

■ 照片2　以日高的森林涌出的泉为设计要素的南公园

月开始了调查和研究。新设置的城市基础设施对策室的小林一夫室长（当时）带头进行资料收集的工作，并和相关团体等协商，1982年6月整理出《带广市连续立体交通项目调查报告书》。此外1983年开始历经2个月，在北海道实施了带广圈综合城市交通设施建设规划调查，以连续立体交通为前提描绘了市中心交通体系的未来蓝图。同时也对该市实施的带广站周边土地利用基本构想进行了调研，探讨了土地利用的高强度和土地用途置换的可能性。

而把这些整合到一起的是车站周边据点建设的总体规划《市中心规划》，它对连续立体交通等众多项目的立项实施，发挥了重大作用。为调查设置的协议会，有北海道大学工学部教授（当时）五十岚日出夫、东京大学城市工学科教授（当时）川上秀光、日本都市综合研究所股份公司代表加藤源参加，征集了来自社会各界的意见，在集思广益方面起到重要作用。

1.3　直接的挑战

1981年4月调查开始以来，开始了建设手法的优势性和导入项目的可能性的摸索，不断受到直接的挑战。结果，将连续立体交通项目作为基干项目，"城市规划展示柜"性质的多彩的项目菜单在短时间内集中开展，提升城市中心的魅力"带广的面貌建设"成为可能。为了实现这种百年大计的项目，当地居民的理解和协助是不可缺少的，因此项目建设者相互协调的同时，努力提供正确的情报等不

断推进协作的进行。本项目成为当时全国高架化建设的先驱。

■ 2　项目特征

2.1　景观都市

车站周边据点建设的主题是"城市面貌塑造"，为了在复杂缠绕的项目纵向展开的同时加入"设计"这一横向要素，首次引入了景观设计和照明设计。前者的负责人是DM股份公司的代表夏天明宏先生，后者的负责人是照明规划联合股份公司的代表面出薰先生。加藤源先生作为市中心规划的调整人员参与。景观设计的主题是"通向大自然的城市带广"。本市位于十胜平原的中央，被大雪山国立公园和日高山脉国家公园包围，自然条件优越，因此以此为主题，在保持着树木和水体多样性的站南北交通广场、十胜广场和南公园都有所体现。代表树木：在站南交通广场种植了3株柏树，站北交通广场种植1株榆树，正可谓是带广十胜原风景的体现。如此地将地域自然、历史、文化作为题材投影到城市空间中的景观设计还有很多。

照明设计的主题是"如画的街道夜景"。以确保传统照明为基础，引入新的照明方式，用令人愉悦的灯光包围夜晚的公共空间，色温度和光源的位置等要素都经过了精心设计。按照面出薰的说法："满月的夜晚会暗吗？"照明设计从自然光线的微妙变化获得灵感开始。

2.2　项目的叠合

为了形成魅力市中心，许多建设项目重叠开展。

（1）连续的立交项目　在地方城市长达6.2 km

■ 图1　连接夹着铁道的南北两侧的干线道路和步行道（来源：带广圈综合城市交通设施整备规划调查报告）

凡　例

●●●●　都市轴
━━━　X轴结构
━━━　都心环
━━━　其他干线道路

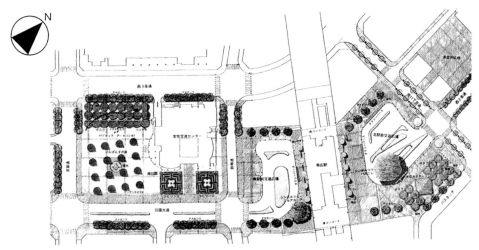

■ 图2　景观设计的理念"通往大自然的城市——带广"的平面图（来源：带广市车站周边景观设计资料）

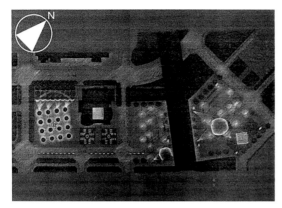

■ 图3 照明设计的理念"如画般的夜晚街道"平面设计
（来源：带广市车站周边景观设计资料）

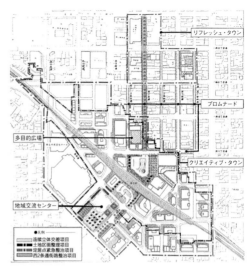

■ 图4 包含多样项目的带广城市面貌建设意向（来源：带广市城市规划资料）

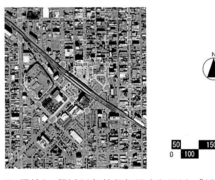

■ 照片3 经过28年的仔细调查和研讨，《城市形象建设规划》完成后的车站周边（2009年摄）（来源：带广市城市规划资料）

的连续立交的案例很少。由此以道路交通系统为首的城市规划的常年问题将被彻底解决，使得城市功能更新。但是，虽然在项目选择方面已经有了最基本的方向，却缺少了紧密的研讨。

（2）土地区划调整项目 连续性立交项目需要同时实施。城市中心的土地区划整理项目本已困难重重，何况有一部分地区过去已经完成，再一次实施的困难可想而知。车站周边的土地区划整理项目，站前面积为4 hm²，站南地区第二工业区约3 hm²是重复区划，但考虑长远的街道建设，在大家的理解和协助下得以实施。

（3）定居点紧急建设项目（源流和城市据点综合建设项目、街道城市建设综合支援项目、城市建设综合支援项目） 通过连续性立交项目和土地区划整理项目，将活力引入旧国铁用地。

购入站南侧点状分布的国铁清算事业团约8500 m²用地，通过土地区划调整将5000 m²的土地置换成定居交流中心。此外这个设施也具有生涯学习中心的功能，命名为"十胜广场"，将站周边的7条道路定位为步行道，营造出舒适的步行空间。并通过土地区划调整中的公共面积分摊，确保了2500 m²的多功能广场，这块地曾经是最初电气化计划的一部分，现在成为开展各种活动的自由度很高的空间。

（4）站北地下停车场建设项目 为了将作为交通节点的一项重要功能的私家车停车场设置在站旁，通过土地区划调整项目整理的站北交通广场地下空间得到利用。但是一个车位的建设费用高达1400万日元，是一笔很大的财政支出，地方城市的地下停车场经营依然是未来的重要课题。

（5）自行车停车场建设项目 作为高架化有效利用的一环建设自行车停车场，自行车具有移动自由度高的特性，因此在建设之际需要对使用者进行问卷调查来把握实际情况。以前站周边的路上停放着许多自行车，建设未完成期间对策是设置临时停车场，并出台《防止自行车乱停乱放条例》的管理规定。

（6）公交车交通设施建设项目 土地区划调整的目的也包含扩大已有设施规模，强化其功能。站周边点状的公交车停车场集中在一处，以中转站功能为目标，为方便理解考虑将其命名为"公交车终点站"，但没有法律上的依据。这个虽然是道路法上的利用道路进行路面停车的设施，但在建设和管理方面，并不是按照"一般道路"而是按照"管理道路"处理。

3 项目后续

3.1 面貌改变的概况

刻画城市历史，并具有商业、娱乐、服务诸多功能的城市中心区，近年来作为生活空间凭借其快捷舒适的利用得到很高评价。仿佛是一种内生力量，随着站南侧分售住宅、租赁住宅的建成，加上已有的城市宾馆、综合医院、大型超市、市民文化中心、十胜广场以及金融机关、图书馆、市民美术馆（车站地下）的建设，使得步行者的流量大幅增加，城市气氛也日益浓郁。逐步形成了具有魅力的居住文化区域。这种以连续性立交改造为契机进行车站周边据点的建设、重塑城市形象的尝试取得很大成功，其中土地区划调整、城市基础设施建设发挥着不可替代的作用。

3.2 项目效果

（1）**南北街道的一体化** 1996年11月虽然铁路高架开通，但交叉道路仍然在建设中。这时车站南北的地价有高达1.7倍的差异，当时站北国道沿线是26.7万日元/m²，而站南沿线只有13万日元/m²。2000年，交叉道路全面开通时，站北的地价为14.8万日元/m²，站南为12.1万日元/m²，差价缩小到1.2倍。这是由于站北侧下跌很多而站南地区有很大发展潜力的原因。

（2）**汽车交通的改善** 很多市民即使是去附近的便利店购物也要使用汽车。市区的步行极限距离是150~200 m，根据调查，超过这个距离，大多市民会选择私家车。被铁路分隔的车站周边按照连续立交项目，新设了6个交叉口。南北的连通性大幅提升，站南开始大规模的开发建设，建成了3栋231户的公寓，建成后就销售一空。此外，民间的租赁公寓也建设了3栋111户，曾被戏称为"站背面"的地区通过新的道路建设面貌大幅改变。

（3）**铁道高架下空间的有效利用** 基于连续立

■ 照片4 铁道高架开通10年纪念座谈会上，在模型前发表意见的各位（照片从左开始是带广市议会铁道连续立交特别委员会委员长铃木富夫、带广市长田本宪吾、高桥干夫）(来源：带广市城市规划资料)

交的协定等，铁道高架下约3700 m²（除绿地）的用地通过征收一定的公租（国税和地方税）公课（负担金、手续费和使用费等）形式承租给北海道旅客铁道股份有限公司。以作为交通节点功能的自行车停车场为首，建设了观光大巴停车场和线路大巴等待所，假设将附近一般用地购入再整合，估计土地金高达5亿日元，这样节约了成本，充分利用了铁道高架下的空间。

3.3 未来的蓝图 II

2006年11月召开的铁道高架开通10周年纪念聚集了大量相关人士，大家在回顾过去艰苦的同时畅谈城市建设的未来。如今看着眼前的铁道高架的风景，平面铁道时期市区被割断的记忆恍如隔世。随着车站周边"城市面貌建设"的完成，1905年开通的铁道迎来了一个世纪后的新时代。"城市面貌建设 II"成为热议的话题，是否以新一代铁道的磁悬浮列车进行改造？在城际交通多样化的过程中，地方城市确实还是有一个接一个梦想的，但不知道会发生什么，这也是事实。

41 富山站北
见证北陆新干线开业的富山城市未来规划及车站周边据点建设   *1997*

■ 照片1　富山站北地区
舒适的步行空间和亲水空间、多样的公共设施的建设不断推进

■ 1　时代背景与项目意义及评价

富山站周边整治规划是从1979～1980年开始制定的（《富山站周边整治基本规划调查》）。当时的富山市通过大规模的战后复兴项目，综合整治了城市基础设施，形成了以县厅、市政厅为中心的公共服务地区，综曲轮—中央大道沿线的商业、商务区以及以富山车站为中心的站前商业地区，城市中心区的建设顺利推进。但是另一方面随着快速交通的发展，扩大郊外住宅地开发的意向强化，大规模的土地区划整理项目得到推进。

在这样的背景下，富山站周边的土地利用推动了成为车站窗口的站南地区的开发，也促进了商业、商务设施的建设，但是站北地区受到铁道分隔和特殊企业拥有大规模用地的影响，城市开发陷入

僵局。并且站北约500～1000 m的位置上，有作为富岩运河终点的船舶场，这成为阻碍土地利用的要因。富岩运河原本是在将弯曲的旧神通川改直的驰越线工程之后，作为连接东岩濑港和富山山站北的宽约5 m的运河，于1930～1935年的5年间开挖而成的，体现了战前对于运河沿线地区的发展寄予的厚望。

但是战后高度经济成长期运输方式从水运向道路运输转变，又受到周边地区住宅地开发的影响，工业用地的发展条件不断恶化，一时甚至出现了填埋富岩运河进行道路建设的规划。

另一方面，伴随着面向21世纪的北陆新干线建设规划，以现在富山站的延长线为前提对站周边据点进行建设成为必要，制定了包含富岩运河码头地

区在内的站北地区总体规划，作为将富山县、富山市和民间企业作为整体的项目推进了都市的开发。具体的是：在富山站北土地区划整理项目中，推进主要的公共设施（富山市艺术文化中心、富山市综合体育馆、山自游馆、富山县民中心等）建设和招揽民间设施（城市地方、北陆电力总店、富山宾馆、111塔、富山红十字医院等），将亲水广场、富山县富岩运河环水公园建设等作为主要项目进行了改造。

该项目之所以受到好评是因为它是市中心振兴建设的先驱，在当时备受期待。

1.1 官民协动，运用多样的建设手法

通过街道、城市建设综合支援项目、土地区划调整项目、城市公园项目、街道项目、樱花聚集示范项目等多种项目建设手法，对建筑的共同建设、中庭型敞开空间的建设等付出了各种各样努力，与此同时，商务、商业、文化等相关的多数设施建设不仅与富山县、富山市协作，也与民间进行了合作。

具体来看，作为城市基础设施建设的"复合交通中心（富山市营富山站北停车场）"、"地区冷暖房"（北陆Urban株式会社）、"富山高度信息中心"（城市建设、文化、生活等行政情报的发送据点，由于其位于开放中心一楼，作为开放中心的繁华广场发挥着作用），与作为公共公益设施的"富山市艺术文化中心（开放中心）"、"新富山市综合体育馆"、"富山劳动者综合福利中心（富山自游馆）"、"富山县民共生中心（烈日）"、"富山红十字医院"、"富山北停车场"等相互协作，使得整体而言，富山站北地区作为新中心的地区据点得以形成。周边很多民间设施也得以实现，景观和功能方面形成一体化，提高了城市魅力。

1.2 一贯性城市设计的组织

"鲜花、绿地、水体"的城市：以富山的城市建

■ 照片2 富山站北（JR富山站周边：2001年）
从站南上空俯视富山站北的样子

设为目标，宽达60 m的步行者优先的绿道建设和灵活运用运河的环水公园建设，和与此相关的多功能广场的建设等，可以看出其作为城市设计的积极应对。

特别是为了形成具有丰富魅力的城市景观，以绿道为中心，南北相连，形成城市骨骼和展示城市形象的景观轴线。

这种在官民协调下灵活运用未利用土地形成新的城市中心的规划得到了高度评价。

■ 2 项目特征

2.1 项目的目标

富山都市未来计划是，以作为县首府富山市门户的JR富山站周边建设为目的，特别要推进开发相对滞后的站北地区建设。具体通过铁路遗址和运河码头等休憩地建设和积极引入民间活力，应对21世纪的经济社会新课题，实现具有"高度的商业环境"、"良好的就业环境"、"舒适的居住环境"、"智慧健康的生活环境"等高附加值型的市中心建设整治目标。

（1）项目和地区形成的方针 为建设面向新时代的"商务公园"，以下几点是必需的：①人才的安定和培养，具有活力的复合功能的城市；②活用富山的自然人文资源，建造鲜花和绿色包围的城市；③人、物、信息不仅在县内外，还要和外国实现流动，建立开放的城市。

具体做法是建设富山站北口的交通广场和地下通道，以及宽阔的步行者优先绿道，形成新中心的标志性轴线，实现具有魅力的商业、商务功能和信息、文化、运动功能的高品质城市空间的目标。

此外，在推进地标性的运河水环境公园和开放空间的建设方面，以宽裕和安乐的城市空间建设为目标也是本项目的一个特点。本项目还引入了促使街区活性化的广域据点设施和支撑中枢功能的关联职能。

（2）城市基础设施的建设方针 基础设施的建设方针是，整治已有的街道、街区，强化支持市中心活动的交通网络，为实现站南北的一体化，计划强化站南北道路的建设。建设耐雪性能强的高质量基础设施是重要课题。

（3）景观和空间的建设方针 首先，改变以往站内给人的昏暗印象，以形成具有都会魅力的城市空间为目标。站北地区全部作为公园式的城市空间

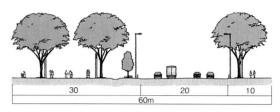

■ 图1 富山站北绿道的横断面
总宽度60 m，营造出舒适步行空间，配以未来能够变成大树的行道树

■ 照片3 富山站北地区的绿道
道路宽幅60 m，舒适的空间中配置了绿树和水，展现了大都市的氛围

■ 照片4 富山站北口地下广场的钟楼
拥有50多年的历史的"打鼓比赛"，每年在樱花盛开的4月举行，富山市为此而设的纪念物

进行建设，力图打造成人们交往、娱乐享受的空间。

2.2 主要设施的概要

（1）绿道的建设 这里的绿道指连接富山车站和富岩运河环水公园的新中心道路网络（宽度60 m），舒适的游步道上配置了绿树和水景，并创造出能够举办各种活动的空间。

游步道采用了统一性的设计，由市民捐赠的榉树和街道家具组成，创造出非常宜人、舒适的步行空间。

（2）富山站北口地下通道和地下广场的建设 以实现被JR富山站分割的南北地区一体化为目标，延伸已有的地下通道扩建形成地下通道和地下广场，还设计了纪念性质的"叮咚发条钟楼"，它也可以用来当作人们见面时的会合场所。

（3）亲水广场和富岩运河环水公园的建设 富岩运河环水公园灵活运用了城市内河（神通川）和运河等东阳的水环境，形成了广域范围的水和绿交织的网络，成为"富山21世纪水公园神通川规划"的重要组成部分，此外还是"富山城市未来规划"

■ 照片5 亲水广场
作为绿道和富岩环水公园连接和交流的部分建设

■ 照片6 富岩运河环水公园
公园内最具标志性的是耸立的"天门桥"，不仅起到空间分隔的作用，还提供了人们聚集的场所

的标志型项目，作为运河已经完全失去作用的"富岩运河"在规划中得到再生，并且未利用的国铁用地也得到充分利用，这些都具有重要意义。

原先的码头改造成了亲水广场，把与周边公共设施相协调、形成一体化的空间作为设计目标，是开展多种大型活动的场地，兼具休憩功能。

■ 3 项目后续

配合2014年末北陆新干线在金泽的开通运营，JR富山站的高架化项目被提出。以此为契机，旧JR富山港线的处理成为议题。提出了三种方案：①富山港线继续高架化；②废除富山线改成巴士通行；③变更现有的部分道路进行轻轨化，最终决定变更一部分道路，在站北的绿道中开辟轻轨，这是当时全国首次真正引入轻轨。

此后，市内电车2009年12月实现环状化，北陆新干线在金泽开通后，计划南北的轻轨将绕过富山站广场，直接贯通连接。这个规划将在JR富山站的连续立体高架化项目完成的2016年年末施行。如果该规划实现，将会彻底改变目前南北分隔的现状，它能形成以富山站为中心的南北的一体化，市中心也将更有活力。

现在，富山市继续推进以公共交通（尤其是轨道交通）为中心的"丸子串"似的紧密的城市建设，其主轴是2006年4月开始运营的PootoRamu（富山轻轨）。通过PootoRamu的开通，与原先的JR富山港线时代相比，沿线的利用人数增加了2倍以上，最近PootoRamu沿线的住宅建筑也似乎多起来了。

富山的市民是全国有名的汽车爱好市民之一，每户家庭的汽车持有率和使用率都（分担率）很高，他们无论去哪里都喜欢开车。在这种背景下公共交通的普及相当困难，但是为了顺应未来老龄化社会的需求，大力推进公共交通具有重要作用和深远影响。

◆参考文献

1）富山市·（财）都市計画協会（1980）：『富山駅周辺整備基本計画調査報告書ならびに概要報告書』.

2）富山県·（财）都市計画協会（1984）：『富山駅周辺整備構想調査報告書』.

3）（财）都市計画協会（1986）：『富山駅周辺の現状と未来（富山駅周辺新都市拠点整備事業・都市MIRAI 予備調査報告書』.

4）（财）都市計画協会（1986）：『富山駅周辺の現状と未来（富山駅周辺新都市拠点整備事業・都市MIRAI 予備調査報告書—資料編—』.

5）（财）都市みらい推進機構（1987）：『とやま21 世紀都市MIRAI 計画（富山新都市拠点整備事業総合整備計画策定調査報告書）』.

6）富山市 都市整備部 都市計画課（2001）：『1986-200X　とやま都市MIRAI 計画インデックス』.

7）富山市都市整備部都市計画課（2001）：『パンフレット（1986-200X　とやま都市MIRAI 計画インデックス）』.

8）（社）日本都市計画学会表彰委員会：『学会賞/ 受賞作品一覧』；http://wwwsoc.nii.ac.jp/cpij/com/prize/awardlist.html

42 阪神淡路城市复兴总体规划
震灾复兴及对防灾城市营造的贡献   *1997*

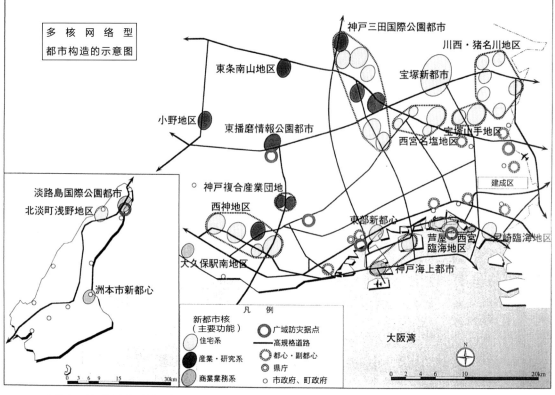

■ 图1　多核心网络型城市构造的示意图
既有市中心与郊外临海新都心通过交通网络连接

■ 1　时代背景和项目意义及评价

　　1995年1月17日凌晨发生的兵库县南部地震，将经济高度成长期形成的市区瞬间变成残砖断瓦的街道，由于木造住宅的倒塌，很多人被压死。与争分夺秒的救援活动并行的，是面向复兴的努力的开始。

　　本规划的意义如下：

1）在重视"避难"的传统规划上，加上了"救援"的观点，确立了"广域防灾据点"、"社区防灾据点"的必要性和配置理论。

2）在强灾地域为谋求发展平衡，推进向多核心、网络型城市构造（图1）的变革。

3）提倡在以居民为主体的城市营造中由县级进行支援的制度。

■ 2　项目概要
2.1　规划制定的主旨

　　本规划针对受灾地域的早期恢复，总结今后城

市营造的远景和方针及将这些具体化的政策，作为兵库县制定的《阪神淡路复兴规划》（兵库重生规划）的城市部门规划，在1995年8月制定。

　　当时兵库县的规划课长松谷春敏氏（执笔时任国土交通省大臣官房厅技术审查官），说了如下的话：

　　"从地震第二天开始，就开始平行推进实施受灾严重地区的复兴项目以及编制城市整体的远景复兴总体规划了。为此，首先对县复兴本部组织构架进行调整，有组织编制复兴规划的规划班和实施复兴项目的复兴班。复兴规划是自上而下的，而具体的复兴项目是来自现场的自下而上的，为实现迅速的应对煞费苦心。"

2.2　规划的特征

　　（1）震灾的教训和课题　第一是通过活断层和受灾状况的关联，学会与自然共生：河水被灵活运用为消防用水，绿篱起到了防止延烧的作用。从这

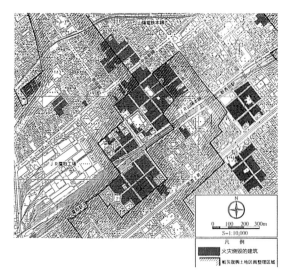

■ 图2　火灾中烧毁的面积与表面改造完成区域（神户市长田区）

战后复兴土地区划整理项目实施的斜线部分，由于火灾而烧毁的建筑物较少，红色部分为大火烧毁建筑

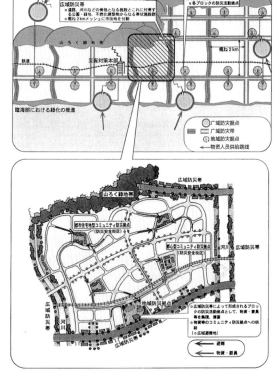

■ 图3　市区防灾的设想

市区每隔2 km设置广域防灾带，配置地域防灾据点、社区防灾据点

些认识到水和绿的重要性。

其次是城市整体功能不全，从交通动脉受损造成的救援和修复困难等，认识到城市功能分散配置及均衡的交通系统的必要性；从实施了战后复兴项目的地区在这次地震中没有产生延烧扩大或坚固建筑物倒塌的情况，再次认识到城市基础设施的重要性（图2）及建筑物的抗震、阻燃的必要性。

最后，地方社区的救援和防灾成果是有目共睹的，但是要确保来自全国的救援和复兴活动据点也是一个问题，另外，从多元化通信手段的确保，故障、安全的考虑等角度深切感受到配备生命线的必要性。

（2）多中心、网络型城市构造的形成　郊外新城开发的分散政策以外，在临海工业区、填埋地等建设新的城市核心，并且在既有的城市中心，通过多元交通设施实现网络化的"多核心、网络型城市构造"的城市。其中的代表是将与神户城市中心相邻的临海工业基地作为神户的新城市中心，是21世纪城市营造的范本，被视为复兴的标志性项目。

（3）防灾功能的强化　沿河地带、沿宽幅道路两侧，用不燃建筑物或者改造的绿化带形成广域防灾带，在市区每隔2 km设置屏障，并在每个屏障区配置避难、救援的地区防灾据点。

另外，在屏障区内配置数个由小学、公园等关联设施构成的社区防灾据点，可作为大火灾时的临时避难场所、震灾复兴过程的避难生活和救援据点（图3）；同时，面对自卫队、消防人员、志愿者等外来救援活动，要考虑到城市外部的陆、海、空运输手段等广域视角下防灾据点的配置（图4）。

2.3　城市规划

（1）在法定规划（城市总体规划）中的反映　《城市化区域及城市化调整区域的改造、开发或保全方针》（城市总体规划）在神户、阪神两城市之间的规划区域，新设了防灾据点等城市防灾相关项目，并将复兴总体规划的内容引入其中，在1996年1月的城市规划中决定。

这是住宅、基础设施等多个县制定的复兴规划中，唯一成为法定规划的。

（2）两阶段城市规划的实施（街区改造项目）　最初在震灾后两个月，土地区划整理、街区再开发等街区复兴项目的城市规划决定于1995年3月实施。此后，立足于居民意愿的第二阶段的变更内容依次实施。

前文提到的松谷氏这样描述："从立足于居民意

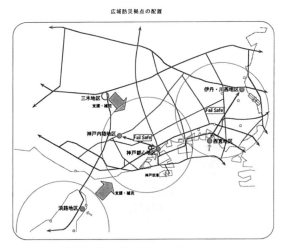

■ 图4 广域防灾据点的配置

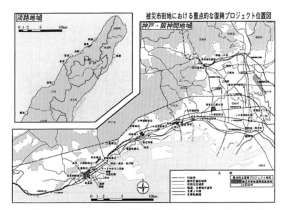

■ 图6 受灾市区中重点复兴项目的位置图（红色和黄色显示的地区）

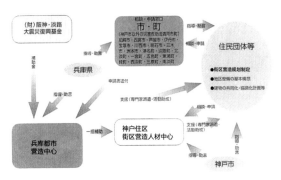

■ 图5 城市营造支援框架

见的城市规划变更或者所谓的两阶段城市规划，是有别于传统城市规划的尝试，在吸取居民意见的同时也能够推进复兴项目，难道不是为充实重视过程的城市规划的内容指示了新方向吗。"

2.4 兵库县城市营造中心的设置

1995年9月，为了支援受灾地区的城市复兴营造，在财团法人兵库县都市整备协会内设置了"兵库县城市复兴营造中心"，进行复兴城市营造规划编制、公寓再建、联合重建、地区规划编制等，针对以居民为主体的城市建造活动派遣专家或进行活动支援的"复兴城市建造支援项目"。这是由国家、兵库县、神户市出资设立的复兴基金开展的项目，与传统的补助项目相比，具有能灵活应对的能力（图5）。

■ 3 项目后续
3.1 复兴项目的实施

（1）震灾复兴街区改造项目的实施　土地区划整理和再开发项目是以神户市以外的相关市町为开发主体，由国家补助，根据两阶段城市规划，立足于住民建议实施的，被定位为震灾复兴项目的再开发项目在2006年度完成，土地区划整理在2009年度完成（图6）。

在此期间，六甲道火车站站南地区的再开发项目，围绕地区中心配置的地区公园，居民提出了相当严厉的反对意见，在变更了形状等之后才得到实施。另外，西宫北口火车站东北地区的区划整理项目中，近邻公园与小学相邻配置。与这些街区复兴项目一道，进行了复兴基本规划中提倡的地域防灾据点、社区防灾据点的改造工作。

地区全部烧毁的松本地区的区划整理项目，规划了受灾时的防火和生活用水，平时作为社区活动据点的高度亲水的水路（照片1）。城市营造协议会的会长回忆道，每个月与当地居民会面2次，进行共同作业，对协议会活动的持续很有必要性。另外，西宫市的区划整理项目区域内配置了高木小学，在公园内建设了高木市民馆和耐震防火水槽等，作为地区防灾据点（照片2）。

（2）三木综合防灾公园的改造　兵库县建设了具有救援部队驻扎、储备功能和直升机场功能的综合运动公园，作为全县的广域防灾据点，集中建设了县立防灾中心、县消防学校、实物等大三维震动破坏实验设施等防灾相关设施。

（3）国道43号（广域防灾带）的改造　国道43号在兵库县内的20 km，为了在市区大火时能发挥延烧隔断功能，并作为避难者通道，以道路环境改善为目标，由道路管理者（国家）从沿路地权者手中征购土地。

（4）六甲山系绿带改造　此次地震造成1000处

■ 照片1　地域居民展开的水路保养作业（松本地区）

■ 照片2　作为地域防灾据点改造的公园（西宫市）

■ 图7　六甲山系绿带构想（白色为绿带构想范围；绿色为面朝市区的斜面）

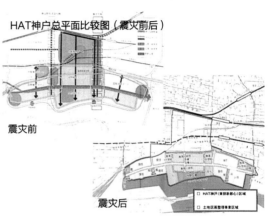

■ 图8　HAT神户（神户东部新都心）总平面比较图（震灾前后）

以上地质崩坏，有必要进行山坡的全体强化，城市规划决定将长度30 km，面积84000 hm²的山麓纳入市区调整区域，作为城市设施（防砂设施）、绿地保护地区，并由国家、县出面收购了必要的土地（图7）。

（5）神户东部新都心（新城市核）的建设　新都心作为21世纪城市营造的样板，具有包含住宅功能在内的高层次城市功能。为了实现这一地区的更新，根据神户市的委托，都市再生机构（UR）开展了土地区划整理。建设了县、市的公营住宅、UR住宅等复兴住宅，高层次的医疗设施，以及"人与防灾未来中心"等复兴相关设施群（图8）。

3.2　规划的评价和课题

（1）防灾规划、城市营造条例中的反映　决定广域防灾据点在全县的配置方针的《兵库县防灾城市规划总体规划》（1996年4月）编制完成，复兴城市营造的想法在兵库县1999年3月制定的《城市营造基本条例》的基本理念"人类尺度的城市营造"中继续引用，城市营造支援项目扩大到全县，在之后的政策施行中得到体现。

（2）5年后、10年后的检验　兵库县在震灾后节点年份实施了检验。震灾发生5年后的中间时点，与海外和国内的学者联合进行了复兴进程的国际检验，提出了"总体规划制定初期应该根据居民意愿推进"等建议。10年后的国内专家集团综合验证中，提到"尽管多核心网络形成的目标没有按照当初的预计推进，但可以看到市区改造、绿化和公园改造中有较多成果"以及"今后有必要进行市町的城市营造支援制度的充实"等建议。

（3）现在的评价和课题　虽然市区改造几乎完成了，但是一部分地区没有恢复原有的繁荣，复兴城市营造支援项目被延长到2012年。经过了规划期的10年，在震灾发生16年后的今天，虽然没有完全实现城市构造的变革，但本规划在复兴项目完成后仍作为城市的远景蓝图发挥着重要作用。

川崎市新百合丘车站周边的城市营造

率先通过区域管理形成高品质的景观

1998

■ **照片1　新百合之丘站前照片**（来源：佐合和江）

■ 1　时代背景及项目意义与评价

1.1　时代背景

　　本获奖项目的中心是川崎市新百合丘车站周边特定的土地区划整治建设（约46.4 hm²），该项目1977年4月作为城市规划项目被批准，1984年3月建设完成。

　　本项目开始于20世纪60年代，当时郊外的私营铁路站点周边民间开发相继开展。1974年新设立的新百合丘车站地区以日本住宅公团的百合丘居住区为首，开始了各种各样的民间开发，连小田急电铁也在1968年发表了新建多摩线和沿线大规模开发的计划。

　　在开发的浪潮中，川崎市以当时的柿生农协为中心，农地所有者不放弃土地并摸索了顺应城市化发展需求的方法。

　　当时日本全国面临同样问题的农业土地所有者很多，针对这个社会问题，（财团法人）合作经营研

究所的一乐照雄董事长1968年提出了充分发挥农民自主性，采用集团式统一管理的"农住城市构想"。该构想在全国范围内产生很大反响，柿生农协也从中受到启发并开始积极学习。

　　1972年"农住柿生百合丘土地区划重建准备协会"成立。1974年农协研究所（社团法人）的地区社会规划中心（今天的JA综合研究所）成立并开始支援农住城市构想的实践。另一方面，川崎市也将新百合丘定位为未来的行政中心和城市副中心。

　　在法制建设方面，不仅有1975年的《大都市区域内促进住宅供给的特别措施法（大都市法）》，还新设了保障土地交换的《特定土地区划调整项目》，确立了农民不放弃土地的开发模式。

　　在作出面向企业化改革的体制保障和准确定位，并调整了建设方法后，本地区的建设项目稳步推进。

1.2 项目获奖理由

本地区土地区划调整项目完成后至1998年获奖经历了14年时间。在全国范围内同类项目大量实施的当时，该地区脱颖而出的主要原因是建设项目完成后由16名农地所有者成立了"新百合丘农住城市开发股份公司"（1981年7月），并以该建设项目的剩余资金为基础，设立了"川崎新城市街道建设财团"（1986年3月基本财政2.75亿日元），通过这些机构持续推进后续的城市建设。

获奖主要原因可以归结为以下几点：

1）大规模的商业设施和写字楼等民间建筑物以及公益设施等多数已建设完成，项目进展快，完成度高。

2）依据《地面建筑总体规划》，同时考虑空间构成和景观形成的城市设计获得良好的评价。

3）普及"建设土地所有者的街道"相关知识，设置相关机构，市里积极支持以及覆盖多方面的官民合作关系等，在项目顺利推进的层面也值得肯定。

4）留下了该项目准确详尽的记录，为今后同类项目的顺利进行提供了参考。

■ 2 项目特征

2.1 地区管理的先驱

本地区从一开始就注重土地所有者协同的地区土地利用和地上建筑的维护管理、运营，可以说是地区管理的先驱。

成为管理基础的是1980年川崎市编制的《地面建筑物建设总体规划》。该规划针对当时"区划整理后的土地利用由各个地权所有者自主决定，土地被

细分和迷你开发导致珍贵环境被破坏"的困惑，提出"计划人口担保"、"商业和公共服务设施建设"等9项方针。1984年编制的《第二次地上建筑总体规划》中不仅增加了对种植、色彩、户外广告等设计标准，还确定了总体纲领，实现了行政指导。该规划经历了1994年的改编，至今一直都扮演着新市中心建设指导的角色。

不仅仅停留于指导方针，1987年制定了部分地区的地区规划（20.7 hm²）。与此同时9.8 hm²的中心商务区的容积率也扩展为原来的6倍，这有助于新市中心城市氛围的形成。

管理的中心组织是上述的新百合丘农住城市开发股份公司（以下简称"农住城市开发公司"）。虽然最初的设想是成立合作组织，但当时的条件下新设立农协存在困难，因此成立了股份公司。

新百合丘地区改造的重点是选择主要的承租人，由地上建筑总体规划范围内的原土地所有者委托，其中有11人的土地被规划为百货商店用地，1人的土地被规划为宾馆用地。为了减轻土地所有者的风险，采用由土地所有者进行建设，农住城市开发公司提供贷款，再转租给主要承租人的运行方式。

1985年决定选择西武集团作为主要承租人，但是与当地的商家进行店铺出租协调是个漫长的过程，1992年好不容易才得以向实践迈开步伐，1994年却遭遇经营环境的恶化，西武集团产生了退出的想法，使本地的建设发展一度受挫。

与此同时，随着原先土地所有者的去世，共有土地的一部分需要上缴。因此，上缴部分让新的主要承租人购入，此外，其他土地设置地权者和农住都市开发公司的定期租地权，租赁制度更改为由农

■ 照片2　新百合之丘站开设前的地区样貌（1965年）
（来源：川崎新都市街区营造财团主页）

■ 照片3　新百合之丘周边地区（1998年）
（来源：川崎新都市街区营造财团主页）

住城市开发公司建设建筑物，再将其租给主要承租人，但是宾馆的部分保持原先的方式。

此后，1995年决定由日以股份公司（今麦凯乐股份公司）和十字屋股份公司作为主要承租人。1997年主要的商业设施"新百合丘生活广场"和宾馆与专卖店的集合体"新百合丘OPA"开张营业。

1990年农住城市开发公司的总公司大楼"农住大楼"也建成了。其中店铺和办公室对外出租所得成为公司运营的基础。此外，女子学生宿舍"珂赛特"、租赁公寓"贝尔克雷"和专卖店"市场空间"等也陆续开张。

农住都市开发公司在企划、建设、管理维持、运营等方面站在不同立场，灵活运用各种方法维持了城市的品质。

在非工程建设层面，核心组织是川崎新城市街区建设财团（以下简称街道建设财团）。它以"支持和推进面向21世纪的川崎新中心区域和麻生区建设

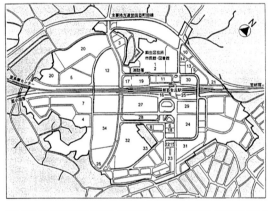

活动"为目标，在日本开创了利用土地区划调整建设的剩余资金设立财团的先河。另外，还举行了专题研讨会以及以小学生为对象的设计讨论会等。

在整个规划和组织中，农家土地所有者一直都是主角，充分保障了公共利益，这种将公共利益纳入考虑范围的做法在当时是相当先进的。

不仅如此，1982年成立的"新百合丘车站周边街区建设促进协议会（以下简称协议会）"等，不仅包括土地所有者，周边的居民和商人也参与了管理。协议会是第二次地面建筑总体规划制定的主力。例如1996年召开的交通部会议为解决车站周边交通混杂的问题，他们基于实地调查，探讨了创造令人满意的交通环境的方法，通过拓宽道路和完善交通制度改进了混乱的交通状况，应对诸如此类不断出现的问题。此外，1995年后他们还积极组织市民参与文娱活动，如"新百合艺术节"等。

20世纪90年代开始街道建设财团由于低收益导致财政出现问题，无法按照预想开展活动，本地区项目获奖的1998年可以说是集中管理模式发生转变的时期。

2.2 形成高品质的景观

本地区获得都市计划学会奖的同年也入选了国土交通部的《城市景观100例》，形成了高品质的景观。

1984年的第二次地面建筑总体规划针对种植、色彩、户外广告3项制定了《关于街道形成的设计标准》，发挥了很大作用。针对种植，为形成连续的绿

建筑名称	用途、业态	建成	建筑名称	用途、业态	建成
①麻生区役所·保健所	公共设施	1982年7月	⑱日土地新百合丘ビル	第一劝业银行等	〃年10月
②市民馆·图书馆·消防署	〃	1985年7月	⑲新百合丘21	事务所·展览馆等	〃年12月
③パストラル新百合丘	医疗	1986年2月	⑳新百合ケ丘パークハウス	集合住宅	1991年3月
④麻生スポーツセンター	公共设施	〃年6月	㉑スポーツスクウェア新百合ケ丘	健身房	〃年9月
⑤新百合ケ丘セントラルバレー1	共同住宅	1987年2月	㉒川崎信用金库新百合丘支店	川崎信用金库支店等	〃年11月
⑥あさひ新百合丘ビル	银行等	〃年5月	㉓マーケットプレイス·スーパーフェニックス	店铺	1992年3月
⑦ベルクレ新百合丘·コゼット新百合丘	租赁住宅、女学生宿舍	1988年2月	㉔小田急エルミロード	华堂百货·小田急OX	〃年9月
⑧川崎市驻轮场	自行车停车场	〃年3月	㉕新百合ヶ丘駅改築	公共设施	1993年7月
⑨日本映画学校	专门学校	〃年4月	㉖ブルメンガルテン	店铺·住宅	1996年4月
⑩多摩農協ビル·TSビル	农协NTT、丰田	〃年10月	㉗新百合丘ビブレ	时尚用品	1997年8月
⑪新百合丘シティビル	事务所·住友银行·日兴证券等	〃年12月	㉘フライツワイト新百合丘	健身房	〃年9月
⑫麻生小学校	公共设施	1989年4月	㉙ホテルモリノ新百合丘·新百合丘OPA	酒店	〃年11月
⑬昭和音楽芸術学院	专科	〃年4月	㉚小田急コルテ新百合ヶ丘北館	店铺·饮食等	〃年11月
⑭小田急驻轮场	自行车停车场	1990年2月	㉛川崎西合同厅舍	入国管理事务所·川崎西税务署等	〃年12月
⑮浜银百合丘ビル	横滨银行等	〃年3月	㉜昭和音楽大学	大学·专科	2007年4月
⑯小田急アコルデ	饮食·物贩·服务业	〃年4月	㉝やまゆり	市民交流设施	〃年4月
⑰殿住アーシスビル	事务所·店铺	〃年9月	㉞レガートプレイス	集合住宅	2006年3月

■ 图1　主要设施的整治情况（2010年1月）（来源：参考文献2））

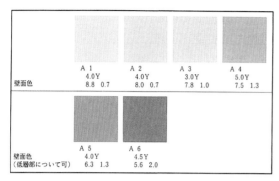

■ 图2 地上建筑建设总体规划确定的区域1（商业及公共设施用地）的基调色（来源: 参考文献2）

色景观，规定了住宅内的空地、道路沿边、停车场的种植间距和树种。针对颜色，以已经建成的步道的基调色为基础，各个小区域规定各自不同的墙壁色、装饰色、屋顶色的容许范围。例如，区域1（商业、公共设施）和区域2（行政设施、市民设施和集体住宅）的墙面基调色规定4种，致力于形成富有统一感的街道。对于户外广告不同区域也规定各自的种类、面积、位置、色彩等。

这种详尽的标准可以说是现在依据景观法确定的各地景观形成标准的原型，不仅新颖还具有广泛的适用性。

■ 3 项目后续

3.1 从景观形成到景观维护

川崎市为形成景观行政的体系，于1994年制定了城市景观条例。此时，景观形成的基础也从地面建筑总体规划向城市景观条例转变。具体措施有1998年将新百合丘车站周边地区指定为城市景观形成区，与此同时设立新组织"新百合丘车站周边景观形成协调会"。经过协调会的探讨，2000年在继承地上建筑总体规划相关精神的基础上制定了《景观形成方针和标准》。2007年以景观法为基础，其他地区也开展了景观规划。

景观形成协调会目前的活动除了建设外，工作重心从景观形成逐步向景观维护上转移。具体有清理涂鸦和橱窗广告的违规管理等，通过此类活动维持着高品质的景观。

3.2 从土地所有者为中心向居民和从业人员为中心转变

随着以城市景观条例为基础的景观形成协调会的设立，2000年广域的街道建设促进协调会解散，取而代之的是2002年成立的由各种背景的成员组成的"川崎新中心街道建设促进协调会"。这个协调会主要讨论出售银行的空地广场，以及昭和音乐大学和公寓的建设计划。由于该地原先在土地区划调整的时候有继续作为广场使用的打算，平均减步率[1]由38%变为2%，下一步的开发除了道路、公园的建设外，还建成了市民交流馆，主要用于业主参与和协商的场地。

新成立的协调会不足30人的成员中仅有1名是原先的土地所有人，主导由土地所有人向当地居民和从业人员转移。

3.3 街道建设财团的一般财团化

街道建设财团以公益法人制度改革为契机，开始了向一般财团改革，逐渐废除基金、组织营利性项目，向着区域管理组织迈进。本地区内除昭和音大外2011年成立了研究日本电影的4年制日本电影大学，依托大学资源建立了有剧场和电影院功能的"川崎市艺术中心"。本地区开始了通过利用地域资源的文化项目进行区域管理的摸索。

3.4 愿景

高品质的城市景观和多种因素有关，如未细分的用地等，其中最大的影响因素是屋外广告。虽然通过整治，户外广告消失了，整体环境变得整洁，但最近又出现橱窗广告破坏城市景观的报道，希望景观形成协调会继续发挥作用，维护高品质的景观。

另外，项目后续中记录的事件都是展示街区成熟阶段的事件，像本地区一样空间品质高，街道资源丰富的街区今后将怎样迈向成熟，值得我们期待。

◆参考文献

1）新百合丘駅周辺土地区画整理組合（1985）:『ふるさとの心が鼓動するまちづくり』.

2）（社）JA 総合研究所（2010）:『JA 総研レポート特別号21 基−No.5 郊外都市開発の歴史から見た農住都市構想と郊外都市論』.

3）川崎市（1994）:『上物建設マスタープラン』.

① 土地区划整理中由私人土地转变为公共土地的用地面积比例——译者注。

44 都通四丁目街区共同重建项目

高密度街区物权主体的面状改造手法

1999

■ 图1 卡地亚德米罗完成预想图

目的是把高密街区的低层建筑，共同重建成一个由不同产权形式的楼房构成的整体公寓

■ 1 时代背景与项目意义及评价

1995年1月17日发生的阪神淡路大震灾中大部分损坏是发生在密集住宅街区。

因此，进行基础设施改造的同时，推进产权者共同重建防火坚固的公寓同样重要。

神户市滩区的本项目在上述情况下，通过容易达成共识的"等价交换法"、"自我承担法"，使得在严苛条件下能实现大规模"街区"水平的新体系的共同重建（图1）。该项目由战前5栋长屋组成的面积1670 m²，地主1人，租地房东1人，有地户主3人，租地户主16人，租户10人，不在房东3人，共计34人按照各自的意向合作，合力实现了共同重建工作。

该项目获得的评价重点在于，该项目中构建的项目体系，不仅适用于大量地残留于关西地区的战前长屋，同时作为以密集市区中产权者为主体进行的面状改造手法而有广泛的适用性。阪神淡路大地震是非常不幸的灾难性事件。正因为如此，我们有责任通过复兴对今后的城市建设进行有益探索。该项目则因此受到好评。

■ 2 项目特征

（1）作为街区的一体化的建筑　聚焦到所有产权类型（前述）上，该项目回应产权人不同意向的

同时，实现了建设作为街区的一体化的建筑；对有购置房产意向的产权者提供当地的公共住宅，对有出租住宅经营意向的通过日本住宅公团（现城市再生机构）的制度进行了建设，部分房屋由征借神户市公共住宅构成；对有租借房屋意向的，迁出时在公团中出售房屋时享受征税的特惠。在上述各种类型的政策下，公共住宅和租赁住宅的一体化设计得以进行了。

（2）建筑物与资产各自独立　即"资产独立型共同改建"方式。对没有土地却有购置房产意向的居民，租地只能按照租地权比例分配土地，这样分得的土地只有40 m²左右，只能通过分割产权，采用集体共同建设的方式，但是将这种分割产权的共建住宅与租赁住宅建在一起，会给将来遗留很多问题。因此，将共建住宅与租赁住宅分别采用独立结构建设，两者通过伸缩链连接（构造不一样），建筑物从建筑基准法上来说是一栋，资产各自独立。

（3）公民共识实现　由于要从租屋人那获得迁入"征借公营住宅"的同意，实现了绝好的"公民共识"，将租屋人的意见融进共识建立，具有划时代的进步意义。

（4）日本住宅公团发挥的作用　最后的特征是，当时的公团作为开发者发挥了不可或缺的作

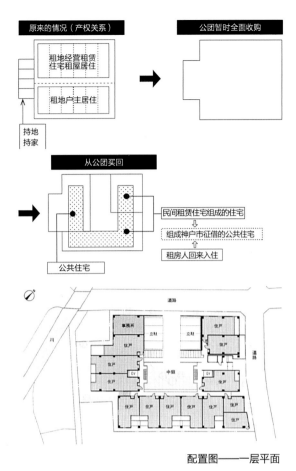

配置图——一层平面

■ 图2　公团进行土地整理的程序

■ 照片1　从北侧建设的高层住宅拍摄的照片

■ 照片2　规划时从小路视角拍摄的照片

用。公团暂时购买下全部的产权，向有意者分开出售，共同建设住宅贯彻"组团商品房制度"，租赁住宅楼使用"人民租赁制度"，这些和公团建设房屋后分开出售的形式息息相关。特别是，"租地权和土地所有权的交换"，"高级公寓用地的集约化等产权的交换分合"等等，若没有公团存在，项目是无法实现的，这个项目也显示了公团日后作为城市再生机构的作用（图2）。

■ 3　项目后续

卡地亚德米罗（都通四丁目街区共同大厦；本项目建造的公寓名称），在空前的阪神淡路大地震的受灾区中建造。社区重要性被意识到的同时，该密集住宅区的低层公寓也得以脱胎换骨。该建筑建设不久，正北高层公寓建设的计划逐渐明晰。从震灾前开始专心于这项工作的城市建设协会（下町活化委员会，1991年成立），正如其名，追求下町居住区的建筑的高度，尽管有人异议，但不久就开工、竣工，展现出与卡地亚德米罗对比鲜明的形象。卡地亚德米罗，现存在着像森林一样的"求塚古墓"（照片1左侧可见，据说挖掘出卑弥呼的镜子）的毗连地块。空置或换房的情况也没有，一直和以前一样居住着。

该项目的核心是特别建筑的一体化，连社区也进行了一体化操作。

（插图出自日本住宅公团宣传手册）

21世纪

着眼于地区价值提升的
可持续城市建设和城市经营

　　泡沫经济崩溃的20世纪90年代逐步过去后，21世纪的城市规划项目主要呈现出以下两点特征：

　　第一，与20世纪90年代相比，更加突出既存的资产更新、价值提升和复合功能的引入，此外也尝试着探索可持续性的城市再生。其中包括以民间开发者为先导的初台淀桥街区【参见案例47】、晴海托里顿（Triton）广场【参见案例49】、泉花园【参见案例55】项目，以城市再开发机构主导的典范神谷—丁目地区【参见案例48】的复合、连锁式展开的密集市区改造项目，以及作为住宅区再开发事例的御坊市岛住宅区项目【参见案例50】。其中案例48～案例50都包含着城市持续性的再生和再开发主题，这点由民间开发者彻底实践的案例是缘之丘新城规划【参见案例46】。该新城虽然仅仅是新开发的案例，但在地方自治体和居民协同努力下，因敢于抑制年住宅销售量实现了可持续的开发得到了良好的评价。

　　第二，着力于城市经营、运营方面的项目增加。其中体现在地区性管理，即区域管制的先驱性实践案例是OBP（大阪商务园）【参见案例45】，高松丸龟商业街项目【参见案例60】则将这种做法进一步强化。刚刚提到的缘之丘新城规划【参见案例46】也是将这种理念放在重要位置而使城市的可持续开发成为可能。2010年代这种理念继续发展。作为城市级别管理的相关典范有：以引进单轨电车为契机的那霸【参见案例53】，以引入社会巴士为契机的醍醐【参见案例54】，通过出台一系列独立条例的金泽市建设【参见案例56】，尝试以建设水和绿回廊为理念的各务原市建设【参见案例59】。这些项目虽然切入点不同，但都是地方分权时代城市建设的反映，各个城市通过各自的方法和目标增加的富有创造性和革新性的事例，值得我们期待。

　　除此之外，与阪神淡路大地震的复兴（复兴规划为42号）相关的案例有六甲道站南地区的再开发项目【参见案例58】，（神户）旧租界联络协议会的活动【参见案例57】，真野地区一系列的城市建设活动【参见案例51】。其中旧租界，真野地区原本就是地区管理的先进事例。

　　最后，多摩田园城市50年的经营【参见案例52】不论从持续性城市开发的观点还是城市经营的观点来看都可以算是先进的综合城市规划项目。

　　面对近年来经济成长下滑的形势，城市建设未解决的问题还有很多，而2000年以来的各个项目中的做法给了我们一些启发。

45 大阪商务园

基于城市经营理念的新城市中心开发、运营及管理

1999

■ 照片1　从北侧上空看到的大阪商务公园全景（右上为大阪城）

■ 1　时代背景及项目意义与评价

　　大阪商务园（OBP）的开发于1976年获得土地区划整理项目的批准后开始着手。作为利用工业遗址进行大规模城市再开发的先驱规划与建设，至今仍被认为是日本都市开发中具有代表性的工程之一。其理由为：现在，OBP地区作为大阪市东部的城市副中心，已经成为城市空间结构中的重要节点，并给周边区域带来了活力。同时，由土地所有者等组成的大阪商务园开发协会（以下简称"协会"）负责该地区的管理，使得地区环境有了较大的提升。

　　在项目的开发中，协会发挥了核心作用，并与大阪市政府密切合作。开发完成后，协会依然致力于街区的运营和管理。协会对建设项目的推进、城市设计的开展和公众参与等方面进行了制度和方式上的种种新尝试，从城市经营的角度对项目进行后续的管理，这些都对日本的城市规划和街区营造项

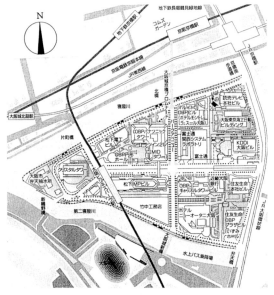

■ 图1　OBP地区的区域图（由寝屋川、第二寝屋川及JR大阪环状线围合的三角形部分）（来源：改自参考文献1））

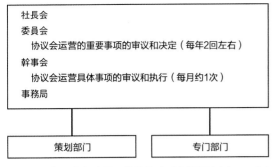

```
社长会
委员会
    协议会运营的重要事项的审议和决定（每年2回左右）
干事会
    协议会运营具体事项的审议和执行（每月约1次）
事务局
            ┌──────────────┬──────────────┐
        ┌────────┐      ┌────────┐
        │ 策划部门 │      │ 专门部门 │
        └────────┘      └────────┘
```

■ 图2　大阪商务公园开发协议会（组织图）（来源：改自参考文献2））

■ 照片2　地区内（公共开敞空间）风景
（来源：大阪商务公园开发协议会）

目具有很大的启示，因此获得了高度的评价。

■ 2　项目特征

OBP项目位于大阪城公园北侧约26 hm² 的三角形地块内，其规划理念是建成与大阪城公园融为一体的"公园中的商务区"。该项目具有以下三个独特之处：

（1）**先导性地创立民间共同参与开发的模式**　OBP的项目开发是在民间土地所有者的合作下完成的，被称为民间参与开发模式的先驱。官方（即大阪市）在项目中的角色是通过灵活应用土地区划整理及建筑协定等政策为土地所有者提供激励，对项目的推进给予支持。

（2）**卓有成效地活用街区规划制度**　通过施行土地区划整理，形成了最大5.6 hm²、最小1.3 hm² 的若干"超级街区"以实现人车分流。在建筑物的改造方面，通过导入建筑协定和综合设计制度，保留了公共空地等良好的开放空间，并使其在空间上连续，以此形成宜人的城市环境。

同时，在城市设计中，对街区外围和中央广场周边的建筑进行了后退处理，建筑物的高度和色彩

均在协会的统筹下进行协调。协会还致力于地区的无电线杆化和户外广告牌的控制等。

（3）**基于城市经营理念的运营和管理**　为了提升OBP的地区魅力，由地区内土地所有者（10家公司）组成的协会，不仅仅在开发过程中发挥协调作用，也负责街区营造项目的运营和管理。具体而言，协会在内部设立了委员会、干事会、事务局、策划部门、专业部门等机构，以联系和协调该地区内街区营造项目相关的各种问题。

■ 3　项目后续

建成后的OBP地区内种植了约5万棵树木，形成了轻松宜人的公共空间。地区聚集了信息产业关联的商务活动，成为软件开发基地，也提供展示中心等寓教于乐的场所。同时，OBP内建设了电台、音乐厅、酒店等各类设施，成为具有复合功能的城市综合体，这是此前的商务区所不曾具备的。

1996年，OBP内建成了新的地铁站，进一步提升了地区的交通可达性。目前，OBP内总的建筑面积达到854000 m²，共提供35000个就业岗位。现在，地区内仍有两个地块等待开发，其中一个目前已经达成了建设剧院的意向，从而可以在OBP内长期提供戏剧演出，使OBP在满足商务功能的基础上，也同时成为一个文化项目的传播地。

此外，协会为了提高地区的活力，鼓励企业会员之间的活动情报共享，各会员企业也会举行营销策划活动（例如，地区内的酒店为配合附近大阪城会馆的活动会推出特别的住宿方案等）。

OBP地区这种由协会统筹的开发运营方式，在大阪市其后的一些开发项目如西梅田地区、难波地区、大阪站站北地区等的开发管理中也获得了应用。在这些项目中，开发的基本方向由地区规划所确定，而以民间为主体的协会、社区管理机构等负责开发后街区的运营和管理。通过这样的方式建立起城市经营理念下的规划建设模式，而大阪商务园的开发可谓是其中的先驱。

◆参考文献
1）大阪ビジネスパーク開発協議会事務局（2005）：『OBPパンフレット』.
2）大阪ビジネスパーク開発協議会事務局（1995）：『OBP25周年記念誌』.

46 缘之丘新城规划
以公共交通为中心的可持续发展新城

■ 照片1　新城全景
沿线配置了宾馆、商业、高层住宅群与在新型交通系统的独栋住宅地

■ 1 时代背景与项目意义及评价

在首都圈人口急速增加的1971年，山万（股份公司）在距离东京都心38 km的千叶县佐仓市的西部开始开发总面积约为245 hm²的缘之丘新城。

以"自然与城市功能相和谐的21世纪新型环境城市"为开发理念，新城中心部所实现的田园城市保留了既存的村落、山林和田地。山万（股份公司）正是以"培育能适应由社会经济环境以及人们价值观的变化所引起的多样化需求的城市"为着眼点，推进新城的开发。

特别要指出的是，新城内导入了新型轨道交通系统，成功避免了对汽车的过度依赖。

除此之外，京成本线缘之丘站前系统不仅配置了购物、娱乐、体育、医疗、文化等多种设施和功能，还配置有城市宾馆以及千叶县最初的高层住宅楼，形成了商业和居住功能兼具，魅力与活力复合的中心地区。

日本的新城建设为了提高经济性，通常大批量一次性出售建成的宅地与住宅。结果导致了同年龄

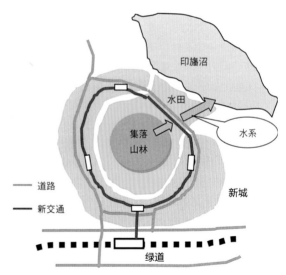

■ 图1　开发的概念图
与既存集落共存的田园城市

层的居民集中入住，并伴随儿童的出生成长，不断产生保育园、幼儿园、义务教育设施不足等问题。

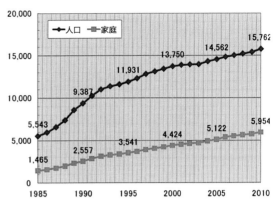

■ 图2　缘之丘新城的人口
每年200户，400人左右，稳定增长

■ 照片2　新型交通系统"考拉号"
新城的通勤、购物等代步交通工具

如今孩子们又都独立且已离开，仅留下高龄的父母一代，造成购物、看病、看护等日常生活服务方面的严重问题。

山万（股份公司）通过对缘之丘新城实施逐步开发出售战略，成功实现了人口构成平衡的社区建设。缘之丘的城市规划是少有的实现了可持续发展的紧凑型城市的案例，它的开发理念、规划、项目战略都被高度评价。它不是接受国家资助的大规模工程项目，而是民间企业的尝试，这一点就值得特别推荐。

■ 2　项目特征

2.1　与既存村落以及自然共存的公共交通优先的新城

（1）与既存村落、田园相协调的新城开发　新城的开发是基于城市部分与生活环境同等重要这一理念。保留着既存村落及其周边的山林、水田，住宅区呈带状开发。住宅地区与京成缘之丘站前的中心地区之间有球拍状的新型轨道交通系统相连。

新城虽位于印旛沼水系上游，既存村落、周边

的里山①、水田却明确地区别，田园与城市的土地利用和谐相互包容。

（2）京成本线新站的设置与新交通系统的导入　直接连接东京以及羽田、成田的新"缘之丘"站是1982年设立的。从车站到新城内，山万（股份公司）使用电力及橡胶轮胎，装备了全长4.1 km、单线、共6站的新交通系统（VONA，Vehicle of New Age）。

开发的各住宅地到车站徒步时长控制在10min以内，这对抑制汽车使用，改善噪声、事故、堵塞等交通问题起到了很好作用。缘之丘站邻接处设有新城中心，这里设有4栋高层集合住宅，以及购物中心、城市宾馆、医疗设施、文化设施、影院等。

（3）城市成长管理的实践　新城每年预留供给200户左右的宅地与住宅，随着时间逐步进行开发。这种步调实现了人口构成的平衡，对于形成有活力的社区以及有效利用公共公益设施等起到了作用。

每年200户不仅是山万（股份公司）作为企业保持营利的预估数字，同时也使新城建设中容易被忽视的可持续城市规划成为可能。

2.2　官民共同的城市规划

（1）居民、山万、佐仓市三位一体的开发　缘之丘站北出口到南出口一带集聚了商业、文化、居住、娱乐、健康、医疗等功能，这些设施相互间由步行通道连接，完全将步行道与机动车道分离。这些设施是由山万（股份公司）、佐仓市、千叶县、国家分担费用建成的。

① 日本的里山，是日本最大的淡水湖——琵琶湖的周边村落，是一个远离都市烦嚣的村落，散发着日本最淳朴的乡村风情——译者注。

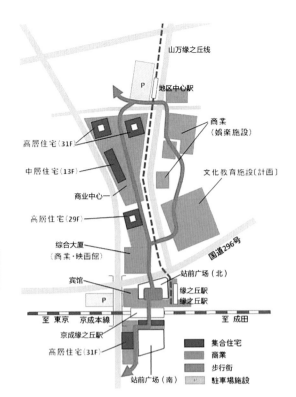

■ 图3 中心与步行街
毗邻京成缘之丘站的中心与联结商业、医疗、文化、居住功能的步行街

■ 图4 总体规划

另外，包括缘之丘站前区域在内，所有的住宅区地区规划都是由城市规划决定，为了保证和维持街区的质量作了很多努力。

（2）**统一的城市规划设计** 街区规划设计方面，在追求街道景观统一的同时，着眼于福利街区规划的视点的普遍性设计思想也被导入。缘之丘以站前宾馆与缘广场为中心，从周边的商业设施、集体住宅、步行街、纪念碑，甚至到站前广场的步道、街灯，其外观、设计都拥有着统一感。

（3）**防止全球变暖的尝试** 作为防止全球变暖的尝试，2009年山万缘之丘线"中学校"站前设立了生态城（约8 hm²）。

将区域内的蓄水池设计为亲水公园，站前开发了商业建筑、环境共生型公寓。通过太阳能与风力发电供给公园内水循环、街灯、公寓共用部。

2.3 高龄化社会的应对

（1）**面对高龄化社会的福利城市** 面对高龄化社会，在缘之丘新城北侧的区域内配备了约15 hm²的福利街道，设想高龄者与其在新城内居住的家庭只相隔很短的距离。

这里的特别养护老人之家、看护老人保健设施、学童保育并设型集体中心、循环系统、内科诊所已经开业运营，而且还配备有康复公园。

（2）**导入与高龄社会相匹配的社区交通** 新城内虽然实现了每个家庭到山万缘之丘线车站只要徒步不到10分钟的居住环境配套，然而高龄者对这样的距离依旧行动不便，特别是在下雨等恶劣天气下行动更加困难。

因此，就需要配置更加细致的公共交通体系，正在试验引进需求型电动社区巴士。

（3）**设立维持管理城市的组织** 新城设立了经营从住宅建设与重建到宅地内庭木护理与消毒的公司，同时也进行针对宅地的细节管理。另外，为了防止住宅地内发生犯罪，还成立了在新城内24h

生态园
生态公寓
太阳光发电
风力发电
宫杜公园
宫杜公园的生态净化系统
水池水质维持所需动力来自太阳光
及风力发电产生能量

■ 图5　生态园

365d巡回警备的综合警备公司。

新城还每年发行3~4期由居民志愿者编集的街道信息杂志《我们的城市》，同时还发布记载了街区规划与构想的册子（缘之丘梦百科）。此外还设置了居民之声意见箱（城市信息箱）。

（4）导入新城内换住系统　由于世代与家庭构成的变化，居住不便或者困难的住宅由山万（股份公司）购回，然后向分售中的住宅提供，这一换住系统（缘之丘Happy Circle系统）在2005年被正式导入新城。

（5）志愿者组织的设立与活动　基于自己管理守护城市的想法，防止犯罪志愿组织（Kurainesu Service）在2000年启动，2005年取得了NPO法人资格。其与警察、消防、开发建设者合作，作为居民自治法人持续开展着活动。

（6）建造女性能安心工作的城市　1999年缘之丘站毗邻处开设了认可外托儿所，实现了全年不休、上午7点到晚上10点的儿童托管。

现在已经作为政府认可的托儿所运营，2000年最大接纳人数从60名扩充到了120名。

2.4　相关人士的认识

山万（股份公司）的董事长鸠田哲夫认为，"城市规划只是完成硬件配置的话并不完善，不知道建成后的情况是非常不负责任的。从昭和时代到平成时代，20~21世纪，日本的社会构造、个人价值观以及生活方式呈现多样化，每天都在改变。特别是假如有认真思考街区规划为切入点的城市规划的话，如果不能平衡好灵活应对人、生活环境的硬件和软件两方面，可持续的城市规划就不可能实现。"

正值缘之丘新城开发之际，基于城市可持续性才是最为重要的思想，将配合城市成长的地区规划以及设施改造实行居民、行政、山万（股份公司）三位一体的实践正不断进行。

■ 3　项目后续

虽然缘之丘新城的改造现在仍在进行，但已确立了其作为千叶县北总地区的中心城市的地位。

从1997年开始，基于"千年不衰、世世代代舒适居住的可持续城市规划"这个新课题（即千年优都），居民、山万（股份公司）、行政正三位一体，目标实现舒适的社区建设。

今后还期待，联结周边的街区、铁道站、商业中心与新城的城市规划道路尽快配备，确保新城内外的动线，实现地区核心的作用。如今虽已尝试了新交通系统与电动公交的导入，为适应高龄化社会的到来以及地球环境保护的潮流，在可抑制汽车交通需求等新型社区建设方面还要更积极地推进下去。

（照片、资料由山万（股份公司）推进室提供，在此表示谢意！）

47 初台淀桥街区建设项目

有效利用特定街区制度等的多个用地的一体化改造   *2000*

■ 照片1　初台淀桥街区全景：面前是新国立剧场，后方是东京歌剧城

■ 1　项目背景和意义

随着国民对歌剧、芭蕾舞、现代舞、音乐等舞台艺术的关注高涨，第二国立剧场的建设成为国民长时间的期望，同时也是国家文化政策中的大课题。1966年在众议院文教委员会上国立剧场法案通过时，第二国立剧场的建设决议被附带通过。1980年选址定于涩谷区本町的东京车间试验场遗留地。1986年第二国立剧场建筑设计竞赛中，柳泽孝彦的方案在228个参选者中被选中。

设计竞赛准备期间，第二国立剧场的布局和环境问题较大，作为其对策要求规划方案将周边地块进行一体化改造。然而，没有足够的时间去征求得到邻接地块地主的同意，仅在设计条件中加入了把该地区改造成商业区和设置一条连接邻接地区的汽车线路等条件后，实施了比赛。比赛结束后，文化厅呼吁周边主要邻地的民间地权者配合街区环境的改造，对第二国立剧场总体规划要求变更设计，满足特定街区的条件。1988年以文化厅、建设部及民间地权者发起了"第二国立剧场周边街区改造协会"，开始了将本项目作为特定街区改造的企划设计工作。1989年又成立了以高山荣华为委员长的"第二国立剧场周边街区改造讨论委员会"，受委托进行街区改造的方式及共同项目推进的基本方策的探讨。1989年完成了包括开发理念、设施构成、规模、用途等项目全部内容的企划设计，并于1990年3月和土地所有者签订了《基本协议书》。同年4月，根据发展需要取消了第二国立剧场周边街区改造协会，设置由民间土地所有者构成的"东京歌剧城建设及运营协会"，进行有关街区改造实施的具体探讨。此外，为了推进街区的一体化改造，设置了作为第二国立剧场母体的独立行政法人日本艺术文化振兴会和"联络调整会"。1990年9月为其申请东京城市规划特定街区，并开始基于环境影响评价条例进行环境评估，1991年12月通过《东京城市计划初台淀桥特定街区》城市规划项目，1992年4月进行公告，同年年末第二国立剧场、歌剧城相继开工，1996年8月东京歌剧城的主要部分开放，1997年2月新国立剧场竣工，1999年3月街区整体建成。

1995年，第二国立剧场决定正式更名为"新国立剧场"。

该项目自1980年决定选址于东京工业试验场遗留地以来，20年期间官民长期持续地一体参与，运用特定街区制度、土地区划整理项目、容量迁移等开发手法，以第二国立剧场的用地为中心，实现了与邻接民间土地所有者合作进行一体化的街区改造，项目对文化艺术据点的形成有重大意义。特别是，第二国立剧场的建设规划先行，然后推进街区整体规划的非同寻常的开发项目中，作为最终实现街区一体化开发的主要原因有：国际比赛的准备期在整体街区构成中把相邻地区关键问题加入了的设计条件；另外还得到了规划制定委员会的专家的恰当指导；再有第二国立剧场的设计者也参与了歌剧城的规划；最后从国际竞赛开始城市设计的专家们全程参与并担任了项目的全部企划、规划、设计、调整工作。

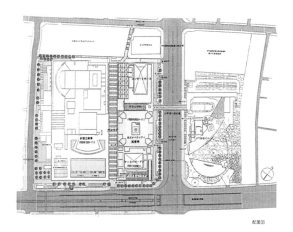

■ 图1　初台淀桥街区布局图

土地高度利用的同时，也实现了场地内多样的城市舒适性。

该项目的建筑由低层部和高层部构成，低层部为新国立剧场，东京歌剧城内的演奏厅等艺术文化关联设施和休闲关联设施，高层部设置智能办公室。在艺术文化关联功能方面，以现代舞台艺术为中心的新国立剧场，由大厅关联设施、信息中心、艺术博物馆、交流中心构成。在居住性功能方面，作为特定街区制度中的有效空地被打造的走廊、前庭、低洼花园、共通前厅等公共空间在跨越地下一层、一层、二层和多层呈网络状配置。

■ 2　项目概述

该项目的用地处于新宿站的西南1.5 km，邻接甲州街道和山手路的交叉路口，位于新宿区西新宿三丁目和涩谷区本町一丁目地区内。以前是东京工业试验场遗留地（国有地），该地区混杂了包括NTT淀桥电话局等的民间土地。在城市规划中，大多为第二类特别工业地区。

本项目的特征是采用特定街区制度、土地区划整理项目、容量迁移手法等形成 4.4 hm² 的街区，实现新国立剧场和东京歌剧城大楼的建设。特别是，通过引入特定街区制度进行街区的一体化改造，在东京歌剧城建设上有效利用第二国立剧场上空的未使用容量，使得土地的有效利用得以实现。此外，由于特定街区制度保障了丰富有效的空地，实现了

■ 3　项目后续

依照当初的规划意图，该项目起到了以舞台艺术为中心的日本艺术文化活动据点的作用。同时，该项目为山手路和涩谷区道的拓宽，绿意丰富的步行道路的营造，地域环境的提高作出了贡献。

另一方面，该项目位于山手路外侧，与新宿副中心地区的联系还很弱，犹如租界般的状况还不能说完全得到改善。然而近几年，由于山手路的拓宽改造和地铁大江户线的通车等原因，该地的可达性得到明显改善，伴随着这些交通网络的改善，新的大规模城市开发也在新宿副中心地区周边展开，由于与这些项目的联动，能预见本项目将可能成为引领新宿西口地区发展的项目之一。

48 神谷一丁目地区
复合、连锁式展开的密集街区改造

■ 照片1 集合住宅建设推进中，为了密集街区改造的协调工作（1986年）

■ 照片2 迁移者迁入安置地，密集街区的道路改造推进中（1994年）

■ 照片3 改造后地区内道路沿途现状（2010年10月摄），集合住宅街区和独户街区共存的街道

■ 1 时代背景及评价

密集街区的改造曾反复多次被呼吁进行，但始终无法顺利推进。背后的原因可以指出很多，但到底改造到何种程度，怎样改造，才可以说是密集街区改造？改造目标本身的模糊就是改造无法推进的主要原因之一。同时，从事改造的工作人员没有与改造地区的各方达成共识的信心，也是一个原因。

木造密集街区改造的必要性提出始于1981年，当时日本住宅公团改组为住宅和城市整备公团（现UR城市机构，以下称公团），将一直以来的工作重点从特定的住宅建设开发转移到担负城市改造的重要使命，致力于大城市中既有街区的改造工作。进而，以此为契机，在东京都北区的神谷一丁目地区，以居住工业混合地带的工厂废弃地为核心，进行周边密集街区的改造工作。

总体上，神谷一丁目地区的密集街区改造项目，不是由于当地的城市建设热潮高涨的结果，而是由于工厂废弃地的功能置换利用，逐步促进了本地居民的参与，同时在公共团体支援下逐渐实现了密集街区的改造。这其中凝聚了各种艰难困苦。该项目，连锁式的城市营造工作，在形式上具体化，在考虑密集街区改造目标和实现方法的过程中，也提供了很好的题材，到今天这些仍值得借鉴。

■ 2 项目概况
2.1 当时的街区概况

原先东京都北区的隅田沿河居住工业混合区，随着时代发展相继迁入集聚了大规模的工厂。神谷一丁目地区即为其中的一块区域。后来随着隅田河沿岸工厂的迁出，出现了在旧址开发公寓的意向。然而该地块和干线道路邻接，形成了极其不规整的形状。如果在此开发单纯追求容量的公寓，不仅会与周边的市区发生冲突，开发出的住宅也很有可能非常不合理。

在这样的状况下，公团于1981年取得了这块工厂废弃地的开发权，不是单纯地开发住宅小区，而是期望和毗邻的以木造结构为主的密集街区一起进行土地利用功能的调整。毗连的密集街区内部，破旧建筑密集，只有宽度不到4 m的道路，且很多用

■ 图1 神谷一丁目地区改造前的概况
密集街区内的道路（红色显示）宽度全都不到4 m

■ 图2 神谷一丁目地区改造后的概况
示意了地区内宽度从4 m拓宽到12 m的道路。进而解决了消防活动难以开展的区域，同时促进了自主的建设更新和一部分的共同化

地也未与道路连接，紧急时的消防活动等非常困难（图1）。

2.2 项目内容

公团就如何开发密集街区的问题与北区进行了深入探讨。结果是，征收的用地一部分先行进行基础设施建设和住宅建设，一部分作为密集街区改造的替代地，确保从前居民能够利用租赁住宅。同时盘活替代地，接受因道路改造而不得已迁移的居民入住，这样从密集街区内环状的主要生活道路开始，进行区划道路的改造（总长776 m，宽度4~12 m）。这项举措带来了非常大的影响效果，公园进行了改造，建筑物逐个更替，一部分实现了共同化，还带来了防灾能力的提升，住宅环境的改善（图2）。

图3是改造前与改造后的情况叠加，显示了各类地块的有效利用。绝妙的是，适宜集合住宅开发的整形地块和适宜独户建筑的地块，能根据地区内的道路很容易地区分并共存。而且，集合住宅的用地性质改变，有效地将原来200%的容积率控制放宽到300%，起到了很好的效果。此外，先行进行的集合住宅的建设也产生了非常大的贡献，缩短了资本运转时间。公团通过上述措施，有效保证了当时保留的替代地的有效使用。对于亲历这个过程，并在密集街区生活、经营的人来说，在道路改造时就能够想象与生活、经营重建相关的具体事项。不像以前，不必临时搬家，也不需暂停营业，在从前一样的独户建筑中生活和从事商业活动。如果有由于道

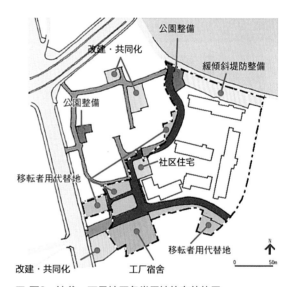

■ 图3 神谷一丁目地区各类用地的有效使用
在首先开发的土地先进行了住宅区开发，随着充分保留耕地作迁移者替代用地，利用社区住宅，展开了复合型的、连锁性的密集街区用地改造

路改造而产生不可避免的搬家的情况的话，则提供居民选择对生活和经营影响最少的改造方式，而且这也仅是一种选择，并不意味着强制性地迁移到替代地内。由于道路改造不得已需要迁居的居民们，都主动地选择到地区内的替代地，这也顺利地推进了主要道路的改造。

神谷一丁目地区，对作为经营者的公团和密集街区的利用相关者双方来说均具有现实意义，可以

说通过有效地利用各类用地，实现了双赢。从工厂废弃地的收买到项目结束经历了不到20年的时光，期间于1994年完成了前半部分——地区内骨干道路的改造。这项举措诱发了之后高效的密集街区改造，收到了公园改造、建筑更替、共同化等复合的连锁式的影响效果。

2.3 相关人员感想

神谷一丁目地区的改造过程中，作为规划师、协调人发挥重要作用的是当时德国留学归国不久的住吉洋二先生（（股份公司）城市规划事务所所长，现东京城市大学教授）。

"当时德国已从全面清除型的再开发转变为修复型的再开发。从神谷一丁目地区开始，与其说今天所谓的'密集街区改造'，不如说日本当时也想努力尝试修复型的再开发。在德国，在称之为社会规划的再开发过程中，把细致的生活重建规划作为义务，而神谷地区，公团有效利用取得的用地，确保替代用地，改造周转用住宅，保障生活和商业的可持续发展。"

"对公团来说，即使是公共性高的密集街区，也不能慢慢地进行改造，必须创造机会，进行城市建设。正因为积极致力于这项工作，所以复合型、连锁式的项目才得以实施。"

"当时，我设立事务所不久，没有其他的工作（笑），每天住在现场事务所，一边讨论一边工作着。"住吉洋二先生这样回忆着当时的情景。

另一方面，作为公团的现场负责人，最初在现场工作的是藤生请六先生。

"要向当地居民访问，进行城市建设方案的说明。怎么回事？这就是当时的感受。其中，有人表示，'十多年前就这么说了，还没实施。公团又不是政府，不可能成功。'为了取得居民的信任并使其安

心，从早晨问候开始，彻底地听取大家的意见，并和北区进行商议，这样就有了理解的人。公团当时对投入和效益的要求非常严格，对时间问题也是很啰唆的。但是呢，他们都很看重我们这些在现场工作的人。为了成功实现城市营造，无形的人际关系网络构建工作是真的非常重要的。"藤生请六先生深切地感悟道。

■ 3 项目后续

神谷一丁目地区的密集街区改造和背后的丰岛八丁目地区相连。公团将在神谷地区改造的道路与邻接的丰岛八丁目的工厂废弃地相连，并延伸出去，建设成为构成丰岛八丁目地区骨架的主要道路。住吉先生和藤生先生从神谷项目的最高潮起，时刻关注着丰岛八丁目地区大型工厂的转移，同时考虑道路的延伸改造。和神谷一样，在确保接纳搬迁居民用替代地同时，在比较短的时间内完成了土地利用功能置换的骨架。宽度为12 m，总长度为490 m。然后，在有效利用丰岛地区工厂废弃地之时，也影响了沿线土地利用的功能转换。

神谷一丁目地区，当初是进行住宅环境改造的示范项目，而后随着制度修改，成为密集住宅街区改造促进项目，并在丰岛八丁目地区，有效利用了"住宅街区综合改造项目"制度的辅助项目，历经20年，灵活实施。整个过程中，对每个项目的风险进行分割，有时勇敢面对，巧妙控制。依此，各个项目互相联系、互相合作，构成了一系列的密集街区改造项目群，取得了很好成效（图4）。

现在，隅田河对岸的新田地区城市建设还在不断推进。该项目也是看准了大型工厂的废弃地，对此进行街区改造。对由荒河和隅河围绕成孤岛般的地块，实现了超级堤坝的改造。从神谷一丁目地区

■ 照片4　住吉洋二氏
作为规划者和协调人指导神谷一丁目地区的密集街区改造工作

■ 照片5　藤生请六氏
作为住宅区的现场负责人，在神谷一丁目地区日夜为统一意见的形成努力，将密集街区改造工作带上轨道

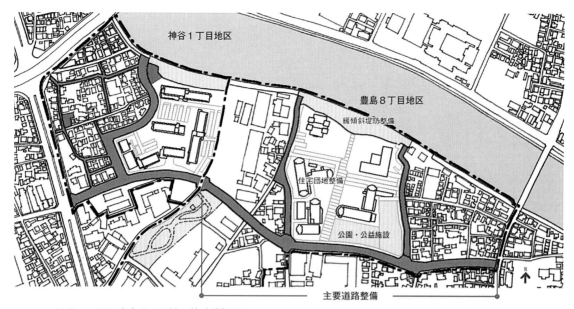

■ 图4　神谷一丁目和丰岛八丁目地区的改造概况
神谷地区中改造的干线道路延伸，背后的丰岛八丁目地区的市区改造工作也开展起来

开始的缓倾斜堤坝改造，至今仍然和隅田河沿线的新田地区相连，使居住工业混合的密集街区印象焕然一新。1997年地铁南北线开通，使这一带脱胎换骨成邻接市中心的优良住宅区。

◆参考文献

1）住吉洋二（2009）：「密集市街地整備の課題と展開」，（財）日本地域開発センター，地域開発vol.543.

2）遠藤　薫（2002）：「低未利用地における住宅地整備と連動した密集市街地整備推進方策について」，再開発コーディネーター協会，再開発研究No.18.

■ 照片6　隅田河沿线的新田、丰岛地区的现状

49 晴海托里顿（Triton）广场
与地域共存的街区营造
2001

■ 照片1　东西约440 m，南北约210 m的广场一体化开发区域中的一个小街区尺度的设施

■ 1　时代背景与项目意义及评价

晴海托里顿（Toriton）广场（以下简称"本街区"）是进入21世纪这一新时代的 2001年4月，为了对曾经的仓库、配送中心和公团晴海住宅等地区进行再开发，在东京都中央区晴海一丁目地区第一种街区再开发项目中建设的大规模复合设施。

该项目有效利用面向运河的水边空间特性，配置绿意丰富的开敞空间，形成了职（办公室）、游（商业）、住（住宅）融合的街区。

在"自己的地域（晴海地区），自己亲手开发"的基本方针下，由晴海地区所有地主组成的"改善晴海会"成立，此后，晴海一丁目地区的地主又设立了公司（即（股份公司）晴海股份有限公司），推动晴海一丁目地区再开发项目。

该公司成立之初，主要承担再开发项目总体规划的筹划和相关行政机关的业务协调，在再开发工会成立后公司则承担工会事务局功能，街区建设完成后该公司作为城市管理公司，负责项目完成后的营运管理业务。

"再开发项目，在街区建成后并未结束，之后的街区营造培育工作（即城市管理）也非常重要"的观点也是最初地主们的共识。该项目10多年致力于

繁杂的权利协调和本地居民的沟通，经历了经济形势的动荡（经济泡沫期至泡沫经济崩溃），地区利益相关者齐心协力，实现了新时代晴海地区的价值创造、地域再生的目标，得到了很好的评价。

■ 2　项目特征

该项目的特征主要为以下四点：

（1）**一规划两实施**　在一个城市规划下，同时进行民间主体的工会实施和公团实施（现城市再生机构）的两头再开发工作，实现了史无前例的"一规划两实施"的方式。公团作为公共机关所持有的信用力和民间企业特有的强营销力带来了各自的优势，确实地保证项目完成。

（2）**分阶段改造方式**　该项目以本地土地所有者为主体，以实现原有居民持续居住的街区营造为目标。具体来说，再开发的准备阶段，通过官民的土地交换在再开发地区外先行进行公共公益设施（小学、初中、老人特别康复所等）的改造。其次，在再开发项目的第一阶段，先行为约700户原居民进行新住宅建设，使他们在区内继续居住成为可能。居民搬迁后，拆除现有的旧住宅。第二阶段则进行产务、商业设施的建设而完成整个项目。

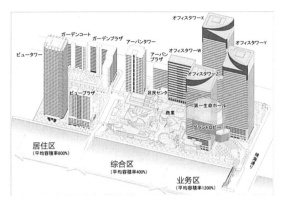

■ 照片2 "职、游、住的融合"的分区

■ 照片3 街区的热闹（水的凉台、花的凉台）

（3）**环境优美的街区** 在经历了经济的激变（泡沫期至泡沫经济崩溃）后，为提高项目的收益性，实施规划的总检查工作，撤销已经决定的总体规划，从零开始，彻底追求项目成果的最大化。其结果，不仅初期投资，而且未来的维护管理成本也得以大幅改善。

正是这项对经济合理性的极致追求，才会有对环境影响较少的环境友好型的街区建设。

（4）**彻底的危机管理** 硬件方面，规划阶段充分吸取阪神淡路大地震留下的教训（即灾害后尽早恢复日常生活极为重要），在单纯明快的规划理念下，采用受灾水平控制规划（防止主要构造物变形，引进能量吸收材料），形成受灾后易恢复（功能持续计划）的街区。

其次，通过大规模设置人工地基确保完全的行人道与机动车道分离，并且，地下部分的大容量蓄热层（约2万m³）具有灾害时的消防用水功能，排除产业地域利用数目不详的设施等，实现街区全体非常时期的彻底的危机管理。

■ 3 项目后续

项目完成后仍然把"安全、安心、舒适的晴海托里顿（Toriton）广场"作为街区建设的目标。

1）彻底的危机管理（防火、防灾、防范对策）；

2）积极致力于环境问题；

3）提供舒适的街区空间。

危机管理，设置"大规模地震灾害对策纲要"，扩大共同防火防灾管理协会和每年实施街区及地域居民一体化的综合防灾训练。致力于居民互助精神的形成的同时，每年通过"防灾展"的召开加强居民防灾意识。此外，有效利用本街区的既有功能作为地域社会的功能，通过缔结防灾协议，将高层建筑屋顶上设置的监视摄像头的影音资料提供给当地消防站和警察局。

对于环境问题积极开展工作，建立"全球变暖对策推进体制"，召开环境例会和"环境展"等，提高街区全体对于环境问题的保护意识。

"无规划无管理，无管理无环保活动"，每年，将环境负荷情况和环境活动情况通过表演和报告进行视觉化，向各方进行公布。

在提供舒适的街区空间方面，包括外部空间面向运河的散步路，南北的公园，绿意丰富的阳台等，进行充分彻底的栽植管理。并和本地相关人员一道进行各项交流活动的开展，为本地活动提供会场、赞助等，和当地共同努力让街区成长。

该街区的再开发项目从开始就以推进本地土地所有者自己亲手进行的城市建设作为目标，完成后也为地域的社会资本赋予地位，实现了和地域有着共生魅力的街区的成长。

50 御坊市岛住宅区
从研讨会伊始的住宅、生活、社区更新

2001

■ **照片1　岛住宅区更新项目第1期**
分段化的住宅楼栋，由南侧的空中步道形成立体街道

■ 1　时代背景与更新项目的特征

岛住宅区是和歌山县御坊市内最大的住宅区，它位于日高川沿岸的同和地区，历经1959～1969年10年建设完成。中层集合住宅9栋，共218户，简易耐火结构的两层建筑1栋，共8户，总计10栋226户。这个住宅区的开发建设与1950年的台风珍妮，1953年的日高川河水泛滥，1961年的第二室户台风，1964年的大火灾等灾害有关。应对灾后紧急安置房供给，公营、改良住房的建设等一系列灾后项目，促成了岛住宅区的开发建成。

考虑到同时期的住宅区存在着建筑腐朽老旧、居住密度大、居民穷困以及社区功能低下等诸多问题，岛住宅区的更新考虑通过行政（岛住宅区对策室）、居民（Minaoshi会）、设计者（现代规划设计研究所）、研究人员（神户大学平山研究室）的共同参与来努力推进。

更新项目的特点主要包括：第一，并不只单纯考虑建筑物的灾后更新，而是以"生活、社区的更新"为目标，通过多种规划设计方法来改善生活环境和实现区域人际关系的更新；第二，通过研讨会的形式使居民在更新项目中的参与更加彻底和连续。针对建筑物的规划、住宅设计、住宅管理规划等更新项目的诸多要素，通过居民、行政、设计者、研究人员之间反复的意见交换来实现居民的参与；第三，空间设计以"立体的城市开发"为指向，与过去的住宅区不同，展示了崭新的集合住宅形式。

公有住宅更新作为一项重要的课题，实际上已经在很多地区实践了。而以"生活、社区的更新"、"研讨会"、"立体的城市开发"为特征的岛住宅区规划更新项目是一次通过社会实验、为以后的住宅区更新和城市开发提供丰富经验的实践之举。

■ 2　更新项目的经过
2.1　住宅区调查与建议

岛住宅区内住宅的腐朽、老化，居民生活的困顿和社区停滞等问题不断恶化。御坊市自1989年组织设立岛住宅区自立援助负责人会议，针对住宅区困境的应对工作随即拉开序幕。负责人会议在同年夏季对住宅区实施了实地调研，这也成为岛住宅区更新过程中最初的调研工作。以此次调研为契机，

促成了行政职员与当地居民的接触机会。

在这之后，1990年神户大学平山研究室的研究团队在受到该市针对住宅区综合调查的委托后，正式开始了相应的更新调查工作，并对更新项目的基本方向从研究的角度提出了建议。该建议要点主要包括：①推进包含3方面内容的"综合方案"，即针对个别家庭的社交活动项目，以改建为基轴的房屋供给项目，促进和支援地域社会形成的社区更新项目；②设立了专门负责住宅区更新对策的"现场规划布局行政组织"；③更新项目考虑居民全程连续参与。上述3方面的建议，成为了更新的基本方针。

2.2 岛住宅区对策室的设立

御坊市于1992年4月在岛住宅区新成立了岛住宅区对策室，并挂牌为"现场布局行政组织"。该组织成立最初由涉及环境、福利、儿童、教育等4个专业方向的6名工作人员组成，各部门之间采取横向组织架构，对策室的行政级别则为课。此举措在当时日本国内也是创新，对策室的成立，确定了岛住宅区更新项目的开始。同时，当地居民组织的形成，则主要是发源于经当时已有的城市建设委员会改组而成立的"修正会"。对策室通过实行"综合方案"，将当地的居民组织纳入到规划更新的工作中来，促成了有居民参加的参与式规划方式。

对策室初期的工作是让行政人员与居民建立关系。行政部门忽视岛住宅区长期以来的窘境是不可否认的事实。为改变这一局面，对策室的职员每天都在不断地和当地居民沟通联系，以便于建立彼此的信任。毕竟信赖关系的建立是开展更新项目的基本着手点。

当时更新工作的重点是建筑物的更新，但是对策室并不是直接着手住房供给工作。相反地，更新工作是首先从社交网络和社区更新开始的。通过社交网络的重建，有助于推进解决居民各自的问题。同时，社区感的强化则对促进居民之间的沟通与交流发挥了重大的作用。此类先行项目的确定，是建立在"更新项目并不仅仅是物质更新"这一认识基础上的。

2.3 更新的开始

1993年开始市政府委托现代规划研究所大阪事务所规划设计专家，与平山研究室合作统筹了规划设计方案的基本构想。这一构想考虑到如果在现有用地的基础上就地更新，则可能会导致如原来一样高密度的建筑形态。因此提出在维持周边其他用途土地的前提下，实行现有用地与未利用地同时更新的方案。

更新规划被分解为8期（10年），其中前5期主要针对开发新的用地，而后3期则考虑对原来已有用地在协调新开发用地的基础上，统筹兼顾地实施更新工作。之所以将更新工程分成8期，主要是出于一些行政和财政监督管理的考虑。其目的和含义主要是希望通过对这8期更新项目中每一年末对本年度已完成的更新项目的成果和问题的总结回顾，评价更新过程中应该规避的问题，作为下一个规划实施年度的经验反馈，以此来渐进地推进规划更新工作。另外，出于对年度更新效果的评价和考核目的，还组织实施了"入住后调查"工作，该调查主要针对一些新入住的居民，调查其入住更新后住宅区的感想以讨论更新项目的实施效果。

2.4 以研讨会方式组织的更新

1995年建筑的重建工作开始，并将每一建设年度预定入住者参加研讨会的方式作为重建的依据。通过开办此类研讨会，实现了居民、行政人员、设计者、研究者之间，针对规划区更新意见的相互交流和意见反馈，彼此协作完成规划区更新。在岛住宅区，长久以来居民都单方面地局限于自己狭小的居住空间内，对住宅区的整体环境理解非常边缘化，为了克服这一问题，有必要从居民居住、空间活动方面全面地掌握和理解居民自身的意见和对住宅环境的影响。这个研讨会时间持续两年，其中一年商讨住宅平面，另一年制定生活方面的规定（如缔结新的自治会等），两年间曾持续地组织过上百回的研讨会。

研讨会确定的规划框架为设计师的方案生成提供了基础，在此基础上按照以下顺序推进设计工作：①确定了住宅楼的位置选址以及建好以后给什么人住——"布阵"；②个别居民对建筑物房屋内部格局的自主设计——"设计布局"；③上下楼层间的构造墙壁、管线的布设位置——"纵横调整"；④公共空间设计、外墙色彩、绿化、单元楼管理、社区运营等"共

■ 照片2　更新前岛住宅区的样子
居民无秩序地增改建筑物

有空间设计"。这种方式在综合考虑居民的希望、行政人员的意向、规划设计人员和研究人员的理念之间相互结合和影响的同时，实施了住宅和居住环境的设计。

与此同时，还针对新入住居民开展了例如垃圾堆积回收、宠物饲养方式等生活规则制定，居民自治会成立等议题。

在第一期工程完成的时候，居民之间的关系相比从前亲密了不少。在入住以后，还可以看到不少居民自行组织的研讨会，这种研讨会方式的延续，对促进社区居民之间社会关系的重构产生了很大帮助。

2.5 更新项目的空间规划

在空间规划方面的基本构想是采用立体式街区的设计理念。改变以前的岛住宅区呈现出一种矩形的、单调的、高密度的建筑形态，与其周围的建筑环境呈现出异质性。为了在重建过程中扭转和克服这一情况，新的空间规划强调立体式街区的理念，强调在

建筑设计上要突出和周边环境的肌理有机协调。具体而言，这种立体街区的设计理念包含如下特点：在考虑与周边区域相融合的前提下进行分系列的规划设计以及对单元楼实行分节的设计；考虑区域融合性的景观设计；综合考虑了社区的形成以及住宅区对周边的开放性而进行渐进式空间围合；从水平、垂直方向综合设计生成如公共活动室、空中道路、空中庭院等公共空间网络。采用这种立体街区设计后，如果从住宅区的空中道路上俯瞰整个住宅区，空间景观既富于变化又具有开放性，相比较以往的住宅区可以说是发生了翻天覆地的变化（图1、照片4）。

这种立体街区的设计理念在整个重建工程中是逐年推进的，确切地说，是在每一年年末对本年度已完成工程的经验总结基础上，在来年的重建规划中对于不合理的地方进行调整后一点一点逐步推进的。因此，整理项目的效果也就伴随着时间的推移才能够逐渐体现出来。考虑与建筑基准法的衔接，更新项目并不是针对居住区进行整体设计，而是重

■ 照片3 正在决定住宅选址"布阵"
不是通过抽签而是根据商榷确定住宅选址

■ 照片4 空中街道外观

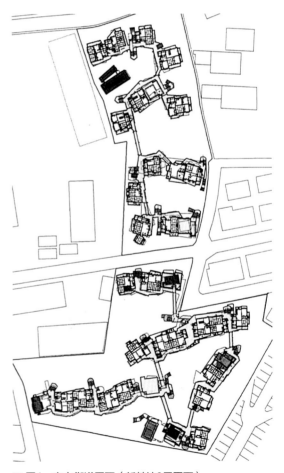

■ 图1 空中街道平面（新基地3层平面）

新住宅区的概要				表1
期数	地基	住宅名	住户数	入住开始时期
1	新地基	绿色高地	15户	1997年12月
2			30户	1998年12月
3			13户	1999年12月
4			21户	2000年12月
5			25户	2001年12月
6	现地基	日高川高地	25户	2003年9月
7			28户	2005年4月
8			14户	2005年4月
总数			171户	

复使用按年度增加新建建筑的手法。相比最初阶段就把规划全部确定下来的整体设计手法，岛住区采用的方式更加适合渐进式的项目。

2.6 更新项目的成果

岛住宅区更新项目在"生活、社区重建"、"研讨会"、"立体的街区营造"的理念特征下，进行了多种要素的实验。公共住宅区的重建是一项重要的考验，就岛住宅区的实验来看，重建范围远远超出了以物为对象的重建过程，这使其成为值得参考的案例之一。

第1期的住宅楼终于在1997年末竣工。

在新的地基上开发建成的新住宅区在居民的建议下被命名为"绿色高地"。此时距岛住宅区自立援助负责人会议的设立已经近9年，距住宅区对策室的设立也有近6年。2001年的秋季，随着第5期住宅楼建设的完成，新基地的建设结束，自此，住宅区的更新项目告一段落。

更新项目的成果可以说非常大，针对过去住宅区居住面积狭窄，设备腐朽老化，浴室设施落后，住宅楼过密等诸多问题，在更新后新住宅区的居住面积得以扩大，日照通风条件得以保障，居民的居住环境可以说是得到了巨大的飞跃。根据"入住后调查"的结果来看，居民对于住宅水准的评价很高。

然而此次更新的成果已经超越了物质改善的范畴，而是将建筑更新与环境整理相结合，以促进居民的居住生活水平提升为目的。就此目标而言，更新后的调查结果显示，有不少例如"女儿结婚了，以前的那种住宅的话，无法将结婚对象的双亲邀请到家里来"，"孩子们可以邀请朋友来家中做客了"，"感觉健康状况改善了"，"亲戚可以在家里留宿了"之类的回答出现了。

大多数的居民都对新的住宅表示满意，觉得新住宅比较好。但是这种满意并不仅仅是针对住宅本身，还包括居民在参加讨论会的过程中发表自己的

观点和听取他人意见的这种体验过程，以共同促成新住宅区的居住环境更新。"入住后调查"显示，参与过讨论会的居民除去一些人反映"既要工作还要参加讨论会，很辛苦"之外，有很多人给予了"有机会在入住前结交朋友"，"增加了对入住后生活的安心感"，"进行了适合自己的设计"等较高的评价。

■ 3 更新项目后续

在新用地的项目完成后，现有用地的更新工作于2001～2005年展开。更新项目的设计工作由当地的设计事务所"御坊联合设计"承担，在对更新区反复现场调研后，与平山研究室协力共同负责更新区的设计、研讨会组织等工作，并将新改造的土地上即将建设的住宅区命名为"日高川高地"。

在住宅区规划构想阶段，从考虑规划户数适当有富余的角度出发，规划户数为240户。但是，更新以后却发现不少没有入住资格的家庭，这与岛住宅区的入住关系资格管理出现混乱有关，同时出现高龄老人在更新项目实施过程中去世，或者入住老人福利设施，无能力支付新家的租赁费用而转住公租房等现象。这种情况导致事实上最后只更新了117户住宅。

住宅区建成后，岛住宅区更新对策室的使命就完成了。但是，新建成的住宅区有不少需要生活支援的家庭，同时，为了加强和扩展住宅区与其周边地域的关联，于是对策室又在日高川高地住宅区相邻的土地上建设了御坊—日高残障者综合咨询中心，并于2008年建成开放。该中心是在面向推进区域居住安心度的综合咨询支援项目的背景下建成的，是御坊、日高圈域1市5街道共同公共服务设施配置的组成部分。这一中心的设置让岛住宅区在分担区域公共福利设施空间配置方面发挥了作用，甚至推进了残障者支援设施的建设。

◆参考文献

1）平山洋介（2005）：「貧困地区の改善戦略—島団地再生事業の経験から」，岩田正美・西澤晃彦編『貧困と社会的排除』，ミネルヴァ書房.

2）平山洋介（2005）：『暮らしの改善を目指して—島団地再生事業の経験から』，御坊市.

3）小川周司（2007）：「同和地区再生」，日本ソーシャルインクルージョン推進会議編，『ソーシャル・インクルージョン—格差社会の処方箋』，中央法規.

4）糟谷佐紀（2002）：『御坊市障害者総合相談センター基本設計報告書』，御坊市.

51 神户市真野地区
神户市真野地区一系列的城市建设活动

■ 照片1　灾后共建的第一号东池尾一角

20年后愿景构想

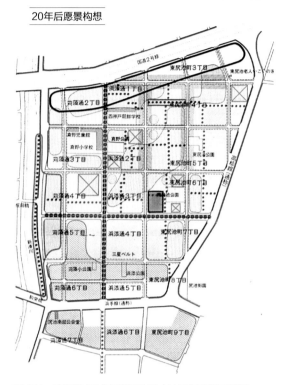

■ 图1　真野地区城市建设构想（1980年7月5日建议）

■ 1　时代背景及项目意义与评价

20世纪70年代开始至今，神户市真野地区仍在持续推进一系列的城市建设活动，这为日本城市规划的进步和发展贡献了巨大的力量，也凭借其独创性、启蒙性的业绩获得了石川奖。

在当时，新的城市规划法被制定，现有规划体系得到不断完善，地区层面的城市规划的运作被认为是重要的课题。1980年设置了地区规划制度，之后此制度也朝着多样化发展，并得到一再充实。在地区规划制度的创设、完善过程中，真野地区的实践成为一个先行的标志，具有很大影响，即便现在仍然还是全国各地实践的标杆。这是由于真野地区的实践不拘泥于制度，超越常规制度，具有丰富的创造性和先见性。

1978年由原居民发起的，名为"真野地区城市建设构想"的城市营造方案，不仅在"神户市地区规划和城市建设条例"的制定时得到应用，同时也是促成最近城市规划法修改，引入公众建议的先端案例。

如此一来，神户市真野地区一系列的城市建设活动的成果，虽然是草根性的民主主义运动，但超越了地区的层次，成为推动全国城市规划发展的典型，得到了很高的评价。

■ 2　真野地区城市建设的特征

真野地区位于城市中心的西面约5 km，属于长田区的东南部，是由国道2号干线道路和新湊川、兵库运河围合成的40 hm²的区域，与真野小学的学区范围一致，是包括工厂、大杂院和混杂店铺的典型下町。住宅主要以大杂院为主，大部分街区老旧、密集。以上述"城市建设构想"为基础，"城市建设推进会"为运营主体，开展了以规则制定和实物建设为主的城市建设，开始了这个堪称日本最长的45年的城市规划。

（1）公开报告、核实建设行为　地区规划早在1982年就决定了，当时神户市还没有整合建筑条例，仅有城市规划条例的地区规划作为建设依据。因此，申请报告是在建设核实之前向城市建设推进会变通报批。

阪神地震前这类报告有250件，地震后（1996年10月底）有145件，现在总数多达583件。

（2）在街区规划中构想密集项目　实物建设的

■ 照片2　不良度判定调查点（上）和现在（下）的比较

起点是住建环境示范项目，成了整个项目的主体，现在定位为密集项目法的法定项目。震灾前15年间共70间老旧住宅陆续被收购拆除，但在地震的22s间摇晃使得600间住宅基本全部损坏。

　　地块的边角①和地区街道以外以街区为单位制定建设计划，推进项目的发展。现在以"城市重建街区建设项目"为目标滨添一路丁目街区中针对空屋、空地采取了措施。

　　（3）公营住宅也成为实物建造的支柱　尽管城市建设以人口增加为目标，但是实际人口还是减少到最高峰时的1/3。为实现人口增加，在公营住宅上花费了不少努力。震前和震后住宅供给为250户（约占全部住宅的一成）。公营住宅为了鼓励带着孩子的年轻家庭入住，对征募方法进行了改变。

　　由此，真野地区在2003年开始人口有所增加。

■ 3　项目后续

　　城市建设的持续性是非常重要的，由于公害造

■ 照片3　城市建设推进总会（2009年6月13日）

成健康受害，居住工作的土地利用混乱，从未预见的大地震以及15年一个周期的危机，面对这些，只有开展变绝望为希望的运动。

　　3年前具有犯罪集团性质的暴力团事务所想在本地进驻，通过297日的运动被遏制住了。这不言而喻是地区的一次危机，但为了应对未来不可预见的危机作为城市建设运营主体的城市建设促进会有必要进行一些准备。2009年总会完成了执行部的更新换代。2010年1月17日的震灾15周年祈愿活动盛况空前，这是新执行部获得居民信任的证明。

　　1995年12月设置在救灾板房的城市建设会馆，因建筑老化而规划了新馆，并且获得了神户市的建设补助金。随着新的地方分权，更多权力下放到小地域，会馆努力将其法人化，成为小地域的活动据点，确保自主运营的财源。

◆参考文献

1）宫西悠司（1986）：「地域力を高めることがまちづくり—住民の力と市街地整備」，都市計画143.
2）中村正明（1997）：「地区計画はまちづくりの基礎をつくる—神户市真野地区」，造景8.
3）今野裕昭（2001）：『インナーシティのコミュニティ形成—神户市真野住民のまちづくり』，東信堂.
4）真野地区まちづくり推進会（2005）：『日本最長・真野のまちづくり—震災10年を記念して』.
5）暴力団組事務所追放等協議会（2007）：『スクラム組んで—暴力団組事務所追放までの297日間の記録』.
6）真野地区まちづくり推進会（2010）：『過去に学び，未来を見つめ，人とまちを守ろう（阪神・淡路大震災15周年事業報告集）』.

① 原文为隅切り，意为：为了使车辆安全顺利地通过，在道路的边角处进行圆弧和直线的切割——译者注。

52 东急多摩田园城市
跨越50年的持续城市规划的成果

■ 照片1　重新修整完毕的多摩广场站（2010年10月摄影）
开放式吊顶空间中展现开放式大门通道

■ 1　时代背景与项目意义及评价

　　东急多摩田园城市位于现在东急田园都市线沿线，面积5000 hm²，是居住人口54万人的大规模开发案例。这项开发发端于1953年，时任东急集团董事长的五岛庆太提出了城西南地区开发意向书。它的产生根源是，1920年设立的田园都市股份公司（现在的东急电铁）以加利福尼亚的田园式郊外St Francis Wood为模板，与郊外电车路线联结开发的田园调布。铁道沿线的田园式郊外在欧美19世纪后半叶便开始出现，并于20世纪初流传到日本，并一直受这一潮流影响。

　　这一工程是日本前所未有的划时代工程，体现在以下几个方面：①它是从市中心与直接连接的铁道（田园都市线）成为一体，早期就依规划完成了

大规模城市建设；②已动员沿线土地持有者，组织了50多个土地区划调整组合；③从东急电铁以业务包干的方式实施了所有的土地区划整理项目；④从由民间开发者而不是由公共团体完成建设。

　　作为规划内容，城市建设包含了积极而丰富多彩的尝试。例如，美之丘的人车分离式的道路规划；小黑地区的区划调整区域全体的建筑协定等，以超过60所、总面积达到600 hm²的建筑协定为根据的住宅地环境保护；涉及地区整体的系统性行道树栽培，沿线绿化，通过18万株树苗的分布对地区整体绿化的尝试；精细的公交服务网以及需求型公交的导入等。反思私人汽车的普及，如今对与公共交通相连的田园式郊区的关注度再次提高。在21世纪之初，50年以来的街区营造史具有很大意义，今后50

年新的城市规划尝试也值得期待，因此这项工程最终获奖。

■2 项目特征

本文所述案例自1953年开始，1966年发表《剧场城市规划》、1973年发布《宜人城市计划》，在铁道公司主导下，追求舒适性的同时又积极推进城市功能的充实与高水平住宅的供给，最终于1988年发表了《多摩田园都市规划》。在道路和信息、服务、景观等城市规划基本要素方面，从质和量两方面进行重新审视，以建设有较高独立性的多功能城市为目标。铁道公司在沿线进行开发的案例，虽然在以首都圈和京阪神都市圈为中心的地区并不罕见，但在如此大面积的区域进行长期的建设，而且还跟随时代的变化采用多种多样的应对方案，可以说是出类拔萃的。

作为大规模的住宅地开发，千里、多摩、泉北、千叶等由公共主体主导的新城开发广为知晓，与这些相比较，东急田园都市则是由开发商、运输运营商、商业经营者联合组成集团，这种对合作关系的活用是独一无二的。图1显示了东急多摩田园都市的建设位置与东急集团大规模商业开发位置之间的关系，可以看出两者之间的关联性。

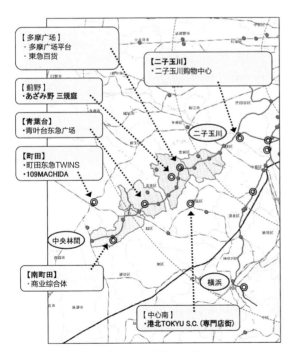

■ 图1 东急多摩田园都市开发位置图[2]
在田园都市线沿线扩展的开发区域中，多个大规模商业设施在此布局。

不过，在认定的第一次首都圈基本规划近郊地带（所谓绿带）作为允许城市化地区进行开发，虽然有前文所述规划作指导，但规定主要干线道路、地区公园、综合公园等整体性城市骨骼的总体规划尚有欠缺，由于和横滨市之间绿地规划调整不够充分，公园和绿地的配置水平并不算高。

■3 项目后续

和其他新城同样，多摩田园都市面临着初期入住者的高龄化，据点设施的老朽化，在站前地区慢性道路交通阻塞等问题。对于高龄化问题，持续展开对车站巴士圈居民向车站地区公寓迁居进行奖励的战略。设施的更新以与地区外周边设施形成竞争为目标，进行了如本文开头的照片那样的大规模再开发。这些都是以铁道公司主导开展的方式进行着的。

道路混杂方面也有很多问题。作为公共交通导向式开发（Transit Oriented Development，TOD）的先进事例，多摩田园都市亦受国外瞩目，甚至也有在美国的研究报告书中记载其特征的事例，就满足向东京都区的通勤铁道使用需求这一点是成功的。但是平时高峰时刻站前道路混杂，周末周边商业设施道路混杂等慢性问题突出，私家车交通需求并没有得到充分削减。由于地形多处存在高差，私家车短距离利用较多，开发区域外侧联结的街区不断扩大，车站圈、商圈实际扩大等主要因素交织在一起，伴随着高龄化这也成为了遗留问题。希望不仅是开发者、铁道开发商，行政部门和市民们也能参与进来协力解决难题。

◆参考文献
1）東京急行電鉄（1988）：『多摩田園都市—開発35年の記録』，ダイヤモンド社.
2）東京急行電鉄（2005）：『投資家向け説明会参考資料』，p.17.
3）中村文彦・藤平智子（1997）：「Transit Village in the 21st century」，交通工学32（5）.

冲绳都市单轨电车
单轨电车建设及综合性、战略性的城市规划对都市营造的贡献　　　*2003*

■ 照片1　都市单轨电车及联动的街区开发（与久茂地街区再开发一体的县厅前站）

■ 1　时代背景和项目意义及评价

　　冲绳都市单轨电车的建设，不仅是战后始于冲绳的轨道交通系统，也是具有从根本上改变那霸市都市构造的影响力的项目。它是连接空港、都心、景观节点（首里城）等重要节点的路线，成为承担都市骨架的交通系统。另外，沿线街区的建设项目也得到了激发。土地区划整理项目在5个地方开展，新区和居住住宅区的建设率先推进，人口5万规模的街区已经完成了建设。另外，公园项目和周边设施及相关设施的建设也得到推进。这是从有构想开始跨度达30年的长期项目，这期间能够综合地、战略地推进都市单轨电车的建设和市区改造，是意义重大的。本项目是相关者通过经年累月的巨大努力获得的成果，在城市规划上意义重大。

■ 2　项目的经过和特征

　　2003年8月10日开始营运的冲绳都市单轨电车，是全国第五个（大都市圈和政令指定市以外的第一个）地方城市同时适用轨道法和基础设施补助制度的都市单轨电车项目，并且对战后的冲绳县民

■ 照片2　安里交叉点
同时施工的道路改良项目

来说可以说是第一个轨道交通系统。

2.1　项目开始前

　　战后，在美国统治下的冲绳是以机动车交通为优先的，由于美军基地的存在形成了变异的街区形态和土地利用方式，特别是县首府那霸都市圈内，随着人口和产业的集中，机动车交通增加，却没有

追加道路改造，造成了慢性的交通堵塞，都市功能低下和生活环境恶化。当时冲绳县每年堵塞造成的损失是1600亿日元，特别是那霸都市圈每年的损失额达到995亿日元，占到全县的62%。为了应对这些交通问题，利用和地铁相比相对便宜的建设费达到辅助道路交通的效果，冲绳引入了中等规模运力的都市单轨电车。

导入的原委是在1972年冲绳振兴开发计划中轨道交通的必要性被提及，1981年作为国库补助项目采纳。然而，由于在单轨电车正式开工之际对营利性及公交线路重组等问题的解决花费了比预想更多的时间，因此1996年单轨电车主体工程才开工。在这期间，以都市单轨电车的导入为前提，都市设施和市区的综合改造得到了推进。

2.2　综合的关联项目

相关道路的建设是在1983年城市规划决定以后才推进的，到单轨电车开工的1996年，建设率已经达到97%，造就了基础设施工程施工的条件。另外，单轨电车导入线路的国道330线那霸道路，在单轨电车基础设施建设之外，将安里交叉点建设等与单轨电车运营整合谋划，并推进建设（照片2）。

市区建设中，导入了单轨电车沿线包含美军用地返还地中的小禄金城地区和那霸都心地区在内的5个地区的土地区划整理项目，先行改造了人口约5万人的街区及站边县营、市营的1600户的住宅区。

市区再开发项目中，"县厅前"站相邻的久茂地地区的再开发大厦在1992年完工（照片2）。

公园建设方面，在作为防灾公园的避难路得到强化之外，为提高壶川站使用便利性的奥武山公园"北明治桥"步行专用桥在2003年建设完成。此外，作为交通节点的那霸空港国内线新航站楼大厦完工（1998年），首里城公园的局部复原开园（1992年）等关联项目也得到了建设（图1）。

冲绳都市单轨电车设施建设时，参考了轮椅使用者、视觉障碍者等方方面面实际体验的结果，并采取了相应调整，基于交通无障碍法及冲绳县、那霸市的福利都市营造条例等，以便于移动为标准进行了设施建设。另外，作为通用设计，各站及自由通路周边，在日语之外，加上了英语、中文、韩语的引导、向导点，且周边向导地图的道路标志也得到了建设。

2.3　作为交通连接点所做的努力

交通节点方面，为了确立与既有的公共交通设施有机联系的交通系统，在与公交联系的节点方

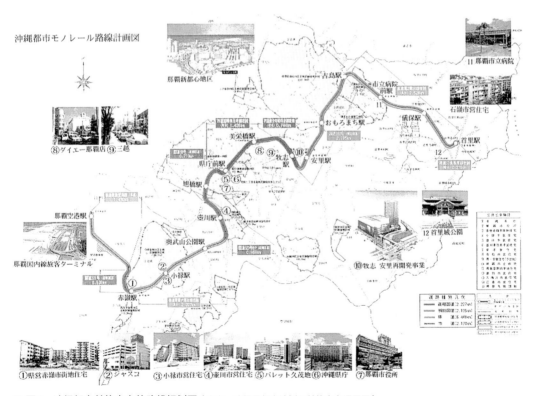

■ 图1　冲绳都市单轨电车的路线规划图（出自：冲绳县都市计划和单轨电车课网页）

面，制定了公交线路重组计划。在与其他交通设施联系的节点方面，以与那霸空港的联系节点为首，在8个车站建设了包括公交车停车场、出租车及一般车辆的上下场地、自行车停车场等在内的交通广场，其他的车站则规划建设了公交车及一般车辆的上下场地。

为了确保便利性，保障与车站邻接的设施节点，建设了与那霸机场国内线航站楼、久茂地再开发大厦、市立医院联络的通道，以及通往公园的人行桥。另外，与小禄站邻接的大型店铺合作，建设了联络通廊和停泊换乘基地。

2.4　提高舒适性及与周边地区的合作

为了提高沿线的舒适性，将单轨电车沿线道路上的电线地下化，确保宽阔的步行道，使用低噪声的铺装，采用都市景观的火车站建筑设计，对柱子

■ 照片3　单轨电车的支柱
爬山虎形成的绿化和植物带

实施绿化（照片3）。

另外，通过与火车站周边的街道社团、自治会、有关机构（含行政）、企业等协作提高了单轨电车的利用机会，同时，为了有助于车站周边地区的活性化，实施了吸引客人政策和举办大型活动的策略。

■ 3　利用状况和建设效果

3.1　使用状况

开业后3年间的利用状况是，与需求预测一致，每日平均约34000人，使用单轨电车的客人稳健增加，此后的使用情况，以每年同期增加1000人/日为目标，在开业8年后，预计可达到42000人/日，收支预测方面，单年度赢利在约9年后，预计累计赤字消除约在34年后。

根据开业后的使用实况调查，从开业前使用其他交通方式转换过来的人中，从公交车转过来的占40%，比例最高，机动车15%，出租车13%，从机动车转换过来的比例比其他都市单轨电车的情况要高，这也是一个特点。使用目的方面，通勤、上下学占到50%，购物、娱乐占到22%，观光占到12%，使用的理由方面，主要集中在准时定速、方便、快捷等。

近年的单轨电车利用状况如图2所示，与2008年的实际成绩37545人/日相比高峰期略有下降，2010年度每日平均约35731人（达成率87.1%），至2010年7月累计使用者达到9000万人。

3.2　建设效果

定量的建设效果方面，产生了巨大的创新效

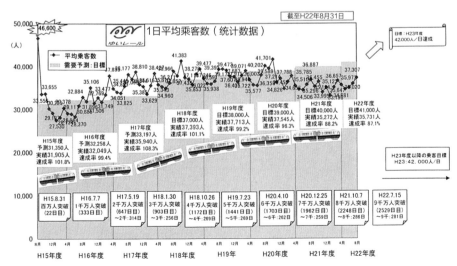

■ 图2　最近单轨电车的使用状况（出自：冲绳县都市计划和单轨电车课网页）

■ 图3 站前推进开发的牧志市街区再开发项目

■ 图4 向浦添市的延长及土地区划整理项目

果和交通改善、环境改善效果，更重要的是发现了各种间接效果。作为单轨电车导入的目的，交通改善效果方面，开业前后的交通量变化，从那霸市整体看来变化不大，但是单轨电车沿线的那霸空港周边、主要的国际性通道及终点站首里站周边可见显著的交通缓和效果，整体上从机动车转换到单轨电车的使用者，推测每天就有10000人（大约7000辆），明显地改善了交通。

以开业为契机，站周边的泊车换乘停车场（4处）得到建设，设置了租车场及与火车站联络的循环公交开通运行等，与其他交通方式的衔接也得到促进，与站相邻的宾馆、空港免税店的成立之外，沿线商业街的步行者也增加了，街道的活力得到了大幅的提高。

特别是，在此之前依存于机动车交通的道路建设是县民关心的重点，泊车换乘、循环公交及各种其他换乘优惠等，包括软性政策在内的建设涵盖整个交通系统，使得县民利用公共交通的意识高涨。

由于火车站建筑物的无障碍化，平均每日有约25个轮椅使用者利用单轨电车，与其他都市的单轨电车相比，是极高的利用率了。靠近终点站的世界遗产首里城公园的游览人数也增加了，同时，从车窗里看出去，考虑了景观配置的屋顶绿化也很吸引人，着实体现了建设的效果。

■ 4 单轨电车的延长及今后的发展

现在单轨电车的终点站首里站，由于是当初计划的中间站的位置，所以没有交通广场，与其他交通方式的衔接不充分，因此为推进单轨电车更有效、更广域的使用，需要努力改善。

因此对于未来的发展，对当初线路计划中从首里站开始到西原町高速公路为止将单轨电车延长的方案进行讨论和审议，其结果是决定了一条经由浦添市到西原口的路线规划。根据路线延长建设，针对既有住宅地区沿线交通需求，结合高速公路形成结节，形成了从高速公交和自家用车换乘的冲绳本岛的定时定速公共交通干线，中北部地区便利性的提高和那霸都市圈交通堵塞的缓和，在都市交通战略上，都是极其重要的政策。

在作为新政策提出的将冲绳中南部圈在东西方向连接起来的"梯状道路"相关建设中，也有可能灵活运用ETC形成的智慧换乘，在新的与高速公路连接的末端站，规划积极进行大规模泊车换乘停车场和租车场的设置、高速穿梭公交和地区循环公交的运行。目标是打造日本首个单轨电车和高速公路的无缝交通节点，朝向实现系统环城的目标，预定进行新技术开发、公交的路线重组等系列政策的讨论。

另一方面，冲绳县伴随着美军基地重组计划，今后能够得到1500 hm²的返还基地。伴随着城市规划致力于紧凑城市的建设，既有街区的重建和新美军基地的返还，谋划新区开发和平衡的土地利用，这反过来又是极其困难的课题。因此，公共交通基础干线轴的强化是重要的，也期望研究实施单轨电车和轻轨系统等融合的新型交通系统。

◆参考文献
1) 当間清勝（2004）:「沖縄都市モノレールの整備効果と今後の新たな展開」，沖縄都市モノレール研究発表・報告会.
2) 沖縄県（2008）:『沖縄都市モノレール延長検討調査報告書』.
3) 沖縄県（2010）:『沖縄都市モノレール』.

54 醍醐社区公交
由市民主导的公共交通

■ 照片1　醍醐社区公交

■ 1　项目背景及意义

"社区公交"这个称呼，通常用来表示自治体运行的公交，但是醍醐的社区公交，是完全没有接受政府补助，通过市民自身实现的公交系统。其在京都市伏见区醍醐地区自2004年2月开始运行以来，成为以市民为主体运营的公交系统的先驱。自治体主导的社区公交中运营状况严峻的也不少，但是醍醐社区公交自开始运行以来，至今都因市民的力量而顺利地运行，这一点也是很重要的。

醍醐地区在2004年，已经开通了京都市运营的地下铁东西线醍醐站，地域的3条干线道路都成为了公交线路。地区的大部分都纳入了车站和公交车停靠点的500 m服务范围内，从行政角度上来说，被认为是没有公交出行不便的一个地域。然而，实际上，山坡上有不少住宅街区和组团，很多地区步行到公交车站非常不方便。另外，在较早建设的市营住宅较多的地区，老龄化严重，小路很多，对于老年人和小孩来说，一边躲汽车一边走路，到达公交车站台也不是容易的事情。

随着地铁运营，醍醐站到京都市中心只要20min了，对于地区全体来说似乎便利了，但是与此同时，市区公交停止运行了，很多市民认为地区内部的交通反而不方便了。

从与地铁开业伴生的公交线路重组开始，来自居民的要求公交改善的呼声就越来越大，特别是出于有必要建设全面环绕地区的公交线路的考虑，以自治町内会联合会和地域女性会为中心，在2001年9月成立了"醍醐地域社区公交运行市民会"（以下简称"市民会"）。

最初的活动是对其他城市的案例进行学习以及行政请愿，虽然请愿持续进行但是对行政和既有项目人员的要求都没有实现，人们普遍认识到不能依靠这些机构实现居民期望的线路，于是市民会开始致力于以自身的力量实现公交的运行。

2002年放宽了对公交的管制，出现了线路开设的可能，于是以居民为主体，与民间环境非营利组织的21世纪议程论坛，进行公共交通实践研究的京都大学合作，加上当地主要的出租车企业的加入，推进了具体的公交运行计划。

■ 2 项目的特征
2.1 醍醐社区公交的内容及结构
醍醐社区公交的线路，是将住宅地和地区内的铁路站、公共设施、商业设施、医院等连接起来。以醍醐站和直接相连的商业设施为起点，形成了

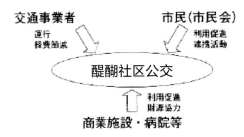

■ 图1 地域内建立起的醍醐社区公交的架构

连接地域核心的医院和寺院的5条线路（刚开始运行的时候是4条）构成的网络，以白天为主，每隔20min~1h就有一班运行。

既有的公交运营企业通过经济核算认为线路的运营比较困难，仅靠运营收入是很难为继的。因此，为实现社区公交而采用了独特的架构形式，即确立了与核心的商业设施、医院、寺院等地域设施合作为基础的系统。市民会决定线路和车次时刻表，公交站台的位置也是由上述设施的经营者和市民会共同决议的，运行由交通运营企业担当。商业设施等举行促进公交利用的活动和资金支援。这样，市民会、交通运输企业和合作的设施方面三者将各自的职责进行了最大限度发挥，实现了过去不能实施的事情。

活动最初，行政机构和既有的交通运营企业对公交的运行计划已有设想，对此市民会对行政机构提出了要求并向议会进行了请愿。尽管曾经对请愿被市议会采纳并实施抱有希望，但结局是，居民期待的依靠行政机构运行公交线路是不可能的，因此市民会以依靠自身力量实现运行为目标，历经数年

■ 图2 醍醐社区公交运行当时的线路

论坛开幕

与地域居民的谈话

与地域居民谈话

围着公交车辆聚集

■ 照片2 醍醐社区公交实现前的过程

的计划和准备终将其实现了。本地居民强烈认为当地运行公交具有必要性，这一想法的实现从请愿的方式转变为自力更生的方式，可以说是以一种新的方式实现了公交的运行。

2.2 醍醐方式社区公交的特征

醍醐社区公交，与行政主导的社区公交相比，更贴近居民的视角。在规划阶段，实施了市民论坛，市民会内部设立的运行计划检讨委员会提出了运行规划的草案。在市民论坛后，制作了记录运行计划的目的和概要的小册子，向地区内所有住户发放，同时实施问卷调查。问卷调查中，在记录线路方案之外征集对线路的意见。另外，为了直接听取居民的意见，在地域内每个学区都召开了"开通社区公交的学区集会"以促进意见交换。到线路决定的时候，已经听取了很多居民的意见并进行了改进。

由此制定出的线路和时刻表的重大特征是，对地域全体进行了覆盖，并采用了完全模式化的时刻表。每条线路都等间隔运行，且在每小时的同一时刻运行，这样形成了容易理解且容易记忆的时刻表。

另外，运费是1次200日元，一天的往返日票只要300日元，这是与现有公交运营企业的设想完全不同的独特之处。

规划制定时和运营开始后媒体等的评价如下：

"因市民而产生和为市民而服务的地域公交"（朝日新闻2002年12月26日）

"居民建设的社会基础设施"（京都经济新闻2003年11月22日）

"都市中的公共交通新模式得到大量关注"（京都新闻2004年2月15日社论）

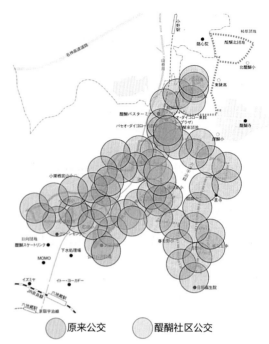

■ 图3 通过开往地域中心医院的公交，其站点服务范围的变化（公交站点200 m圈）

○ 原来公交　　○ 醍醐社区公交

"考虑今后地域公共交通的理想方式之后受到大量关注"（NHK"你好日本"，2004年2月17日播出）

2.3 市民组织主导项目的优点

由市民组织产生新的公共交通在此之前几乎从来没有过，但实际上这一手法有诸多优点。除了线路开设的可能性扩大等直接效果之外，对于都市营造整体来说，也具有各种各样的意义。[1]

第一，与收支核算作为运营条件的传统方法比起来，很多的线路和站点，能够运营的可能性大幅提高了。一般来说，公交线路成立的可能性是由收支核算决定的，但醍醐方式则是由得到好处的居民和本地的各类设施相互合作，将公交带来的外部效果内部化形成。将感到社会效益的市民合作在实际的方案中灵活运用，显示出即使收支核算不成立的线路也可以实现。

第二，对整体性的城市营造给予了启示。解决环境问题和老年人福利、商业振兴和观光振兴等，很多的市民活动都存在很多需要与交通业者合作的部分，但是既有的交通业者对这样的活动和协作大多不感兴趣。与都市营造活动有密切关联的公共交通是市民难以插手的部分，这也是很多都市营造受到责备的原因，而公共交通主导权如果交给市民，则会产生巨大的优势。

第三，有魅力和有个性的地域营造。行政方面因为有公平性作为基准，因此针对某个特定地区给予特别优待是很难的。行政政策的同质性不如说是一种原则，因此，如果仅仅等待则没有办法创造出有个性和有魅力的街区。在解决交通问题方面，出于打造自己的街区的个性和魅力的考虑，不依赖行政手段，而是自己行动起来更好一些。由于交通问题涉及面广，因此很多人认为不依赖行政手段便无法作出任何改变，但是社区公交对于市民来说是经常接触的，改变旧有想法的醍醐，得到了与其他地区不同的崭新的魅力。[2]

第四，对公共交通的认识的变化。公共交通项目中市民的参加，产生了将公共交通作为自己的问题来处理的观点。醍醐地区的人们，会为使用公交的人数增多而感到开心，为使用公交的人数减少而感到担忧，这成为公共交通推行的重大作用力。相对于完全是接受方或第三方的公共交通来说，这是价值观念转变的重要的一点。[3]

另外，社区居民摆脱简单地陈述情况，而真正去甄选一些必要的事情。其他地域的社区公交，尽管对线路的设置方面的运动也是热心的，但在很多案例中自己设计出来的线路并没有被采用，可以说陈情型的运动未必产生良好的线路。出于市民的责任而做出的东西，受到市民的守护和培育，能够持续地运作下去。

最后，提供了达成良好共识的可能性。如果反对较多则最后难以实施，因为最初就意识到这一点，所以为了减少因为反对而反对的情况，以达成共识为方向进行了相关的工作。一旦产生纠纷，工作就难以推进，其结果是耽误了提高自身便利性的机会。

关于线路和时刻表，有各种各样的意见。不少意见认为运费应该是100日元，最终理解到如果这样做公交的运行便无法实现，进而放弃了这样的意见而达成共识。

行政主导的政策实施，在不能推进时，可以把责任归咎于行政，但以市民为主体的话就不能这样。因此市民主导并不是一件容易的事情，但是这种压力反而有助于推动项目的实施。

■ 3 后续状况

醍醐社区公交现在还顺利地运行着，这期间追加了一条线路，进一步提高了便利性。使用者在7年间累计达到300万人次，可谓是地区的主要交通。

运行当初就没有利用到临时补助金，以可持续为前提的架构使其一直运行到今天。

虽然公交很有必要，但是还没有提供公交的地区在全国还有很多。醍醐社区公交，相对于不能把握市民需求的外来公交系统，经过市民之手而诞生新的公交网络，并且使用人数超出预想，到现在都持续运行。以市民为主体，与地方企业协力运作为目标的地区开始逐渐出现，我们期待在不同地域产生具有地域适宜性的新架构，醍醐社区公交正是这样的先驱。

◆参考文献
1）中川　大（2003）:「コミュニティバスの成果と課題—コミュニティトランスポートの確立に向けて」，コミュニティバスセミナー報告書，国土交通省近畿運輸局・近畿バス団体協議会.
2）中川　大（2002）:「交通政策の視点からみた市街地再生」，地域政策研究平成12年第12号，p.34-41，地方自治研究機構.
3）能村　聡（2003）:「持続可能な都市・京都をめざして~市民主体の交通まちづくり~」，交通工学38（3），18-21.

55 泉花园
由车站和人行空间改造而对"大街区"的更新和对城市建设的贡献　　　　2004

■ 照片1　城市走廊（左），露天平台，泉花园大厦（右，底层架空）

■ 1　时代背景与项目意义及评价

2002年，位于东京都港区的泉花园竣工并开业；同年，城市再生特别措施法予以实施。此法律根据前年发表的紧急经济对策而立法，对城市开发项目的经济波及效果给予了前所未有的期待。

尽管该项目的基地位于城市中心，但是场地整体倾斜，高差大，开发困难，周边的城市基础设施建设也较薄弱，并与"大街区"[1]内没有开发潜力而残留下来的集中木结构房屋混杂在一起。本项目作为城市再生的先驱，为了打破当地这种状况而对基地进行再开发，它的意义可以被概括为以下两点。

第一，形成了横贯大街区的人行流线和都市轴线。再开发项目区域内引入了跟东京地铁（当时作为营团地铁）相协调的南北线六本木一丁目车站的检票口，确保了从车站大厅到在山脊线残留着的旧大名屋敷庭园之间的舒适人行空间。人行空间与毗邻的城山花园等大楼的人行道相联结，完成了如今能通达日比谷线神谷町车站周边地区的大街区步行路线。

第二，实现了适合交通节点的公共空间的设计。

设计中设置了很多辅助步行的上下自动扶梯，不但能减轻行人的负担，而且巧妙地抓住了行人的视线能够上下移动变化的特点，还设置了贯穿小庭院与商业设施之间的阶梯状趣味步行空间，创造出了一直到检票出口都能透射进自然光的独具魅力的地铁站空间。

■ 图1　项目周边情况

■ 图2 配置图

这样一来，本项目在"公（城市规划行政）与私（大楼项目）"双方面达成了有效的合作，在解决地区性课题的同时又对建设新型城市空间的可能性这样先进的实践进行了建议。其他再开发项目也努力采用了这种公私合作的方式，使得该地区解决了立体空间形式上的问题，得到了后世很高的评价。

■ 2 项目特征

从1986年的再开发协议会成立到最后项目竣工，本项目共历时16年。同样在1986年开业的民间主导型大规模再开发的先期项目——方舟之丘，从开发商的准备到竣工也花费了17年之久。长期化是大型项目的宿命，一个项目在开发过程中殚精竭虑想出的创意产生了每一个项目不同的特征。

（1）活用交通节点改造机会的模范案例　在公共交通网改造的同时对沿线集约式开发的诱导，这种方法被称为TOD（Transportation Oriented Development，即公共交通导向型开发）。有效利用建设当地期望的新交通线路、新车站的机会，并启动巨大的再开发项目，泉花园可以说是都心型TOD的优秀模范。

（2）对再开发项目制度的活用与挑战　大多数实施再开发的工会都是基于都市再开发法第110条（全员同意型）来进行工作的。假如在项目开发当地，全员同意不是必需的，则适用第111条型，以防止项目开发的长期化。另外，再开发地区计划（现《再开发等促进区》）制度与再开发项目并用，造成了街区之间在容积分配上的巨大差异。一方面，山脊线A街区容积率为50%并保留了大量绿地；另一方面，山谷线（放射1号沿途）B街区有着1000%高容积率的方舟之丘的其他商务、商业楼群与前者相近。两者共同形成了城市中心景观。

（3）公私合营伙伴关系模式（PPP）对项目的推进　作为政府在对"大街区"进行了长期的开发

后想使其整序化，作为民营企业不甘在城市再生运动中落后，想使商业利益最大化，两者在建设良好的街道方面有着共同的诉求。之前提到的111条的采用也是PPP模式的一种表现。

■ 3 项目后续

泉花园项目作为一个多功能复合面改造项目来说，与同时期开发的六本木新城（2003年开业）以及之后的东京中城（2007年开业）一样，商务用途所占的比重较高。究其原因，是因为需要维持和其他项目不同的商务稳定状态以及商业利润。

由于当年东京的商业办公楼大量建设造成了一时供需不平衡的"2003年问题"，而泉花园正是在这样的担忧之中开业的，当初为了确保楼层的租赁情况而煞费苦心，现如今大楼内却常驻了许多外资企业，大概已经达到饱和状态了。

2010年6月，政府公布了当地的地区规划变更决定，与夹在方舟之丘与泉花园之间的第21及25森大厦改建计划的修改内容一起被东京都所认可。变更内容包括：

· 建设六本木一丁目车站前广场与泉花园部分相连的扩张工程；
· 把山谷线和山脊线相连，再与人行流线、城市轴线连接。

建设人行路线、扩充交通网络等措施，更加强化了本项目的意义，本项目旨在面向未来，有目共睹。

综上所述，泉花园在本身作为充满魅力的城市空间的同时，也对"大街区"进行了更新并成为了城市再生项目的奠基石，不断发挥着它可靠的城市功能。

◆参考文献
1) 東京都港区（2000）：『六本木·虎ノ門地区 市街地総合再生計画素案』.
2) 日建設計編（2004）：『泉ガーデン』.
3) 全国市街地再開発協会編（2006）：『日本の都市再開発6』.

六本木区主要再开发项目比较　表1

	用地面积	设施总建筑面积	商业、服务性店铺数	酒店部分建筑面积
泉花园	3.2 hm²	208000㎡	25	4000㎡
方舟之丘	5.8 hm²	360000㎡	45	98000㎡
六本木之丘	11.6 hm²	758000㎡	200	69000㎡
东京中城	7.8 hm²	564000㎡	130	44000㎡

注：表中数值为概数，数据取自各项目网站主页，由笔者统计。

中心街区改造和基于系列独立条例的金泽市城市建设

活用历史资源的城市营造

■ 照片1　从卯辰山宝泉寺的俯瞰景（金泽市提供）

■ 1　时代背景与金泽市城市建设概要

在城市建设越来越追求地域特性和个性的背景下，金泽市主要面临两方面任务：①应对以汽车化和城市化为特征的战后近代城市发展的时代要求，需要对历史街区进行改造；②延续始于藩政时期的城市历史文脉。

任务①，主要是以铁道高架项目中车站改造为契机，进行必要的"驿东广场改造"及既有都心（武藏十字路口、香林坊、片町）的连接（都心轴线改造）；任务②，以实现地域历史环境维护和活力化的单项"条例化城市建设"为中心，通过包括国家补助项目和各条例的制定等措施，进行限制、引导，项目实施等各种手段组合使用推进和保证改造的有效实施。

首先，驿东广场改造方面，进行土地区划整理项目。于2004年12月左右大体完成了玻璃和铝制的圆形大屋顶和地下广场，鼓形的城市入口、公共汽车终点站、出租车停车场等工程。

■ 照片2　金泽车站东广场和玻璃大屋顶（金泽市提供）

都心轴改造方面，为了维持和强化其都心功能，将市区再开发项目和街道改造项目组合实施，进行干线道路的新建和拓宽（图1）。迄今为止在金泽站——香林坊到片町间的7地区10工区中实施了街区再开发项目。其中，从金泽站到武藏十字路口的新设城市规划道路，贯穿密集街区，就是在金泽站武藏北地区街区再开发项目和街道项目中得到

序号	制定	施行	条例名（通称）	领域
1	1968年4月	1968年10月	金泽市传统环境保护条例*1	历史环境保护
2	1989年4月	1990年4月	金泽市传统环境保护及美丽景观形成相关条例*2	城市景观
3	1992年3月	1992年4月	金泽站西地区/金泽站港线地区规划区域内魅力街区形成相关条例	开发引导
4	1992年10月	1922年10月	金泽市防止违法停车等相关条例	城市交通
5	1994年3月	1994年4月	金泽市古迹保护条例	历史环境保护
6	1994年9月	1994年12月	金泽市自行车等停车对策及防止随意放置相关条例	交通环境
7	1995年12月	1997年4月	金泽市屋外广告物相关条例	城市景观
8	1996年3月	1996年4月	金泽市用水保护条例	历史环境保护
9	1997年3月	1997年4月	金泽市绿坡保护条例	景观、自然环境
10	1997年9月	1998年4月	金泽市环境保护条例	环境保护
11	2000年3月	2000年4月	金泽市安全安心城市建设推进相关条例	安全、安心
12	2001年3月	2001年4月	有利全民健康和福利的城市建设推进相关条例	福利的城市建设
13	2000年3月	2000年7月	金泽市市民参与城市建设推进相关条例	土地利用
14	2000年3月	2000年7月	金泽市土地利用适宜化相关条例	土地利用
15	2001年3月	2002年4月	金泽市促进市区中心定居相关条例	中心市区振兴
16	2001年3月	2002年4月	金泽市绿城建设推进相关条例	绿化、绿地保护
17	2001年12月	2002年4月	金泽市促进良好商业环境形成的城市建设推进相关条例	商业布局
18	2002年3月	2002年4月	金泽市历史文化资产中寺社等风景保护相关条例	历史环境保护
19	2003年3月	2003年4月	金泽市步行城市建设推进相关条例	交通环境
20	2003年3月	2003年4月	金泽市强灾害抵御性城市改造推进相关条例	城市防灾
21	2004年3月	2004年3月	金泽市旧町名复活推进相关条例	地方团体
22	2005年3月	2005年4月	金泽市美丽沿街景观形成相关条例	城市景观
23	2005年3月	2005年4月	金泽市推进市民参与及互动相关条例	市民参与
24	2005年9月	2005年10月	金泽市夜间景观形成相关条例	城市景观
25	2006年3月	2006年4月	金泽市停车场适当配置相关条例	城市交通
26	2006年3月	2006年4月	金泽市广见等地方团体空间保护及活用相关条例	地方团体
27	2007年3月	2007年4月	金泽市公共交通利用促进相关条例	城市交通
28	2007年3月	2007年7月	金泽对社会环境产生影响的旅馆等建筑规定相关条例	生活环境
29	2008年3月	2008年4月	促进集体住宅中地方团体组织形成相关条例	地方团体
30	2009年3月	2009年10月	金泽市美丽景观的城市建设相关条例	城市景观
31	2009年3月	2009年10月	金泽市综合治水对策推进相关条例	城市防灾
32	2010年3月	2010年4月	金泽市学生街区推进相关条例	中心市区活性化

注：*1：随着《金泽市传统环境的保护和美好景观形成相关条例》（1989年）的制定废止。

    *2：随着《金泽市美好景观城市营建的相关条例》（2009年）的制定废止。

改造的。2002年3月再开发项目第2工区竣工后，该道路全线开通。此外，为了提高都心轴的活力，于2001～2003年间设置了4处活化中心街区的广场公园。

进行如此改造，一方面是为了保护历史环境和丰富的绿化、自然环境，传承后代。1968年，在全国自治团体中率先制定了城市建设相关条例《传统环境保存条例》，与之后追加的"近代城市景观创造区域"一起，使得每个区域景观的制定基准精致化。另外，于1989年制定的《景观条例》，加入公

众参与的内容，充实了条例内容。如表1所示，依次制定了《古迹保护条例》（1994年），《用水保护条例》（1996年）、《绿坡保护条例》（1997年）、《寺庙神社风景保护条例》（2002年）等着力于环境保护的单项条例。并且为了保护更广泛的地域环境和达到地域活力塑造的目的，制定了由居民自主策划并和政府缔结协约、接受支援的《市民参与城市建设推进相关条例》（2000年）、基于同样机制的《步行城市建设推进的相关条例》（2003年）以及《强灾害抵御性城市改造推进相关条例》（2003年）。为促

进居民定居中心街区，制定了《促进市区中心定居相关条例》(2001年)等。这一系列的单项条例以及与市民的共同协作，系统地推进了具有先进性的城市营造。

■ 2 项目特征

金泽市一边保护和活用传统资源，一边推进以和谐地与现代城市活动相适应的城市基础设施改造。并且，为了实现这一目的，在全国率先制定各种条例，为推进协调互动式城市建设提供依据。金泽市城市建设的经验，不仅仅是其个别的经验，如以下所述，显示了战后城市建设的一个高峰点，同时也为今后新时代的城市建设提供了很大的启示。

2.1 车站周边、都心轴改造和环境保护的实践

金泽站周边及既有都心武藏十字路口、香林坊、片町组成的都心轴的改造，是在非战灾城市中对密集中心区进行车站前广场改造和干线道路的新建、拓宽改造，其致力于维持和强化都心功能的艰难工作特别值得一提。由于该项目的艰难性，相关行政力量的强有力参与促进了中心市区的活性化。金泽站东广场作为城市形象，其改造被有力推进，

形成了城市标志性空间之一。

另一方面，地域作为主动，对其保固有的魅力进行保护与培养，这种做法的重要性现在被广泛认同。在战后经济增长、重视现代化的时代，金泽市重视地域的历史和自然价值，根据单项条例完成保护规划，这种先驱性的成绩应该得到高度评价。而且，为应对时代的变化，不断努力地修改旧有条例，制定新条例，提高实效性，因此才有了现在的金泽市。

如此，金泽市的中心街区改造一方面根据各类条例有效地保证实施，对于适宜开发的区域运用各类项目手法强有力地推进建设，促进了非战灾城市中高水平的城市环境形成，被认为显示了战后城市建设的一个高峰。

2.2 地域主导的城市建设

近几年，城市规划制度从提高地方自主性的角度，重新审视推进地方权力，相对于城市建设项目的国家支援也需要地致力于新的创意。金泽市在这种情况下，从提高市民的幸福感这一点出发，通过地域独立的创意工作，先期把握近几年的规划动向，取得了独创的业绩。同时，今后"细致的城市

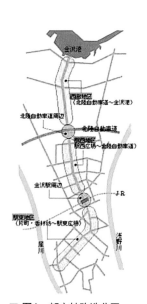

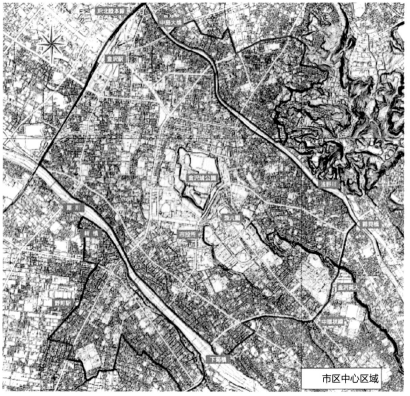

■ 图1 都心轴改造分区   ■ 图2 金泽市市区中心区域

建设"和"好的城市管理"的理念越发追求行政的创意和与市民的互动，将成为常态。特别是，与市民互动的具体实践，市职员的干劲和素质，市民的意识和积极性密切相关。金泽市的实践在市长的领导下，不断积累了职员的创意和努力，也实现了和市民的互动。金泽市迄今为止的努力，对于面对同样问题的城市具有非常大的参考意义。金泽市在景观和市民参与等方面作为全国模范城市，也对其他城市起到了启发作用。

2.3 "城市中心区域"的设定和改造

中心街区的活力再造是日本的城市建设面临的最大课题。与欧洲的城市不同，对象区域的确定是较大的障碍。金泽市以旧城下町区域为基础设定了"城市中心区域"（图2）。通过"促进居民市区中心定居项目"，制定人口定居政策，积极推进历史建筑修复活用的支援工作等。这些措施对于地方城市来说是先例，形成了一个示范。

2.4 地域人才资源的培育和活用

城市建设的推进不可缺少专业人才的参与和协助。地方城市中大学和民间机构少，不易获得专业性人才。金泽市通过对城市建设相关的市职员培训，本地大学生和规划顾问的持续活用等，形成相互交流和发展性的互动网络，这些都是支撑城市建设、街区营造的重要方面。

如上，金泽市的城市建设显示了战后地方城市建设的一个高峰，同时在追求更主体、更独立、更自律的新时代城市建设中，为各城市展示了今后应对共同课题的实践方向，被认为对城市规划的进步和发展作出了巨大贡献。

■ 3 项目后续

2004年获得石川奖后，金泽市继续制定必要的

■ 照片3　金泽21世纪美术馆（金泽市提供）

单项城市建设相关条例（表1）。如表中No.22~32的11条条例，《金泽市美丽沿街景观形成相关条例》（2005年）、《金泽市夜间景观形成相关条例》（2005年）、《金泽市公共交通利用促进相关条例》（2007年）、《金泽市美丽景观的城市建设相关条例》（2009年）等，与城市景观、城市交通、地方团体、中心市区活性化等各个方面相关。

此外，在公共建筑建设方面，在金泽大学附属学校遗迹地建设现代美术馆（金泽21世纪美术馆，照片3），于2004年10月开放。在规划、展示、地域性等多个方面都下了功夫，创造出了相当繁华的场景。开馆5周年（截至2009年10月），累计入馆人数达717万人，改变了迄今为止的现代美术馆形象，被誉为给历史性的城市增添了新的内核。

作为历史城市、联合国文教科文组织创新城市的金泽市，在灵活利用历史资源进行城市建设方面取得了很大的成绩，因此，"金泽的文化景观、城下町的传统和文化"被选定为重要的文化景观，这种城市建设获得了广泛的认同。

■ 照片1 震灾后旧租界的街道

■ 1 时代背景与项目意义及评价

近几年"街区营造"中进行"区域管理"的必要性和有效性从多个方面被指出。

"旧租界联络协议会"会员来自在神户都心商务地的旧租界从事商业活动的法人,多年来一直进行城市建设活动。特别是阪神淡路大地震以来的一系列的活动,被评价是值得后续区域管理主体借鉴的最成功实例。

主要原因归纳为以下4点。

(1)"企业市民"的持续活动 协议会是由不同行业形成的本地组织,多年来,会员间的和睦被作为第一宗旨来持续进行各项活动。企业市民间的日常"交流"从多方面顺利促成长期协议的形成,并成为街区营造的基础。

在城市中心,进行持续的本地地方团体活动意

■ 图1 旧租界的位置[1]

义非常大。

（2）自律的街区营造活动　震灾后的复兴中，该地区自主地制定街区营造规划书和指导方针，不断给地区内外以启发和建议。

从自己的街区来说，实施主体的参与，共识的逐步形成，自我审视体制的构筑，这些都具有先进意义。

（3）"重视发展街区历史积淀"成为共识　在街区的形成中，重视继承当地街区传统的同时，促进适当的变化被当作共同的方针。于是，对战后建筑多采用门廊[①]形式，成功创造了新的景观特性。

关于如何确定长期发展的历史街区应有的形象这一问题，该项目展示了这类项目从冻结保存到脱胎改造的新方向。

（4）和政府的协作互动　神户市规定当地景观的形成要依据法律。对此，协议会制定的方针给出了实现理想图景的具体手法。从行政部门和本地组织两方面尝试将强制规定最小化，而把理想图景的描绘最大化。

行政部门和本地组织的协同合作成为协作互动推进街区营造的绝佳事例。

■ 2　项目特征

2.1　近代神户发祥地"旧租界"

神户旧租界的历史从明治初年的兵库开港开始。当时日本废除了执行200年以上的闭关锁国政策，允许外国人居住在旧生田河的西岸下游约26 hm²的区域。街区为英国的土木工程师J. W. 哈特设计，并根据当时西欧的近代城市规划思想建设，在整齐区划的126个地块上建设了外国商馆。即使到现在街道形式和按标准分割的地块面积（1000 m²）几乎没变，使用的土地编号也和当时一样。

1899年（明治32年），租界制度废除后外国商馆还持续繁荣。第一次世界大战后，日本的海运公司和商社、银行等替换外国商馆入驻该地区，建造了许多被称为近代西式建筑的中层业务大楼，成为国际现代都市神户的核心商务区。

第二次世界大战后，在昭和30年代后半期开始的经济高速增长期，由于总部功能向东京的流出，该地区的地位相对下降，经济活力停滞不前。然而昭和60年代初左右，该地区厚重沉稳的气氛得到重新认识，以近代西式建筑为首的业务大楼一层和地

下的时装店和餐馆等，开始重新布局所谓的高级品牌和考究的店铺。该地区作为形成都心一角的商务地，再加上新形态的购物城，形成了别具一格的热闹氛围。

2.2　企业市民集聚的"旧租界联络协议会"

神户旧租界内100多个公司的法人组织起来成立了"旧租界联络协议会"。该组织近来对街道景观和街区营造产生了较大作用。该组织以由第二次世界大战中的建筑物所有者组成的自警团改编而成的和睦团体"国际地区共助会"为母体，以1983年该地区依据神户市城市景观条例成为城市景观形成地区为契机，强化有利于扩充会员的运营体制，同时名称也变更为现在的名称。该组织存在于不同行业，同时谋求区内企业间的和睦，持续进行旨在提高就业环境的活动。振兴会员企业的项目不是该组织的目的，不将工作带入协会成为活动的前提。这个基本原则迄今为止一直贯彻行并受到会员的认可，这是使协会活动长期以来得以持续成为可能的主要原因。将区内企业法人作为会员资格条件，成为全国范围内少有的企业市民地方社区。

在协会运营中，无论会员企业的规模、业务种类、立场，征收统一的会费，并具有同等发言权。由20名左右会员形成常任委员会，以此为中心开展活动。进入平成年代后作为下属组织，设置了组织专门委员会，以一直以来开展的联谊活动为基础，积极地展开了多方面的活动。

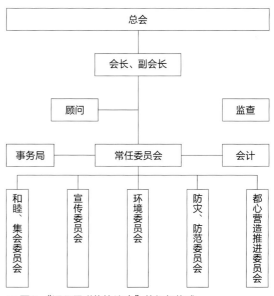

■ 图2　"旧租界联络协议会"的组织构成

---

① 意大利语 Portico——译者注。

2.3 以震灾复兴为契机进行依据"街区形成规范"的建设

在此基础上，经历了阪神淡路大地震后，该地区开始致力于面向街区复兴的探索。

震灾3个月后的1995年4月的紧急大会上，批准了神户市提出的业已传阅审理完毕的《地区规划》方案，在此基础上，通过了街区复兴规划的编制原则。经过20多次的协议后，于同年10月形成了包括会员意见在内的《神户旧租界暨复兴规划》。1997年自主制定、发行了《都心（街区）营造方针》。前者设定了街区未来的方向，后者则是为实现这一目的，进行大楼的新建、改建，或管理上，就各方面需要注意的地方要向地区内外提出建议，可以说这是街区形成的规范。"在街区的变化、成长中激活旧租界的历史积淀"是所有活动的基本理念。

受灾大楼的重建活动于2000年初左右告一段落，随着大楼的低层部分和地下层店铺增加，新的室外广告物的显露开始引人注意，给街道景观带来了较大影响，因此需要有共同的规范来管理。于是该区探讨制定了《广告指引》，并于2003年印刷和发行。该指引并不把广告当作街区景观形成的阻碍，而是使成熟街道锦上添花的建议书。

另外，这些规划以理想街区形成为目标，在传承明治初年租界建设时具有的道路和住宅地分割的

形态基础上，以大正时期到昭和初期建成的西式建筑街区（称为"围合型街区"）为原型进行建设。近几年开放型街区建设有一种呆板的思潮，即尽可能确保道路沿线广阔的敞开空间。而以大楼所有者为首的利益相关者，怀着对街区厚重沉稳氛围的憧憬，对这种思潮提出了怀疑，提出了以上思路。

具体来说，在保持大楼的墙面线和天际线整齐的基础上确保公共的空地，看似相矛盾的方针，但都心营造方针确实对如何确保街区和建筑内存在的广场空间提出了对策。并且，作为对这两个课题的回答，震后大量建设的大楼采用门廊形式，促成了该街区别具风格的热闹氛围。该地区继承传统围合型街区模式，同时成功塑造出热闹的新地区特性。

■ 3 项目后续

3.1 街道空间形象的共有和协议会自我审视的继续

上述规划对震灾后旧租界街区的形成产生了很大的影响。规划是多数会员的参与和反复讨论的结果，会员们共有街区形成原型的空间意向和未来蓝图，形成街区建设的价值判断标准。而且，其有效性因协议会自身的自我审视机制到现在依然存在。建筑物的新建、增建、改建和广告物的设置等必须以地区规划和景观法为依据，经营行为有义务向神户市申报备案。同时，协议会内设置都心（街区）营造推进委员，所有建设活动必须得到该委员会的事前咨询，这也成为该区不成文的规定。在这里，从街区建设角度也对规划建设进行意见交换和讨

震灾前街道存在的问题	表1
①墙面线和天际线的混乱	
（开放街区规整化）	
原因：公共空地的确保和高层化	
起因：综合设计制度	
②模糊外部空间（剩余空间）的创造	
③以广告物为代表的快速商业化中的街区混乱	

街区形成的基本方针	表2
街区的变化和成长中激活旧租界的历史积淀	
核心规划硬件设施城市基础设施（道路、用地分割）	
大正至昭和初期建设的近代西式建筑形成的街区	

震灾后街区形成方针策略要点	表3
①围合型街区的保护和形成	
墙面线的统一（沿道路大概后退1 m）	
低中层部分的天际线逐步地统一（根据道路宽度高约20 m、31 m）	
②别具风格的热闹演出	
公共空地的确保	
低层部分商店的引入，屋顶和突出广告的禁止	

■ 图3　街道的总体形象[1)]

■ 照片2　应对"墙面线的统一"和"热闹空间的塑造"两方面问题采用门廊形式，形成了震灾后的新的景观特性

■ 照片3　逐步整理的中低层楼房的天际线

论。协议会内通过对街道建设意见的逐步统一、相互启发、交流，形成空间意象的共有保障体系。

3.2　作为购物区的新魅力塑造

　　阪神淡路大地震之后，该旧租界在短时间内实现了复兴，在再创曾经高品质街区的同时，商业化的气息有所增强。特别是休假日，以前稀稀拉拉的街道，现在人来人往，众多的购物者享受街区的氛围，非常热闹。而且，震灾前路面店铺的扩容限定在西部地区，震灾后扩大到东部。旧租界整体作为新个性的购物区被认可，实现了街区的品牌化。

3.3　街区关爱之情的培育，商务功能的活性化

　　能使旧租界联络协议会自律性活动成为可能的，当然是神户都心商务地企业的高度自觉性。此外，一直以来大楼所有者们对这个街区的留恋和骄傲，这个是不能用一时的经济活动来解释他们的行动的。因此入驻企业要跟随他们，支持他们，这是非常关键的。然后，这个持续的"街区营造"活动建成了能够受到各方好的评高品质街区，再加商业功能的引入，最终实现了旧租界的原有商务功能的活化。

◆参考文献

1) 東京急行電鉄（1988）：『多摩田園都市—開発35 年の記録』，ダイヤモンド社.
2) 東京急行電鉄（2005）：『投資家向け説明会参考資料』，p.17.
3) 中村文彦・藤平智子（1997）：「Transit Village in the 21st century」，交通工学32（5）.

58 神户市六甲道车站南部地区
灾后复兴第二种街区再开发项目的城市设计和成果

■ 照片1　六甲道南公园和再开发大厦（来源：神户市城市规划统计，其他照片同样）

■1　时代背景与项目意义及评价

　　1995年1月17日发生的阪神淡路大地震是日本首次经历的大城市直下型地震，广大范围受到前所未有的灾害。

　　从神户市中心三官向东5km的JR六甲道车站的南部六甲道南地区（约5.9 hm²）震灾前有700户人家，约1400人居住，地震中遭受了巨大损失，65%的建筑损毁，34人死亡。地区内的老旧木建筑几乎全部毁坏，钢筋混凝土的建筑也发生倾斜，邻接的JR高架发生崩塌，很多家庭不得不携家带口去其他区域避难。

　　灾后2个月的3月17日，混乱仍在持续。神户市为了使未来定位为东部副中心的本地区早日复兴，作出了将公共设施和住宅、商业设施一体化建设的地区灾后复兴的规划决定。在决定前的说明会中，有反对再开发的意见，还有人提出了针对该规划的《反对无视居民意见一意孤行的规划决定》等464封

■ 照片2　阪神淡路大地震后的状况

意见书。

　　规划决定后经历了10年，14栋再开发大楼和六甲道南公园（0.93 hm²）于2005年9月完工，标志着灾后再开发项目的全部完成，当地举行了盛大的开

城仪式。

本项目最大的特色和成果是在面对居民、商人恢复日常生活的强烈诉求这一特殊情况下，克服各种困难，在短短10年内完成项目。推进这个项目的动力是当地居民（城市建设协会）、专家（学者、顾问、设计师）、行政（神户市）三者的共同协作。此外，以协商制定的规划为开始的城市设计活动的实践及其成果，也得到很高评价。

■ 2 项目特征

2.1 协同的城市建设实践

城市规划方案的决定，使急于出卖土地者、希望入住区内临时住宅和店铺的居民迅速应对成为可能，但由于是短时间内制定的规划，规划成果并没有很好地反映居民的诉求。在规划审批之际，市长表明了态度，认为不合民意的规划是不可取的，因此，本项目采用了"二阶段城市规划"法，即第一阶段决定规划区域和骨架，第二阶段基于与居民间的协商决定详细的规划。

■ 图1　最初的城市规划方案

■ 图2　城市建设方案（最终）

针对第二阶段的城市规划决定，为了形成居民共识，居民自己总结了"城市建设方案"，为了更好地向市里提出方案，还成立了"城市建设协会"。本地区设立了"六甲道站南地区城市建设联合协会"，作为以自治会为基础的4个城市建设协议会商讨共同议题的平台，市里给协议会派遣了专业顾问，以便对编制提供建议和咨询。

协议会讨论的议题是从1 hm²的公园开始的。由于公园的规模和形状直接影响周边住宅，因此对于建筑物的高度、空间组合等进行了反复比较和多方案比对，1996年12月，向市长提出最后的建设方案。

这个方案中公园缩小到0.93 hm²，形状方面为确保朝南住户日照，将东西方向缩小，南北方向延伸，将原先的正方形变成羽毛板状的长形，又考虑到将来的管理和社区氛围的形成，控制建筑的高度和每栋居民数，每栋居民容量控制在50户，类似的基本控制性规定还有很多。

市里为了实现这个方案，1997年2月变更了最初的规划，相继制定了4个地区的项目规划。特别是关注的焦点集中在公园上，最后随着研讨会的召开，大芝生广场等基本形象深入人心。

这样由居民参与的规划通过城市建设协会上的讨论和集思广益，建立了相互的信任关系，以此为基础加上专家团队的支援共同实现街区营造。

2.2 城市环境设计调整会议和城市环境设计基准

对应4个城市建设协会，负责各组的顾问团队有各自的设计者，多数设计者参与到包含设计实施在内的各个地区的设计工作中，为了使同时进行的4个协会之间的设计方案不产生矛盾，有必要将全部规划的基本思想进行汇总。

为此，由规划学者、专家团队，设计事务所和

■ 照片3　公园的研修会

市政府于1996年2月组织了"总体规划会议"，确定城市规划的基本方针，以确定整体街区营造的基本方针和共同理念。这个会议下设3个分部门，分别是环境设计、住宅和商业。环境设计部门就是以后的"城市环境设计调整会议（安田丑作座长）"，在制定"城市环境设计基准"同时，还对个别建筑物等进行景观调查，并作调整建议。

"城市环境设计基准"由城市建设的基本方针和74个项目设计的关键词构成。关键词是30个项目的"传承六甲道风"和44个项目的"新创造六甲道风"，分为"必守"、"必考"、"参考"3个层次。

作为本设计调整基础的"基准"和"调整会议"组织，要反映各个设计者对建筑、园林、广告物等等规划设计的实践活动，即便是在灾后复兴严峻的条件下，还是遵循保持街道平和的统一感和丰富的多样性这一原则。

当然，居民自己的建设在操作过程中，也常存在不按照基准操作的情况，对此会议也多次对此协商和调整。城市设计调整会议也和城市建设会议一样，通过多数专家的讨论统一意见，推进规划的实施。

2.3 作为复兴标志的公园规划设计

当初作为舆论焦点的地区中间的六甲道南公园被誉为是当地震灾复兴和协同城市建设的标志。

在围绕公园的讨论中虽然也有将其分解为小公园的方案，但最终还是决定确保0.93 hm²的面积，居民认为作为灾时的避难和救护的场所需要广阔的空间和水，为此在草坪广场中设置了井、耐震的防火水槽和临时厕所的地下水设施等。此外，这里平时被住宅和绿地包围，是个安心舒适的休息场所。

在城市规划层面，公园周边的建筑物也尽量限制面宽，其间设置小广场和路边空间，通过连续的景观营造一体感，有六甲道特色的宁静和色调柔和的街道由此形成。吸取地震经验，如此与建筑融为一体的大规模公园史无前例，保证了站前的空间。

公园设计的最终阶段，南侧的国道2号对面一角中，国际设计竞争的最优方案"意大利广场"也被引入，成为了地标。

■ 3 项目后续
3.1 再开发项目完成后的变化

原先老旧木建筑密集，灾害中蒙受巨大损失

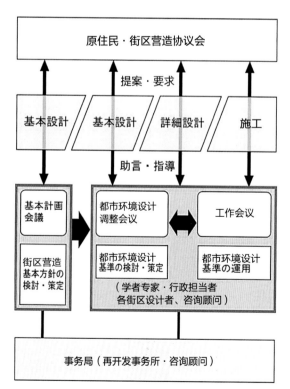

■ 图3　城市环境设计调整会议的地位

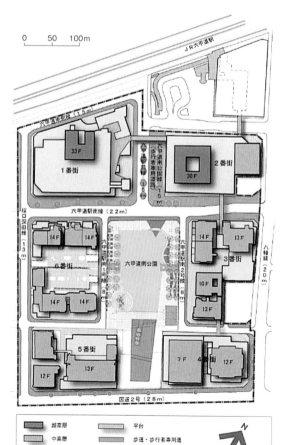

■ 图4　配置设计图

■ 照片4 地区全景

■ 照片5 新居民的交流活动

的地区，通过防灾公园的建设和再开发中大楼的建设，建成了防灾支援据点和安全的街道。建成后居民组织积极开展防灾训练，提高了防灾意识。

此外还接受了城市建设协会的方案，将滩区机关迁至再开发大楼，配备商业、商务设施、停车场等，此外还通过道路拓宽等方式保证安全的步行环境，作为副中心的功能更加充实。借此，本地居民和外来者的生活便利程度大幅提高，车站的乘客数也大幅增加了。

本地区内63%的居住和经营者入住再开发大楼。通过增加商品房、借贷住宅的供给，入住人数从1400人增加到2000人，商品房的购买者半数以上是40岁以下的，很多是家庭入住。

3.2 新式社区的形成

六甲道南公园完成后作为日常交流场所将发挥重要作用。现在公园已与周边生活融为一体，成为儿童的游戏场、休憩、户外会议的场所，作为交往空间被人们利用。

公园定期的清扫等运营管理由公园内设的自治会馆管理运营，同时委托当地居民。接受委托的是包含地区内和周边的自治会构成的南八幡联合自治会。

此外，地区居民志愿者组成的"六甲道南公园花卉俱乐部"在公园完成前利用规划开展"盆栽会"活动，完成后，在公园设置市民花坛，并进行维护管理（在区市民花坛协会中连续5年获得优秀奖）。这些通过公共项目建设的景观，借助居民之手仔细地营造出花和绿的空间。

随着一度推进项目发展的城市建设协会解散，再开发大楼的完工，融入新居民的生活开始了。震灾复兴中居民同心协力推进的城市建设，将新居民和周边原居民融为一体，向着日常的城市建设不断开展下去。

通过这些踏踏实实活动的反复开展，提高了居民的集体意识，包含着"与我们爱护并居住的街区一起生活下去"这一愿景的"WeLv六甲道"是市民通过公开投票选出的昵称，这是对新城市一份感情的体现，也将传递给下一代。

◆参考文献

1）当間清勝（2004）：「沖縄都市モノレールの整備効果と今後の新たな展開」，沖縄都市モノレール研究発表・報告会.

2）沖縄県（2008）：『沖縄都市モノレール延長検討調査報告書』.

3）沖縄県（2010）：『沖縄都市モノレール』.

59 各务原市 "水与绿的回廊"
21世纪环境共生城市的基础设施建设 *2007*

■ 照片1　冥想之森夜景（来源：各务原市。以下图片同）

■ 1 "水与绿的回廊规划"的概要与评价

岐阜县各务原市的 "水与绿的回廊规划"[1] 由城镇回廊、川之回廊、森之回廊3部分组成。

另外，该规划还对绿色市政中心（Civic Center）、田园景观、各务之森、大安寺川上游、伊木山、空之森、木曾三川公园等7处规划节点进行了构想。

在这些构想的基础下实现的 "求学之森"、"冥想之森"、"自然遗产之森"等公园及设施，对于 "水"的处理皆独具匠心，创造了人与水系积极接触的优质亲水空间。以往无论是在宅地开发还是拦沙坝预建地，都仅仅把河川作为贮水池来使用；而该规划将地区内存在的一些普通开发就发挥不出功能的具有一定危险性的土地，根据 "一切为了市民"的原则，都改建成了面向市民的开放空间。[3]

以上这些规划成果把创造绿地作为政策课题并被采纳实施，这要极大地归功于时任市长森真的远见卓识。另外，"水与绿的回廊"规划把与市民共同合作作为重要的手段，为了今后能完成整个规划，长时间的付出努力令人期待。本规划所包含的3个作

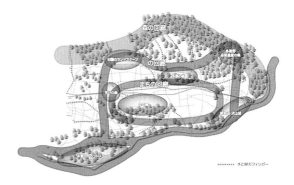

■ 图1　各务原市 "水与绿的回廊规划"[2]

品与城市的产业政策等广泛结合，使各务原市拥有了成为具有独特活力城市的原动力，得到了世人广泛好评，最终被授予了规划设计奖。

■ 2 项目特征
2.1 营造城镇回廊

（1）城市中心的森林建设 "求学之森"是对原来位于各务原市的岐阜大学农学部（前岐阜高等农林学校）搬迁（1982年）后的旧址进行的规划。

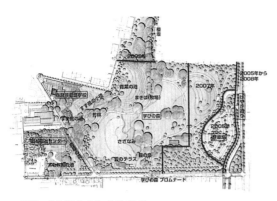

■ 图2 "求学之森"总体规划

"水与绿的回廊规划"（2001年）把旧址基地与附近的市民公园进行一体化，最终作为各务原市的中央公园而建设起来。以此旧址为中心而建设的4 hm²森林，在2005年9月，冠以"求学之森"的名字并开园。

"求学之森"（图2）中拥有绿草覆盖的旷野，缓和坡度的绿坡以及作为岐阜大学农学部遗产的树龄100年的银杏、水杉等大乔木构成的林荫道，运用夹景手法营造的园林景色、潺潺的流水，还有绿化装饰过的"庭园停车场"等景观。另外，这里不仅拥有绿化空间，连坐落在此的建筑物都散发着浓浓的绿意。例如，"求学之森"里的"云之平台（露天咖啡厅及观景长廊）"与"多功能卫生间"，都作为融入公园环境的景观小品的典范，虽然它们比最初规划中的设计规模小，但是一方面小品变得更加小巧，另一方面构筑物的通透性得到了增强。设计者为明治大学教授小林正美。另外，对于现存的那加福利中心，在规划实施中拆除了场地内的围墙，同时对前庭进行改造，并在钢筋混凝土材质的外立面上贴木板进行改装，使之更加融入森林内绿色的环境。

各务原市计划开办大学，并于2006年4月在"求学之森"相邻地区开设了中部学院大学各务原学园（人类福利学部等）。中部学院大学没有围墙，整个校园是对外开放式的，与"求学之森"内的绿地相连，能够让校园内的学生享受在绿色之中学习的乐趣。之后，"求学之森"又追加了1.8 hm²的改造地，最终面积合计5.8 hm²，作为"城市中心的森林"而使用至今。

在"求学之森"的改造过程中有个显著特征，那就是由当地居民的参与来实现一些规划的目的。2007年11月，当地定下了建设100年的森林的目标，并招募志愿者来培育，同时种下了栓皮栎的苗木。

"求学之森"抓住了岐阜大学农学部搬迁的机会，最终实现了在城市中心街区创造出大片绿色空间的成果；不仅如此，它与邻近的市民公园和大学、

中小学的绿化带相联系，共同构成了城市中的绿化网络，正如森真市长所评，此规划部分实现了类似波士顿"绿宝石项链（Emerald Necklace）"的公园系统。

（2）城市中心的道路建设 在各务原市推进道路用地的绿化工作，并对各务原市政府西侧的市道进行了改造（2009年），在道路两侧种植大冠径的榉树，最终建设成了绿化通道，被市民爱称为"榉树街"。在这条"榉树街"旁的产业文化中心的停车场以及名古屋铁道各务原市政府前的车站广场（2007年）等场地，种植了大量的绿化。在对场地进行了这番改造之后，市民经常会在这里自发进行一些小型室外研讨会或者竞走拉力赛等活动。

2.2 营造森之回廊

各务原市北部城区范围内的丘陵地区被规划为防护林和防沙地区以及自然风景区。但为了营造森之回廊，自然风景区的面积计划进一步扩大。

在对丘陵地进行开发的同时，也需要保护当地的绿化植被。在"水与绿的回廊规划"诞生之前，1998年在市北部的丘陵地区建成了研究开发型产业区——数码广场（Techno-plaza），使该地区成为了高绿地率的公园式工业区。

（1）"冥想之森"（公园墓地） 各务原市的"冥想之森"（图3）位于各务原市政府西北方的那加扇平的丘陵地区。森林内有建于1965～1975年间的市营墓地及火葬场，其中火葬场在此次规划中得到重建。"冥想之森"公园墓地的总体规划及基本设计是由当时庆应大学的教授石川干子负责，她的方案是保留基地内原有的池塘，并在池塘的南侧建造市营殡仪馆。

"冥想之森"的市营殡仪馆是一栋与周围连绵的山形相结合的自由曲面贝壳构造的建筑物，在水池上轻轻倒映着它白色的建筑轮廓。这里也曾举办过音乐会。殡仪馆的设计者是伊东丰雄，对于这栋建筑的印象，他曾这样描述："最终建成时，建筑的屋檐做成了像飞舞后停歇的鸟一般的形态，屋檐下凹形成柱子，逐渐变细，最终连向地面的预定位置。另一方面是大理石地板立起来形成的墙壁。这两个设计要素共同构成了建筑内部的空间。之所以这么做，是因为我想营造出一个令人感到宁静祥和的空间。"[3] 这栋建筑的构造设计以及印象令人耳目一新，再加上其高超的建筑施工技术最终得以圆满完成。它的构造设计单位是佐佐木睦朗构造规划研究所，施工单位是户田、市川、天龙特定建设工程协作企业。该建筑最终获得了2008年BCS奖（建筑业协会奖）。

结合了新建市营殡仪馆的外形，海岸线的形

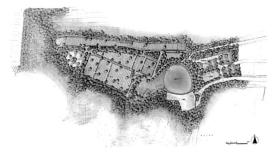

■ 图3 "冥想之森"总体规划图

状也确定了下来，由海岸通向殡仪馆的路边开着染井①，并活用了池塘的前面缓缓起伏的地形，为了衬托殡仪馆鲜明的白色而种植了一片白色野茉莉花疏林。[4)]

（2）"自然遗产之森"：自然体验塾 "自然遗产之森"（图4），占地约36.8 hm^2，分为舒畅之森、秘密之森、发现之森、邂逅之森等区域。在这里，有着草地广场、小溪、湿地以及茅草屋顶民房。先前这里建造的钢筋混凝土防沙堤进行了设计变更，改为采用自然石块进行建造。

茅草屋顶民房则是由江户时代末期建造的村长家的房子（北川家住宅）迁筑而来，占地8块榻榻米大小，共设有6间房和土间。这些茅草屋作为自然体验塾而活用了起来，给孩子们提供了体验学习的场所。

2.3 营造川之回廊

（1）樱花回廊城市 流经各务原市南面的木曾川，有着全长3 km的樱花带（百十郎樱）的新境川，以及城市东面的大安寺川将各务原市的市中心地带包围了起来。"水和绿的回廊规划"决定以这些河川为中心，创造拥有多种自然形态的"川之回廊"。

自2007年3月"水和绿的回廊规划"确定以来，在2008年森真市长的新年记者会中，决定了将新境川作为起点，建设全长39 km的行道樱花树，并集合全国300种樱花的樱花带——"各务野樱苑"；与此同时，各务原市政府发表了"樱花回廊城市"（图5）的构想。构想的具体内容是在种植300种樱花的同时，将各务原市的市中心地带全部用樱花包围。一旦这个构想得到实现，此地将拥有日本最好的景致。

各务原市从2003年起，便由市民志愿者们开始增植原本13 km的樱花带，于2011年增长到15 km并计划在2014年年底增长至16 km。如此一来，最终将会创造出全长为39 km的樱花回廊。

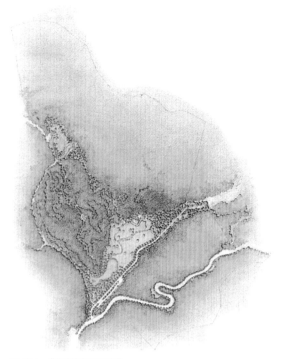

■ 图4 "自然遗产之森"

（2）木曾川景观总体规划 沿木曾川有许多国家级的名胜古迹和国立公园，因此为了保护沿河景观，对木曾川周边的建筑物有高度限制。然而在2003年，木曾川各务原市一侧的一个14层公寓的建造计划诞生了，这会影响位于木曾川另一侧犬山市的犬山城。城内的远景视线会受到严重影响。结果，随着公寓的落成，位于木曾川两侧的岐阜县各务原市和爱知县犬山市之间不得不对两岸的景观规划进行宏观方面的调整，在2005年双方共同成立了木曾川景观协议会，并于2006年制定了木曾川景观的总体规划，该规划把原本的建筑物限高从10 m上调到20 m。

2.4 市民的参与

"水和绿的回廊计划"由市民一起参与建设，这是它的重要特征。从2001年开始，作为各务原市绿色网络一部分的街区公园，开始进行以草地广场为中心的植被更新工作。在工作进行途中，当地居民提供了不少意见和方法，被园内工作人员采纳并投入到公园的维护工作中，承继了市民们协助规划建设工作的意志。

■ 3 欲建设美丽城市的各务原市长的想法

上述城市建设能顺利进行，很大程度归功于1997年就任各务原市市长的森真的想法和带领。森

① 樱花的一种，名又常称为吉野樱——译者注。

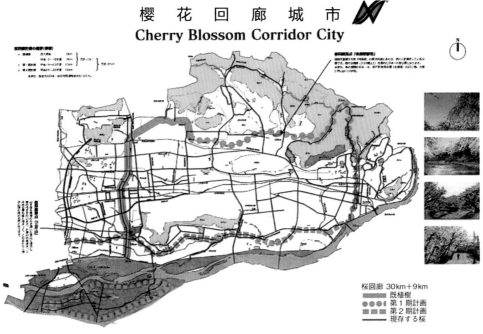

樱 花 回 廊 城 市
Cherry Blossom Corridor City

桜回廊 30km＋9km
既植樹
第 1 期計画
第 2 期計画
現存する桜

■ 图5 "樱花回廊城市"构想

真市长对于城市规划建设有着自己独特的见解：城市的美化，以及城市以人为本的条件之一，就是城市内需要有大量的绿地。借鉴波士顿等城市的绿地规划，市长计划实现城市绿地和林荫道路互相联系的公园系统，即绿宝石项链（Emerald Necklace）系统。[6]

森真市长上任一年后的1998年4月，在岐阜县举办的"里山讨论会"中与当时的石川干子教授相遇。"从她发表的意见中我看出她有真才实学，因此我直接委托她担任2天后市公务员进修会的讲师。在进修会上，我向她详细咨询了有关田园城市体系的种种问题，最后直接请她担任本市水与绿的回廊规划的负责人。"[7]森真市长如此说道。

■ 4 各种关联计划、项目评价及后续

各务原市"水与绿的回廊计划"将绿宝石项链（覆盖全市的绿色网络）的构想作为整体规划思路，并分区实施具体项目，这是该规划的显著特征。每个区域的规划都经过了精心的设计，因此有着很高的质量；这些规划项目在实施时也得到了当地居民的大力协助；同时得到了水与绿的推进科、城市规划科、景观政策室设置等相关单位的积极参与以及相关人员的全体配合，这也是该规划的特征之一。这些因素都成为了该规划能长久持续实施的原因。

由于"水与绿的回廊规划"的实施，各务原市不仅仅拥有了市中心的大面积绿地，就连车站前的广场也被绿化所渗透，市内所有的绿色空间都被整合成了一张绿化网络，注意到了这个成果的市民们在意识上也产生了巨大变化。2004年，各务原市将川岛町合并之后，继续把旧川岛町里的河跡湖公园等绿色空间进行了扩大和改进。"河跡湖公园"于2010年获得了国土交通省主办的"都市公园竞赛"（2010年度）的最优秀奖。

（本文执笔期间，得到了来自各务原市城市规划科景观政策室的关照。）

◆参考文献
1）各務原市（2001）:『水と緑の回廊計画』.
2）森しん（2001）:『エメラルドネックレス/21 世紀都市戦略』, p.114-116, 岐阜新聞社.
3）2007 年度設計計画賞授賞理由書による.
4）伊東豊雄（2006）:「東西アスベスト事業協同組合講演会」HP より.
5）石川幹子（2006）:「人が、帰っていく森/コモンズ（共有地）の回復と瞑想の森」, 新建築81.
6）森しん（2000）:『エメラルドネックレス/21 世紀都市戦略』, p.60-82, p.94-113, 岐阜新聞社.
7）森しん（1997）:「仙台・神戸・サンタフェ」, 岐阜新聞記事（1997 年10 月10 日）.

■ 照片1　高松丸龟町商业街的标志，圆顶广场
周末和节日开展各类丰富的活动

■ 1　时代背景与项目意义及评价

　　高松丸龟町商业街振兴工会（以下简称振兴工会）对该项目的构想可以追溯到20世纪80年代的中期。当时商业街的人流量几乎为2006年（A街区再开发大楼开业前）的2倍，也是将要面对泡沫经济的时期。在那样的时期振兴工会冷静地放眼未来，进行单独的调查和探讨，结果得到"物品贩卖过于特殊化的丸龟町今后100年绝对无法得到持续的市民支撑"的结论，有此开始了这个先进项目。事实上，20世纪80年代后半期以来，该地区周围的环境发生了较大变化。一是以四架桥开通为首的城市交通发生了戏剧性的变化，这使得其作为四国门户而获得发展的地理优势下降。二是城市内道路网改造和因此带来的郊区化，这一点和第一点的变化互动，推动了地区外资本在大型店铺上的投资向郊外布局。

　　在这些变化发生之前实施的本项目，目前被评价为"地方城市中心区再生先进典范"。然而，该项目的意义还不止于此，其意义简而言之即"依靠专家知识和以社区为主体的再开发项目"。该项目的城市管理委员会委员长小林重敬先生认为，迄今为止的城市规划都是以政府行政规制为中心进行制定，今后新的城市规划不可或缺地需要活用社区的力量。[1]然而，一般构成社区的居民很难具有有效的项目立案和执行能力。该项目从构想阶段开始，小林先生和城市规划师西乡真理子先生就进行沟通，要提高社区本身的学习能力（地区知识和专业知识相互作用[2]）。这一点将是今后有效解决城市建设问题的途径。

　　该项目体系中把"土地所有和使用分离"作为现实问题研究这一点，是该项目中最应该得到评述的关键点，下文将对此进行详述。

■ 2 项目特征

2.1 街区单位的再开发

高松丸龟町商业街是长约470 m，面积约4 hm^{2}的道路线形商业街。该商业街分为A~G共7个街区，每个街区有各自理念的同时整体构成一个大型商业购物中心，这是构想之初就形成的再开发计划。该项目的对象区域A街区位于商业街北侧，约0.4 hm^2。其北侧和三越百货商店相邻，形成高松中心商业街的一个核心（图1、图2）。

关于振兴工会推进再开发中使用的手法，振兴工会理事长古川康造先生说："在地权者全体同意的前提下，以街区为单位，有再开发意向的街区自己举手报名的方法。"采取该方法的理由有两点，一是进行多个街区的改造从执行上有难度。7个街区由各个自治会的各町会对应，是最小的社区单位。即每个街区的地权者的考虑都大有不同，整合工作确有困难。结果是从A街区最初开始推进项目，由专家

参与的研究会在A街区竣工前，也只对对A街区的土地所有权开放。二是对于振兴工会而言迫切需要一次成功的案例。一次成功必定会引带其他街区形成"成功的连锁反应"。事实上，A街区竣工后，B~F街区得到了全体权利者中80%的同意，得以成功推进地区规划。

2.2 土地所有和使用的分离

如上文所述，"土地所有和使用的分离"是该项目最大的特征。具体是在A街区的商业设施中设分店的权属者自己出资设立"高松丸龟町壹番街（公司）"（以下简称壹番街（公司）），在土地的所有上和一直以来的地权者签订60年的定期租地契约。如此来借用地权者的权属地，并全数购入保留地，保证了壹番街（公司）再开发中的所有商业用地的使用权，实现了最恰当的混合租地人制度（图3）。[3]

虽然是定期借地契约，地权者也要放弃其60年的使用权。在其他商业街无法实现的协议为何能在A街区实现？古川先生回忆道，人们最初接到专家提出方案时"谁都无法理解"。然而，最终能取得

![图1 高松丸龟町商业街的位置和7个街区]

■ 图1　高松丸龟町商业街的位置和7个街区
A街区位于最北端，形成高松中心商业街的一核（来源：高松丸龟商业街振兴工会资料）

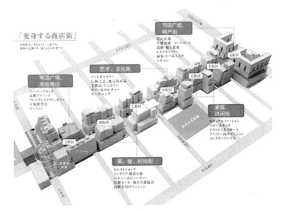

■ 图2　以街区为单位的再开发
各街区各有特定的理念（出处：高松丸龟商业街振兴工会资料）

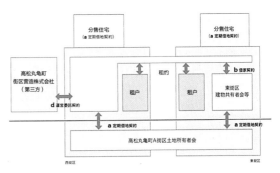

■ 图3　再开发系统
实现土地所有和使用的分离（来源：高松丸龟商业街振兴工会资料）

全员同意并下决心实施的原因是"该地区存在长达400多年的社区，地权者们有着和该地同生共死的信念"。事实上，该商业街的领导冷静且有先见，在领导决策后主要由振兴工会青年部负责实施，专家们也参与其中。在完全有可能实施的再开发规划编制之际，强烈认识到，"地权调整一点也不费劲，地权者都希望尽早实施项目"，"如果不这样做，就没有投资机会了"。

2.3 城市管理体制

壹番街（公司）拥有土地使用权，主要由入驻店铺业主组成，并没有混合租赁的经验。因此，设立了承包混合租赁和促销等业务的第3部门"高松丸龟町城市建设（公司）"（以下简称城市建设（公司）），壹番街（公司）和该部门缔结了运营委托契约（图3）。城市建设（公司）的董事由各街区的地权者代表构成。12名职员都是拥有专业知识的专家。其中总经理是通过猎头公司挖来的，具有在东京经营商业大楼的经验。地权者"街区情结"也在壹番街（公司）的城市建设（公司）的财务处理中得以体现。壹番街（公司）从租借人资金等的收入中扣除偿还金、管理经费、城市建设（公司）委托金等后支付地权者的地租。即地权者的分配在最后，项目风险由地权者承担，形成保证壹番街（公司）和城市建设（公司）最优先存续的体系。

"不存在不在本地居住的土地所有者"成为社区存在并承担街区营造主体的条件。丸龟町即便到现在也不存在没有居住在当地的地主，为了维持这一点，成立了由地权者出资的社区投资公司。空置地和空置房出现时，该公司将取得该物权。通过委托信托银行和城市建设（公司）运营取得收益。设置从第三者立场对城市建设（公司）活动进行检查的组织"城市管理委员会"，成员由自治体、学者、市民、振兴工会等构成。委员会成员中有一些专家学者，所以会议不仅在高松开，有时也会在东京举行。

2.4 促使居民回流的项目

"我们再开发规划的目的不仅仅是商业街的再生，也是为了居民回流"古川先生断言道。1979年仅仅丸龟町就有1000左右的人在此生活，2005年通过单独的调查，在此居住的仅有75人。当然当时的背景是城市道路网的改造和汽车普及化下的郊区化。古川先生也认识到那样情况是不可避免的，但仅有75人居住的中心商业街是"不合理的缩小"。"在本来就没有人居住的地方聚集商业是没有道理

的，应该停止商业转而进行住宅的建设"。在大部分的商业街产生空置地和空置房，不是因为没有需求潜力，而是因为地权者拘泥于高收益（确切说是曾经的高收益）的商业利用。结果，住宅得不到建设，商业也偏向特定的行业，形成了更加缺乏魅力的空间。当然，在曾经的商业地区形成良好的住宅很不容易，然而，在全町实现混合租地体制的丸龟町却很有可能实现这一点。A街区共计供给47户住宅，其他街区也规划了统一的住宅建设。

■ 3 项目后续

高松丸龟町商业街A街区于2001年3月城市规划决定了街区再开发项目，2006年12月再开发项目竣工。A街区再开发大楼使用"壹番街"的名称开放，并于2007年6月完成作为丸龟町商业街标志的圆顶广场。之后，圆顶广场每周末开展咖啡、街头艺术、音乐会集聚的活动，显示出了丸龟町商业街的热闹繁华。如果用数字说明A街区开业后的效果，丸龟町商业街A街区附近每天的人流量相对开业前的12000人左右增加到18000人左右，年销售额（除去外商的店铺直销额）从开业前的10亿日元左右增长到开业后的33亿日元左右，税收中的固定资产税（仅是建筑物）从开业前的400万日元左右上升到3600万日元左右。

■ 照片2 A街区再开发大楼外貌
低层部分改造为商业设施，墙面后退形成高层部分的住宅

■ 照片3　1998年的A街区
郊区开发如火如荼进行的时期（出处：高松丸龟商业街振兴工会资料）

■ 照片4　现在（2010年）的A街区
绿意丰富的开发空间

到2010年，A~G街区中，B街区和C街区共同改建大楼竣工，出租摊位顺次开放。G街区于2010年4月开始进行建筑拆解工作，3年后预定分售公寓100户，酒店客房200间，并且位于低层的出租摊位也将提前投入。其他地块的规划也在进行，2014年左右一系列的开发项目将告一段落。作为地方城市的中心商业街再生的旗帜，以人居环境建设为目的的本项目，到现在为止，仅仅丸龟町就增加了共计89户约200名左右的居民，近年来又推进了丸龟町周边的商业街区内的住宅建设。A街区竣工3年后的现在，白天的人来人往带回了该地区从前的热闹。这里以精心设计的公共空间为背景，集聚了地产地消以健康为主题的餐厅和店铺，逐渐形成了人们享受都市生活的日常景观。振兴工会在这7个街区以外，进行了温浴设施的建设等，在开发项目中为居民规划了更具魅力的都市空间。地方社区和专家一起不断学习、推进开发项目，这是本项目的运行机制，也将促进商业街应有的持续新陈代谢。

◆参考文献

1）小林重敬（2008）：『都市計画はどう変わるか—マーケットとコミュニティの葛藤を超えて—』，学芸出版社.

2）小泉秀樹（2010）：「都市計画の構造転換は進んだか？—コミュニケイティブ・プランニング・マネジメントの視点から市民参加の到達点を検証する—」，都市計画286，5-10.

3）高松丸龟町商店街振興組合（2010）：『コミュニティベースト・ディベロップメント—コミュニティに依拠した都市再生：高松丸龟町商店街の試み—』.

论说：实现"城市营造"之梦

——作为作品的城市规划项目

■"城市营造"之梦

"城市规划是对社会的爱"——这是日本都市计划学会创始人、日本最著名的城市规划学家石川荣耀（1893～1955年）留下的名句。城市规划与社会有着密切的关系。城市规划并不仅仅是一门绘制规划图纸的技术，它更需要把握现实社会的课题与需求，构思理想社会模式，特别是城市生活与居住方式，并描绘作为这种理想生活载体的物质空间环境。为了实现理想的物质空间环境，城市规划需要设定公共规则与机制，并对应用这些规则与机制所必要的手段和组织进行架构与运营。因此，城市规划是一门包含社会多个层面的综合性社会技术；如果没有对社会现实问题的密切回应，就会成为无源之水，失去了存在的意义。在本书各章的扉页里，对每个时代日本的社会、经济状况与各个工程项目的关系进行说明也正是缘于上述城市规划观的基础性作用。然而，对于以具体城市空间的构思和实现为必要条件的城市规划项目来说，其本质魅力是无法只通过对社会背景的讲述而充分展现的。正是因为，支撑着一个个城市规划项目的，不仅仅是对当时社会状况的敏锐回应，还有人们心中那超越时代的"城市营造"之梦的种子吧。所谓"对社会的爱"，也正是每个人对于"城市营造"的憧憬和衷心的期望。

为了将城市规划项目从构思变为现实，各种利益主体都需要参与其中。如果从社会技术的角度来定义城市规划，那么绘制规划图纸的技术人员，制定并运用规划规则和机制的人，城市空间的所有者，作为城市空间使用者的市民等等，诸多利益主体都对规划项目承担一定责任；而把各种人群的想法综合创造出一个城市空间才是对城市规划的正确理解。因此，与建筑物拥有非常明确的"设计者"不同，城市规划项目的"作者"往往在普通人的生活中被忽视，人们也习惯性地不会把特定的主体或个人冠以某个城市规划项目的作者之名。然而本书把每个规划项目作为"作品"对待，意即通过对曾经获得学会奖的规划项目进行回顾，清晰地梳理出什么样的人通过怎样的想法构想并实现某个城市空间以及这样的"作品"获得了怎样的评价。从城市规划的公共性来说，把城市空间的实现归结为某一个人或主体的功绩的想法并不值得提倡，但不言而喻的是，每个项目中都有起到决定性作用的人物或主体，发挥其出类拔萃的领导能力，设想出崭新的城市蓝图，并作为中坚力量巧妙地协调各方利益；这样的人或主体就是我们所说的"城市规划家"。

在任何的时代，"城市营造"都是一个富有梦想色彩的词汇，多少人在这一梦想的引导下，走过作为"城市规划家"的人生。即便在少子高龄化、人口减少的社会中，在城市收缩的概念已经被提出的今天，"城市营造"之梦依然吸引着众多人们。我们希望通过追寻实现了这一梦想的"城市规划家"的足迹，对今天仍在为实现这一梦想而努力的人们提供一些虽然微小但却具有深度的支持，为其实现梦想而尽一份绵薄之力。这正是本书编撰的目的。

■ 战后，城市规划的民主化与城市规划家

本书选取的规划案例，皆为二战后的项目。二战后随着经济的高速发展，日本进入了城市空间大量更新的时代，其中失败与成功并存。战后时代也许是"城市营造"之梦以最为现实的方式为人们所共有的时代。特别是战争结束后，在战火中化为废墟的城市中，人们在历经战乱而幸存的喘息之余心怀对日本今后该何去何从的惴惴不安，但同时却带着对国家复兴的坚定信念重新开始生活，这正是梦

想的原点。那个时候，成为支撑着人们梦想中崭新社会基础的，毫无疑问是"民主主义"这个舶来语。所以此时也是城市规划走向民主化的时代。

日本的城市规划在历史上是作为国家的项目而开始的。1919年配合城市规划法的制定，诞生了城市规划地方委员会制度。由内务省所属的技术人员分赴全国的各道、府、县，负责城市规划事务。这些技术者多为土木工学出身，还有部分人有建筑学及造园学的学历背景。而各道府县以及市町也在内务省技术人员的指导下，初次制定城市规划方案，并为此殚精竭虑。同时，由于城市规划与当时城市规划法的法律制度有密不可分的关系，除技术人员以外，擅长于法律应用的行政官员等也为这个新的领域提供支持。特别是在行政主体握有权力的行政机构，行政官员的影响力非常大。不管怎样说，在战前时期，将城市规划作为自身工作的，基本是以内务省为中心的行政官员。他们发行专门的城市规划刊物，展开相关研究，召开全国规模的会议，彼此就城市规划的本质进行讨论并为规划技术的发展倾尽心力。在此基础上在日本国内以及中国原"满洲国"等地活跃地开展各种规划项目。然而，在日本由于城市规划技术仅仅是在以国家为中心的政府机构内部发展积累，特别去培养具有社会性的"城市规划家"这一职能显得并不十分必要。

在这样的背景下城市规划迎来了战后时代。在全国多达115座遭受战争破坏的城市负责战后复兴事务的战灾复兴院总裁小林一三提出了"相比政府行政机构的指导与实践，更加期待民间的力量发挥更重要的作用"这样一种想法（《复兴情报》，2号，1946年）。这一想法并不是因为小林曾是民营铁路枭雄——阪急总裁的缘故，而是因为当时的时代氛围对以批判战前和战争中官僚独裁为基调的"民主化"寄予高度期待。在城市规划界关于"民主化"的主要观点中，对二战之前的城市规划由行政机关一手把持的秘密主义的批判首当其冲，并认为规划方案应注重信息的公开和意见的听取。其中率先将"民主化"应用于规划实践的是作为东京都城市规划

课长而承担了首都战后复兴重任的石川荣耀。石川从战前开始就不断追寻作为城市规划家的特质，并力图建立城市规划规划技术体系。对于东京都的战后复兴，石川组织了东京商工经济会（东京商工会议所），策划了以寻求民间创意为目的的设计竞赛，并将从"伪满洲国"等地撤回的技术人员组织起来成立公司，施行涉及多个土地所有者的区划整理[1]，从而在复兴规划中活用民间的力量。此外，1947年石川将规划制定中民间技术人员的参与作为实现"民主化"的途径，创设了日本规划师会并将"规划师"作为一种专门的职业确立下来；1951年，把以城市规划官员为主的城市规划协会的学术部门独立出来，设立了日本都市计划学会。也就是说，把对人才的培养进行支持的学术作为一种职能确立下来，对城市规划的民主化起到了引领作用。石川的这些行动标志着日本战后造就"城市规划家"运动的开始。

■ 民间城市规划先驱者的业绩

在战争刚刚结束后，日本涌现了一批具有强烈的"城市规划家"职能意识，并在实践中对这种职能给予确立的民间城市规划家的先驱，这里列举其中两人。第一位是樱井英记（1897～1988年），其创立的樱井+森城市规划事务所可谓是日本最早的民间规划事务所。另一位是日本最初的规划师，以个人之力参与了各种城市规划项目的秀岛乾（1911～1973年）。

樱井英记是石川荣耀的大学校友。1922年从东京大学土木工学专业毕业后进入内务省就职。他在战前并没有到地方的城市规划委员会工作的经历，而是一直在内务省的城市规划课任职。从帝都复兴规划[2]开始，樱井作为城市规划界的精英，参与了各种城市规划方案的制定，并对城市规划的实施进

---

① 区划整理，通过对所有者的土地进行调整，或要求所有者提供部分土地，以达到改善地区公共设施和交通条件的目的。日本城市更新改造中常用的一种规划手法——译者注。
② 1923年关东大地震后，为重建东京而进行的规划建设——译者注。

行指导。樱井也曾和石川因上海的新城市建设而共事。二战结束后，樱井于1946年从内务省辞职。1948年与其内务省原来的同事森幸太郎一同成立了日本最初的城市规划咨询事务所——樱井+森城市规划事务所，主要业务是为战后地方公共团体的区划整理项目提供咨询。1954年1月，樱井就任由日本都市计划学会设置的咨询制度研究委员会委员长，并汇总形成了包括"作为职业的城市规划家的培养策略"等内容在内的报告书。"城市规划是各种专门技术的综合，城市规划通过利用这些科学技术知识对城市设施作出适合城市现状与未来的规划"，"对中小城市而言，从城市财政的角度看雇佣专门规划技术人员比较困难；而由中央行政机关向各府各县派出城市规划家的方式，按照现在的人员组成来看，是无法负担规划制定费用的"(《城市规划》9月号，1954年）。基于这些原因，樱井在报告书中指出了城市规划咨询制度的必要性。由此，日本开始出现以地方自治体为主要委托方，以规划咨询为主要业务的城市规划家。尽管如此，实际上这种职能的完全确立又经过了10年以上的时间。樱井作为民间城市规划家的代表作品包括受五岛庆太[1]邀请，作为顾问参与的东急田园都市【案例52】的建设。东急田园都市从开始建设到接受学会赏颁奖历经50年时间，是由单一民间企业主导的日本最大规模、超长期的城市开发。而这一项目的原点，就来自创立日本战后最初民间城市规划事务所的樱井英记的规划咨询。

民间城市规划家的另外一位先驱者是秀岛乾。1936年从早稻田大学建筑学专业毕业后，秀岛乾就职于"伪满洲国"政府，从事各地新市镇的设计与城镇规划法规的起草。二战结束后回到日本，成为石川的助手。包括日本商工经济会的设计竞赛、日本规划师会及日本都市计划学会等一系列石川主导的城市规划民主化运动都得到了秀岛的支持协助。秀岛自称日本第一位规划师，并成立了个人事务所；

而他丰富的构思能力获得了这样的评价："无论如何秀岛乾先生参与的规划是很难实现的。尽管秀岛的规划成果是存在的，但据我所知，其中2/3都是没能实现成果，而这正反映了秀岛的个性。"(《怀念秀岛乾氏与夫人》，1975年）方案自身的优劣勿论，秀岛总是能够超越时代并秉持个人理想，创造出独特的规划方案。二战后的秀岛没有在任何部门就职，而是一直从事职业规划师的工作。他的代表作品包括本书选取的松户市常盘平居住区【案例3】。常盘平住区是1955年设立的日本住宅公团[2]最初建设的大型居住区之一，主要目的是为缓解大都市地区人口迅速增加带来的住宅短缺。当时，日本国内并没有规划如此大规模居住区的经验，于是求助于在伪"满洲国"设计了诸多新市镇的秀岛。当时在日本住宅公团宅地开发部门任职的田住满作这样回忆秀岛的作用："对于几乎与外行无异的我，秀岛先生给予了细致具体而亲切的指导。比如现场的查看，拍照的方法，航空照片的利用，规划的编制方法等等，都给予了无微不至的教诲；受益于此，我才能够自信地应对以后其他地区的规划制定和职员的指导"(《街区建设之纪录座谈会·回忆之纪录》，住宅城市改造公团，1989年）。秀岛也为公团内部的城市规划家的培养作出了贡献。本书列举的其他秀岛参与的作品包括：与高山英华合作的驹泽公园【案例4】以及晚年作为顾问付出极大心血的神户港人工岛【案例18】，都是基于秀岛大胆的构想而形成的划时代的城市规划作品。

大规模住宅与新城开发中的公团与大学合作

二战后，在日本的大都市圈出现了前所未有的人口集中和住宅短缺。在此背景下，日本的公共住宅政策开始转变，于1955年设立了日本住宅公团（以下简称公团），主要负责大规模住宅区和新城的开发建设。"城市营造"之梦由此转了郊外住宅用地的开发。然而，日本进行此类建设的经验极度匮

① 五岛庆太（1882～1959年），日本著名实业家，东京急行电铁公司（东急）创始人——译者注。

② 住宅区在日本称为团地，公团即公共住宅，日本住宅公团是法人名称，负责为城市低收入人口提供公共住宅——译者注。

乏，仅仅有战前同润会①、住宅营团②等集合居住区的建设经验及"伪满洲国"一些新市镇的建设经验。因此，公团为了担负起这样的新任务，尝试与战前就积累了邻里单位建设或单一居住区设计经验的大学研究室展开合作。

公团最初着手的大规模居住区设计，在关东地区就是前文提到的常盘平【案例3】，在关西地区是香里居住区【案例1】。香里居住区的基本设计委托京都大学建筑学科的西山卯三（1911~1994年）研究室进行。在西山研究室最初的方案中，居住区以干线道路为边界，绿地配置十分充足，并设计了波浪状的高层住宅。然而在西山研将方案提交给负责实际项目实施的公团大阪分支机构住宅开发部及建筑部的阶段，基于建设施工和费用的原因，对方案进行了大幅变更。香里居住区和秀岛参与的常盘平不同，不能简单地称为西山研的作品，因为最终实现的样貌变更了当初规划方案的主旨。因此莫如这样说：香里住宅区项目深刻地反映了"基本设计=总体规划和实施规划"这种关系的问题。此外，1958年作为日本最初新城建设的千里新城的规划过程同样反映了类似的规划设计课题。以大阪府为委托方的千里新城规划，除西山研以外，后文介绍的东京大学建筑专业的高山英华（1910~1999年）研究室等也参与其中。规划尽管严格遵从了新的住区构成理论，但特别是从住宅开始入住以后的建设过程对规划作了大幅的改变。

在香里居住区规划中出现的总体规划的地位问题，在千里新城建设中采用的严格遵循邻里单位的规划方法都反映了规划的局限性；在高藏寺新城【案例10】的基本设计中，为了超越这些局限，公团和高山英华研究室协作进行了不懈的努力。当时对日本国内外的大规模居住区和新城开发研究最为透彻的当属东京大学的高山研究室。高山本人曾与秀岛等人参与了驹泽公园【案例4】的设计，为很多

战后重要的城市规划项目作出了很大贡献。而最为人所熟知的，是高山和他的学生们一起在城市规划的各个领域所创造的划时代的项目。仅仅本书中列举的案例就包括，后文提到的再开发项目的鼻祖冈山再开发【案例2】、开辟了城市防灾领域规划的江东防灾【案例12】等规划工程，以及日本农村规划史上最大的规划项目八郎潟规划【案例5】。1961年开始的高藏寺新城基本设计，由公团的津幡修一为负责人，公团一方的参与者包括若林时郎、土肥博至、御船哲，高山研一方则由川上秀光、土田旭、小林笃、大村虔一等组成了公团-大学青年混合团队。团队对千里新城的规划进行了反省，没有过分强调校园式布局，而是采用了单中心方式的总体规划；这一总体规划为其后的很多部分设计和规划决定起到了引导作用。

由高藏寺新城规划确立的公团和东大高山研的合作关系在其后一直延续。1968年，由公团的土肥、若林和高山研的土田联名发表了题为《新城规划之反思》的论文，探讨了"新城"为何难以成为"都市"，对其欠缺都市的个性与多样性进行了批判。他们在日常工作结束后，在被称为地区设计研究会的共同工作室聚集，商讨跨越新城规划的局限、开始谋划下一项工作"筑波研究学园"城市规划【案例15】。在筑波，为了探求具有都市特质的新城规划，导入了方格网状路网，同时与步行专用路的街道景观相应对建筑物的布置进行了规划。尽管如此，最终实现的还是按照南向布置原则建设的住宅区集合体。此外，作为筑波研究学园城市的建设规划负责人领取都市计划学会奖的是国土厅研究学园都市促进室长——石川允。他是石川荣耀的长子，也是高山研究室的毕业生，父子二人都走上了城市规划家的人生之路。而作为建设方代表领奖的是今野博，他是石川荣耀在东大土木系的校友，也是东京都共职时的部下。今野博以日本住宅公团住宅地区开发课长的身份协助了高藏寺新城的建设，并作为日本住宅公团理事负责筑波项目的建设工作。

另外，在本书所选取的案例中，铃兰台地区开

① 1924年内务省设立的财团法人，主要负责关东大地震后建设钢筋混凝土结构的集合公寓——译者注。
② 公私合作的住宅建设机构，在同润会解散后接手其主要业务——译者注。

发【案例6】涉及与公团铃兰台居住区建设相伴的土地置换，是由大阪市立大学的川名吉工研究室与负责土地区划整理的神户市政府共同合作完成的。

像上文所介绍的，通过大规模的居住区及新城建设，"城市营造"之梦的实现尽管不断推进，对始终难以达成的理想都市样貌的孜孜以求却从未停止。日本住宅公团1981年演变为住宅城市基础设施改造公团，1999年改为城市基础设施改造公团，2004年改为城市再生机构。尽管公团的组织体制不断变化，公团所属的城市规划家们到20世纪80年代末，先后实现了若干独具个性城市规划项目，包括导入绿色矩阵系统的港北新城【案例17】，最大限度利用自然地形的首都圈最大规模新城多摩新城【案例22】，力图引入知识集约型功能的厚木新城市【案例26】以及起用建筑学家内井昭藏为总体建筑师的美之丘南大泽【案例31】等等。

大规模再开发项目与规划协调者的诞生

郊外的大规模居住区和新城并不代表着"都市营造"之梦的全部，城市中心的大规模再开发同样是其中的重要内容。在战后复兴告一段落之后，以更新既存城市中心地区为目的的再开发，在20世纪50年代后半期到20世纪60年代前半期被雄心勃勃的建筑学家们提出，其中丹下健三和其他加入"新陈代谢主义"①建筑师们发表的"东京规划1960"最为著名。然而，由于实际受到复杂的权利关系阻碍，这些规划方案大多并未能实现，因此出现了"从城市撤退"的声音。

即便如此，仍有建筑师将实际的城市规划项目与再开发等量齐观。如坂仓隼三以独特的双螺旋构造而闻名的新宿西口广场设计，他还参与了诸如涩谷、难波等车站的项目。此外作为新陈代谢主义一员的大高正人参与了坂出人工土地【案例7】和广岛基町居住区【案例11】的规划；其后，他作为幕后

①　"新陈代谢主义"是7位努力探索全新都市主义道路的日本年轻建筑师和设计师在1960年创立的一个先锋运动组织，宣扬带有未来主义倾向的城市构想——译者注。

人员对日本一系列具有代表性的城市规划项目给予了支持：例如，在多摩新城为尽可能保存自然地形而作出的道路规划和位于新城中心的多摩中心地区规划，以及筑波学园城市的总体规划的修改，在横滨连接"港未来21"地区的横滨博览会会场规划等等。这些项目都发挥了其作为建筑学家而具有的卓越塑造能力，赋予这些大规模工程以大胆的构思。

在实际的城市再开发过程中出现了一种新的咨询业务。从20世纪50年代后半期开始，早期以防火建筑带为代表的线状城市再开发逐步转向涉及更广阔街区范围的面状城市再开发。作为这类再开发的先驱，冈山市中心区再开发规划【案例2】中地方自治体在对项目积极推进的同时，委托规划学会制定了规划平面图。由于再开发涉及的地域面积广阔，对于规划范围内土地权利关系及各住户要求的调整成为前所未有的庞杂工作。当时并没有专门的职能部门负责处理这些问题，于是当地市町村和公团的工作人员承担起了这项工作，并由此诞生了所谓"城市再开发协调人员"这样的职能。当时对这项业务付给报酬还没有获得认可，只是在实际的设计工作开展以后才按照基本设计费的标准支付一些补贴，而之前的工作则几乎是义务劳动。特别是作为早期大规模城市再开发地区之一获得学会奖的江东防灾基地项目【案例12】，与当地居民的沟通会议举行了数百次之多，也正是由此开始培养城市再开发项目的专门人才。在这样的动向之下，1985年成立了再开发协调者协会。在神户市六甲道车站南部街区的再开发项目中，设计方RIA公司从最初的沟通协调阶段开始就参与到了再开发的过程中。

另外一方面，在其后到来的大规模化城市再开发时期，之前由个人事务所主导的规划设计出现变化，转而由在经济快速发展期出现的大型设计公司作为负责实际空间营造的主体。这些公司的作品获得学会奖的认可相对较晚，从21世纪的晴海托里顿广场【案例49】、泉之园【案例55】项目开始。这些都是日建设计的作品。这一现象的背景是民间开发逐渐成为城市规划项目的代表，对啤酒工厂旧

址再开发的惠比寿花园广场【案例39】就是这样的例子。

地方自治体与城市规划咨询事务所的活跃

20世纪60年代以后，在经济的高速成长中，1962年基于国土综合开发法制定了全国综合开发规划，加上1968年城市规划法的修改，从大都市圈到地方的中小城市都迎来了地域开发和城市规划项目的高潮。同一时期的1962年，东京大学设立都市工学专业，成为日本第一个专门教授城市规划的专业学科；在另外一些大学也设立了城市规划的专门课程或关联专业，使得教授城市规划的教师以及学习城市规划的毕业生大幅增加。在这样的状况下，地方自治体的城市规划工作日趋多样化，不仅仅局限于公团和大学研究室合作的大规模居住区及新城建设，委托民间城市规划咨询事务所而实现的作品日渐增加。

活跃于这一时期的城市规划家当首推浅田孝（1922~1990年）。浅田曾长期在丹下健三的研究室担任职员。1959年成立环境开发中心，成为日本最早的地域开发咨询事务所。浅田是坂出人工土地【案例7】规划项目的共同获奖人，出生于四国的浅田和建筑师大高正人因香川的项目而结识。曾为环境开发中心职员的田村明（1926~2010年）后来成为横滨市的策划调整室长，因此环境开发中心也得以参与横滨市在飞鸟田主政下从1963年开始的6大工程[1]的方案，这6大工程被认为是横滨市城市设计实践的开端。

浅田的环境开发中心的确起到了先锋作用，而和前文提及的20世纪50年代中期樱井等人创立的事务所具有同样意义的民间城市规划咨询事务所的大量出现，是从20世纪60年代后半期开始的。其中很多是由留在各大学的研究生院，作为研究室活动参与城市规划项目的年轻学者及研究生从研究室独立出来后而设立的相对较小规模的事务所。以东京大学都市工学专业为例，20世纪60年代后半期到70年代前半期的时间里，参与高藏寺新城规划【案例10】的都市工学专业助手大村虔一，高山研的研究生土井幸平和南调道昌等共同设立了城市规划设计研究所（1967年）；都市工学专业日笠端研究室的博士研究生林泰義设立的规划技术研究所（1968年），丹下健三研究室出身并曾任都市工学专业助手的曾根幸一设立的环境设计研究所（1968年），以及同样是都市工学专业首期学生、出身丹下研的梅泽忠雄等设立的UG都市设计（1969年），参与前文高藏寺、筑波规划的土田旭创设的都市环境研究所（1971年），丹下研出身的押田健雄等创设的Take Nine规划设计研究所（1971年），还有由丹下健三城市建筑研究事务所的城市规划部门独立后形成的日本城市综合研究所（1973年）等城市规划咨询事务所先后成立。这些事务所出现的背景当然有当时大学混乱的原因[2]，而当时围绕城市规划设计研究所的设立，3位共同创设者和作为指导教师的川上，作为学长的土田、曾根等人展开了讨论，论文《现实予城市设计的》忠实记录了这些讨论，体现了这些人确立"城市设计"这一职能的强烈想法，这一点是不能忘记的。

在关西，以西山研出身的三轮泰司设立的地域规划建筑研究所（ALPAK，1967年）和前文所述的铃兰台地区规划【案例6】中作为大阪市立大学川名研究室助手而参与其中的水谷显介（1935~1993年）设立的城市、规划、设计研究所（1970年）为开端，各种类型的城市规划咨询事务所纷纷设立。另外，很多活跃于阪神淡路大地震复兴过程中的城市规划家都是被称为水谷学派的水谷学生一脉。

本书选取的20世纪70年代以后的学会奖获奖作品中，大多数均为城市规划咨询事务所与地方自治体协作展开的规划工作。作为咨询者，获奖者名单未必能够将他们悉数列入。城市规划事务所兼具设计者、规划师、协调人的多重角色，造就了杰出的

---

[1] 1965年由时任横滨市长的飞鸟田一雄提出的为复兴横滨市中心区而进行的6项工程——译者注。

[2] 20世纪70年代日本大学中学校与学生对立、大规模学生运动引发的混乱——译者注。

规划作品。将隶属于城市规划咨询事务所的规划师个人列为获奖者的案例包括：Take Nine规划设计研究所的押田建雄参与的东通村案例【案例27】，街区营造研究所的黑崎羊二负责的上尾市仲町爱宕案例【案例30】，日本都市综合研究所的加藤源参与的花卷站周边改造【案例34】，都市规划设计研究所的大村虔一、小泉嵩夫作品－初台戏剧城市【案例47】等。象设计集团（集团法人代表大竹康一）的作品、在名护市等地【案例14】的村落规划也应特别提及。前者是由早稻田大学建筑学科的吉阪隆正（1917～1980年）研究室及作为吉阪个人设计事务所的U研究室出身的规划人员设立的。其他未能列举姓名的代表性作品有高山市街角改造【案例21，押田建雄规划】，日立车站站前开发【案例33，土田旭负责总体城市设计】，带广站周边改造【案例40，加藤源为协调员】。

此外，在由都市规划设计研究所负责各项规划业务的幕张副都心街区建设一文【案例32】的"项目后续"中提到，位于副都心一角的幕张海湾城镇的规划设计会议上，众多城市规划咨询事务所的城市规划学家齐聚，规划了中层中庭型这种日本几乎没有实例的新城市。幕张海湾城镇尽管可以被看作是当初确立"城市设计"职能之路上的一个成果，但如果从幕张海湾城镇之后再无类似尝试的事实来看，与其说它实现了城市设计的一个目标，不如说它为其后各个时代提出了确立城市设计职能的课题。同时，包括幕张海湾城镇规划在内，很多就职于大学的城市规划学家与城市规划咨询事务所和地方自治体一道，作为指导者对很多规划给予了支持。例如东京大学名誉教授渡边定夫参与的高山街角改造【案例21】和川崎城市设计【案例25】等。

上述项目中的绝大多数都是以地方自治体为委托方。本书中提及的都市计划学会奖获奖者名单中，大约从20世纪80年代开始先后出现的知事、市长的名字十分引人注目。作为地方自治体的城市战略的城市规划项目轰轰烈烈开展的背景之下，这些人作为自治体一方的代表而名列其中。神户港人工

岛案例【案例18】的神户市长宫崎辰雄和挂川会展城市案例【案例29】的棒付纯一市长的获奖，就是这种时代趋势的开端。然而在同一个时期，由地方自治体内部的城市规划家和城市设计师主导的优秀城市设计同样值得一提。其中的代表性案例是本书没有介绍的横滨市。如前文所述，以浅田孝和田村明所在的环境开发中心承担的6大项目方案为开始标志的横滨市城市设计中，为了实现规划设想，田村明进入政府担任横滨市策划调整部长。其后，在哈佛大学学习城市设计的岩崎骏介以及随后的国吉直行、北泽猛等先后成为横滨市职员，组成城市设计团队，着手各种规划项目。与横滨市同样展开城市设计的是东京的世田谷区，但选择了和横滨不同的路线。当时的世田谷区城市设计室有室长原昭夫和卯月盛夫等专门职员，但在不同的项目中巧妙地与不同建筑师配合，产生了宜人的城市空间。例如在用贺游步道项目中起用象设计集团，在梅之丘地区善缘街项目中起用新居千秋事务所。

■ 引领可持续的空间管理与城市规划的未来

20世纪90年代后半期以后，城市规划项目的关联主体开始发生变化。以本书中列举的获奖者为例，新百合丘站周边改造【案例43】中的川崎新都心街区建设财团，大阪商务园【案例45】中的大阪商务园开发协议会，桉树丘新城【案例46】中的山万株式会社和自治会协议会，晴海拖里顿广场【案例49】中的晴海优促会，旧居住地联络协议会【案例57】，高松丸龟町商店街振兴组合（案例60）等等，这些规划主体与城市空间的设计和规划相较，更加有关联的是城市的运营和管理。也就是说，城市规划项目不再仅仅停留在城市空间的设计和设计的实现，而且蕴含了其后的运营和管理的整个过程。城市规划项目增加了可持续的空间管理（即街区营造）这一属性。城市规划家的职能中，管理的部分也被给予了更大的关注。神户真野地区的街区营造【案例51】中，被称为"街区营造规划师"的宫西悠司，前面提及的高松丸龟商店街【案例60】

规划中街区营造专家团队负责人西乡真理子等人是代表性人物。随着对城市规划项目中的持续性参与者的需求出现，各个地区的工商会议所、工商会、自治体的职员，或是限于在某个特定地域持续活动的城市规划咨询家、NPO职员等此前不曾走上幕前的人员纷纷作为规划项目的主力而出现。例如，在金泽市的街区营造【案例56】中，与街区营造关联的职员的培养，当地大学人员和城市规划咨询人员的持续性参与等是项目获得成功的关键因素。

由此，城市规划项目的时间轴从原来的设计、规划、实施得以扩展，通过持续性的管理将这一轴线延长的同时，也改变了"城市规划家"的理想状态并深化了"城市营造"的现实意义。在本书中，关于"项目后续"也有所记述，这是为了完整阐述城市规划项目如何"生存"下来。在持续性管理已被视为必要的现代，过去着手的城市规划项目发展至今的履历所带给人们的启发极为重要。它可以让我们看到城市空间是如何成熟起来或如何获得再生的。城市规划项目融入了城市规划家的构想、意志和努力，尽管这些本身就具有历史的意义和对现代的启示，但时间流淌于城市空间之中并孕育了独一无二的空间履历，这种履历是同样具有价值的。

今天，面对充满了前所未有的不确定要素的未来，近代主义的先定性规划不再适用，现代规划即伴随着持续性的空间管理并应对多重可能性的城市规划已经成为必要。这并不单是对今天开始的规划项目提出的要求，本书选取的二战后林林总总的规划项目也必须作出同样的思考。这些城市规划家的作品作为城市规划的遗产被人们认知，在现代焕发活力，并将在未来传承下去。这是因为，这些遗产时时刻刻都在发展变化，它们由过去的人们所创造，由现在的人们所经营，未来还会被更多的人继承发扬。城市规划项目的经营没有终点。"城市营造"之梦，莫如说正是因为这种未完性，才能在任何时候都令人如此着迷。至少这个梦通过城市空间的产生过程，把所谓"城市规划家"之城市空间培育转化为地区全体相关者之城市空间。城市规划在任何一个时代，都为了实现"城市营造"之梦而与社会同步前行，今后也一定会如是下去吧。[中岛直人、初田香成]

附录1 项目概况一览

② 静冈县挂川市
③ 94.2 hm²
④ 1975 年
⑤ 1988 年 3 月站北口广场竣工
⑥ 挂川站南土地区画整理公会
⑦ 主要内容：土地区画整理，站前广场建设，道路美化工程

30-1
① 爱宕合作社
② 埼玉县上尾市爱宕1-29-7
③ 地区面积：960 m²
　建筑占地面积：882 m²
　建筑密度：58%
　建筑面积：1757 m²
④ 1988 年 9 月
⑤ 1989 年 7 月
⑥ 咨询：城市建造研究所
　建筑设计：综合设计机构
　施工者：八生建设
　委托方：埼玉县住宅供给公社
⑦ 住宅

30-2
① Octavia Hill
② 埼玉县上尾市爱宕1-16-10
③ 地区面积：2291 m²
　建筑占地面积：2051 m²
　建筑密度：70%
　建筑面积：4825 m²
④ 1989 年 11 月
⑤ 1991 年 3 月
⑥ 咨询：象地域设计
　建筑设计：象地域设计
　施工者：上尾兴业
　委托方：埼玉县住宅供给公社
⑦ 住宅，店铺，事务所

30-3
① 雪佛龙山庄
② 埼玉县上尾市爱宕1-16-26
③ 地区面积：1687 m²
　建筑占地面积：1441 m²
　建筑密度：65%
　建筑面积：3727 m²
④ 1991 年 12 月
⑤ 1993 年 3 月
⑥ 咨询：象地域设计
　建筑设计：象地域设计
　施工者：上尾兴业
　委托方：埼玉县住宅供给公社
⑦ 住宅，店铺

30-4
① 绿邻馆
② 埼玉县上尾市爱宕1-29-10
③ 地区面积：2274 m²
　建筑占地面积：814 m²·812 m²
　建筑密度：64%·63%
　建筑面积：2071 m²·1926 m²
④ 1995 年 10 月
⑤ 1997 年 3 月
⑥ 咨询：象地域设计
　建筑设计：象地域设计
　施工者：上尾兴业
　委托方：埼玉县住宅供给公社
⑦ 住宅，店铺，画廊

※本项目适用的居住环境整备事业
1）居住环境整备示范事业（3.08 hm²）：
　1987 年 4 月～1989 年 5 月
2）社区居住环境建设项目（3.08 hm²）：
　1989 年 6 月～1993 年 8 月
3）高密度地区住宅建设推进项目（3.70 hm²）：
　1993 年 8 月～2001 年 3 月

① "美之丘" 南大泽
② 东京都八王子市南大泽5 丁目
③ 地区面积：约66 hm²
　住户数：约1500 户
④ 1987 年 8 月～1988 年 2 月
⑤ 1990 年 3 月
⑥ 新住宅地区开发项目实施者：东京都南多摩开发事务所
　住宅建设项目：住宅、都市建设公团东京支社
　总体建筑设计：内井昭藏建筑设计事务所
　总体景观设计：上山良子景观设计事务所
　景观设计·点式高层：大谷研究室
　标识设计：福田繁雄·GK 设计
⑦ 住宅

① 幕张新都心
② 千叶县千叶市（一部分习志野市）
③ 地区面积：522.2 hm²（包含扩大地区）
④ 1975 年幕张新都心基本规划
　1983 年幕张新都心实施规划
⑤ 1998 年幕张新都心第2阶段推进方针制定
⑥ 千叶县
⑦ 业务、研究，商业，文教，住宅，公园绿地

① 日立站前地区开发建设项目
② 茨城县日立市幸町1，2 丁目
③ 开发规模：约12.55 hm²
　公共设施：约5.60 hm²（其中新城市中心广场约9,600 m²）
　市民中心街区：0.67 hm²
　商业街区：2.67 hm²
　酒店街区：0.74 hm²
　商务街区：2.78 hm²
④ 1983 年日立站前开发建设规划制定
⑤ 1991 年公共设施用地第二次出售
⑥ 日立站前开发局
　民营企业：三井不动产株式会社（商业设施，酒店，公共服务设施），伊藤洋华堂株式会社（商业设施，大型商店），日产生命互助公司（公共服务设施），东京燃气株式会社（同上），朝日生命互助公司（同上）等
⑦ 多功能广场，大厅，会议室，停车场，复合公共设施（图书馆，科学馆，会议室，信息广场等），大型商店，购物商场，酒店，业务大楼

① 花卷站周边地区的地方都市复兴的尝试
② 岩手县花卷市新干线东北本线花卷站周边地区
③ 地区面积：10.7 hm²
④ 1984 年 4 月～1987 年 3 月
　花卷站周边地区城市建设规划调查
　1986 年12 月～1987 年6 月
　花卷市定居据点紧急建设项目构想调查
　1987 年7 月～1988 年3 月
　花卷站周边地区定居据点区划整理推进调查
　1988 年4 月～1989 年3 月
　花卷站周边地区定居据点建设事业建设规划

制定调查
⑤ 1992 年8 月定居交流中心投入使用
　1993 年4 月多目的广场开始使用
　1993 年12 月酒店开始运营
　1994 年5 月站前广场完成
　1995 年9 月土地产权置换完成
⑥ 花卷市
⑦ 城市基本建设：干线道路，步行优先道路，站前广场，多目的广场，低土地利用地区宅地化，无散水消雪装置，自行车停车场及停车场，电线下地改造等
　建筑：定居交流中心（市），酒店（民间），商业大厅（民间），铁路商业街（民间）

① 神户临海乐园建设项目
② 兵库县神户市中央区东川崎町
③ 地区面积：约23 hm²
　公共设施面积：约9 hm²
　建筑建筑占地面积：14 hm²
④ 1982 年
⑤ 1992 年10 月
⑥ 神户市，住宅、都市建设公团，民间企业
⑦ 商业设施，事务所，住宅，停车场，公共服务设施

① 焕发城镇生机的城镇营造条例与美的基准
② 神奈川县真鹤町
③ —
④ —
⑤ —
⑥ 真鹤町
⑦ —

① 法莱立川（立川基地旧址及关联地区第一种市街地区再开发项目）
② 东京都立川市曙町2 丁目
③ 地区面积：5.9 hm²
　建筑占地面积：23750 m²
　建筑面积：265860 m²
④ 1982 年（立川城市基础建设基本规划，立川市）
　1983 年（多摩都心立川规划，东京都）
⑤ 1994 年10 月
⑥ 住宅、城市建设公团，Art Front 画廊，立川市
⑦ 事务所，大型店铺，商业设施，酒店，图书馆，终身学习中心，停车场，步行平台

① 自然尊重型的都市公园 "21世纪的森林和广场"
② 千叶县松户市千驮堀
③ 公园面积：50.50 hm²
④ 1977 年 3 月基于松户市的长期构想确立都市公园的定位
　1981 年1 月城市规划方案通过
⑤ 开园年：1993 年4 月（40.14 hm²）
⑥ 松户市，综合设计研究所株式会社，绿生研究所株式会社，日建设计，小山花园，东松园，Topy Green
⑦ 森林厅21，松户市立博物馆，公园中心，森林工艺品画廊，户外中心接待·管理楼，户外野营场地，户外烧烤场地，自然体验馆，露天咖啡馆，里之茶屋，商店，停车场

① 惠比寿花园综合体
② 东京都涉谷区惠比寿4丁目，目黑区三田1 丁目
③ 地区面积：8.3 hm²
　用地面积：约83000 m²

附录2　所获奖项及获奖者一览

序号	年度	获奖名	作品名	获奖者	都道府县
1	1959	石川奖规划设计部门	香里住宅区开发规划	谏早信夫·草野茂·元吉勇太郎·藤原巧	大阪府
2	1960	石川奖规划设计部门	冈山市城市中心再开发规划	三宅俊治·川上秀光	冈山县
3	1962	石川奖规划设计部门	松户常盘平住宅区规划	秀岛乾·竹重贞藏·渡边孝夫·田住满作	千叶县
4	1963	石川奖规划设计部门	驹泽奥林匹克公园	堀内亨一·三桥一也·川本昭雄·加藤隆	东京都
5	1964	石川奖规划设计部门	八郎泻垦荒地新农村村庄规划	浦良一·石田赖房·井手久登	秋田县
6	1965	石川奖规划设计部门	铃兰台地区开发总体规划	川名吉门·水谷颖介·西村昂	兵库县
7	1966	石川奖规划设计部门	坂出市利用人工土地方式进行再开发规划	浅田孝·大高正人·北畠照躬·番正辰雄·山本忠司	香川县
8	1967	石川鼓励奖规划设计部门	久留米住宅区开发规划	今野博·吉田义明·村山吉男	东京都
9	1967	石川奖规划设计部门	新宿西口广场规划	山田正男·板仓準三	东京都
10	1968	石川奖规划设计部门	高藏寺新城规划	高山英华·津端修一	爱知县
11	1970	石川奖规划设计部门	广岛市基町—长寿园住宅区规划	长松太郎·宏井正路	广岛县
12	1974	设计鼓励奖	关于防灾据点等防灾都市建设的系列规划	村上处直	东京都
13	1976	设计鼓励奖	丰中市庄内地区居住环境改造规划的制定	庄内地区规划小组（代表片方信也）	大阪府
14	1976	石川奖	名护市等冲绳北部城市·村落的改造规划	象设计集团中心规划小组（代表大竹康市）	冲绳县
15	1977	设计奖	筑波研究学园城市的规划和建设	规划部门代表石川允·建设部门代表今野博	茨城县
16	1978	设计奖	酒田市大火复兴规划—防灾都市规划推进	金子冬吉·本田丰·大沼昭	山形县
17	1979	设计奖	港北新城·浅溪公园规划设计	日本住宅公团港北开发局（代表春原进·代表支仓幸二）	神奈川县
18	1980	石川奖	神户港人工岛	神户市（代表神户市长宫崎辰雄）	兵库县
19	1981	设计奖	高阳新城的设计与开发	广岛县（代表广岛县知事竹下虎之助）	广岛县
20	1982	设计奖	滨松站北口广场	浜松市（代表浜松市长栗原胜·代表浜松市助役中沢一夫）	静冈县
21	1984	规划设计奖	高山市街角整治—市街地景观设计成果	平田吉郎	岐阜县
22	1985	规划设计奖	多摩新城鹤牧·落合地区的绿色大地景观构筑	吉冈昭雄·浅谷阳治·笛木担（住宅·城市建设公团代表）	东京都
23	1985	设计鼓励奖	市规划道路土浦东学园线（高架道路）的规划与设计	箱根宏（土浦市代表）·药袋正明（茨城县代表）	茨城县
24	1986	规划设计奖	世田谷区樱丘市民广场及一系列城市设计项目	大场启二（代表世田谷区长）	东京都
25	1987	规划设计奖	运用城市设计手法的川崎站东口周边城市复兴项目	伊藤三郎（代表川崎市长）·渡边定夫	神奈川县
26	1988	规划设计奖	复合城市的先驱-厚木新城森之里	吉田义明·鹤见康（住宅·城市建设公团代表）	神奈川县
27	1989	规划设计奖	东通村中心地区及厅舍、交流中心规划	川原田敬造（代表东通村长）·押田健雄	青森县
28	1989	规划设计奖	大阪市步行空间的网状建设	玉井义弘（代表建设局长）	大阪府
29	1989	石川奖	挂川市充满创意的城市规划设计实践	榛村纯一（代表挂川市长）	静冈县
30	1990	规划设计鼓励奖	上尾市仲町爱宕地区的城市规划项目	荒井松司（代表上尾市长），黑崎羊二	埼玉县
31	1990	规划设计奖	"美之丘"南大泽景观规划项目	野村安广·佐藤方俊·向井昭藏（代表住宅·城市建设公团东京支社）	东京都
32	1991	石川奖	服务核心城市·幕张新都心综合规划	沼田武（代表千叶县知事）	千叶县
33	1992	规划设计奖	日立站前地区——充满趣味和创意的城市	饭山利雄（代表日立市长）	茨城县
34	1993	规划设计奖	花卷站周边地区的地方都市复兴的尝试	吉田功（代表花卷市长）·加藤源	岩手县
35	1993	石川奖	神户临海城市中心建设及城市复兴等一系列规划项目	笹山幸俊（代表神户市长）	兵库县
36	1994	规划设计鼓励奖	致力于焕发城镇生机的城镇营造条例与美的基准的真鹤町城市规划项目	三木邦之（代表真鹤町长）	神奈川县
37	1994	规划设计奖	功能核心型都市立川、将街道与艺术融为一体的都市景观-法莱立川	木村光宏·板桥政昭·福永翼（代表住宅·城市建设公团东京支社）	东京都

序号	年度	获奖名	作品名	获奖者	都道府县
38	1994	规划设计奖	自然尊重型的都市公园「21世纪的森林和广场」	川井敏久（代表松户市长）	千叶县
39	1995	规划设计奖	通过大规模土地利用置换形成的都市复合空间-惠比寿花园综合体	枝元贤造（代表札幌啤酒株式会社社长）	东京都
40	1996	规划设计奖	带广市周边地区建设	高桥干夫（代表带广市长）	北海道
41	1997	规划设计奖	富山站北周边据点建设	中冲丰（代表富山县知事）·正桥正一（代表富山市长）	富山县
42	1997	石川奖	阪神·淡路城市复兴总体规划	贝原俊民（代表兵库县知事）	兵库县
43	1998	规划设计奖	基于合作理念的川崎市新百合丘车站周边的城市规划	高桥清（代表川崎市长）·中岛豪一（川崎新都心规划财团新百合丘农住都市开发株式会社代表）·加藤源藏（地域社会规划中心代表理事长、社团法人）	神奈川县
44	1999	规划设计鼓励奖	都通4丁目街区共同重建项目	间野博（县立广岛女子大学教授）·森崎辉行（森崎建筑设计事务所所长）·长滨万藏（代表都通4丁目街区再建小组理事长）·小野博保（代表城市基础建设公团关西支社震灾复兴事业本部长）·笹山幸俊（代表神户市长）	兵库县
45	1999	规划设计奖	基于城市经营理念的新城市中心开发、运营及管理	河田刚（代表大阪商业园开发协会总局长）	大阪府
46	1999	规划设计奖	缘之丘新城规划	屿田哲夫（代表山万株式会社社长）·则武广行（代表缘之丘自治协会会长）	千叶县
47	2000	规划设计奖	有效利用特定街区制度等的多个用地的一体化改造-初台淀桥街区建设项目	大村虔一（东北大学大学院教授）·小泉嵩夫（代表城市规划设计研究所株式会社代理董事）	东京都
48	2000	规划设计奖	神谷一丁目地区复合、连锁式展开的密集街区改造	松永丰（代表城市基础建设公团土地有效利用事业本部业务第四部长）·吉江洋二（代表株式会社城市计划工房代理董事）	东京都
49	2001	规划设计鼓励奖	晴海托里顿（triton）广场及地域共存的街区营造	江间洋介（晴海改良协会会长）·泽田光英（晴海一丁目地区城市再开发小组理事长）·吉田不昙（中央区城市建设部长）·安昌寿（株式会社日建设计东京事务所副代表）	东京都
50	2001	规划设计奖	御坊市岛住宅区再建项目	柏木征夫（御坊市长）·平山洋介（代表神户大学平山研究室）·江川直树（代表现代规划研究所大阪事务所）	和歌山县
51	2002	石川奖	神户市真野地区一系列的城市建设活动	宫西悠司（城市规划项目规划人员）	兵库县
52	2002	石川奖	东急多摩田园城市跨越50年的持续城市规划的成果	东京急行电铁株式会社	东京都·神奈川县
53	2003	石川奖	冲绳都市单轨电车建设及综合性、战略性的城市规划	稻领惠一（冲绳县知事）·翁长雄志（那霸市长）·米村幸政（冲绳县城市单轨电车建设推进协会会长）	冲绳县
54	2004	规划设计奖	由市民主导的公共交通-醍醐社区公交	中川大（京都大学大学院工学研究科都市社会工学系副教授）·能村聪（城市规划工房主事）·村井信夫（醍醐地区社区公交市民大会代表）	京都府
55	2004	规划设计奖	泉花园的交通节点及步行空间建设对城市建设的贡献	永尾昇（东京都港区助役）·青岛菊（六本木1丁目西地区城市再开发小组理事长（现任泉花园自治会会长））·松井久生（住友不动产株式会社役常务执行委员）·樱井洁（日建设计株式会社役常务执行委员）	东京都
56	2004	石川奖	中心街区改造和基于系列独立条例的金泽市城市建设	金泽市（代表金泽市长山出保）	石川县
57	2006	石川奖	神户市旧租界联络协会的城市规划建设活动	野泽太一郎（旧租借联络协会会长）	兵库县
58	2007	规划设计奖	神户市六甲道车站南部地区灾后复兴第二种街区再开发项目的城市设计和成果	矢田立郎（神户市长）·六甲道站南地区城市规划联络协会·安田丑作（六甲道站南地区城市环境设计调整会议代表）·环境开发研究所株式会社·Earl株式会社·Ai·Ey·Gio株式会社·赤松·安井建筑设计事务所株式会社·日本设计株式会社·现代规划研究所株式会社·GK设计株式会社·Heads株式会社	兵库县
59	2007	规划设计奖	21世纪环境共生城市的基础设施建设-各务原市"水与绿的回廊"	森真（各务原市长）·石川干子（东京大学大学院教授）	岐阜县
60	2007	石川奖	城市管理进程下的商业街再生项目-高松丸龟町商业街A街区	古川康造（高松丸龟町商店街振兴小组理事长）·古川新二（高松丸龟町商店街A街区市街地区再开发小组理事长兼高松丸龟町壹番街株式会社代表委员）·小林重敬（高松丸龟町城市管理委员会委员长）·西乡真理子（高松丸龟町城市规划专家小组代表）	香川县

216